大飞机出版工程

总主编　顾诵芬

型号空气动力学设计

Aircraft Aerodynamic Design

张锡金　宋文滨　张　淼　著
陈迎春　审

上海交通大学出版社
SHANGHAI JIAO TONG UNIVERSITY PRESS

内容提要

空气动力学既是一门基础技术学科,又是一门紧密结合型号发展的应用学科,是飞机设计的核心专业之一。将空气动力学在经验公式、数值计算和风洞试验等领域的当前发展与众多型号经验积累紧密融合在一起是本书的鲜明特色。本书涵盖飞机气动布局、部件气动力设计、气动特性体系、风洞试验和飞行试验等内容,介绍设计思路、设计流程、设计方法和初步设计需要参考的一些统计数据。

本书可为大学本科高年级学生、研究生授课讲义的参考,更为参与型号研制的航空工程师提供了一本介于设计手册和学术著作之间的重要参考资料。

图书在版编目(CIP)数据

型号空气动力学设计/张锡金等著. —上海:上海交通大学出版社,2020
大飞机出版工程
ISBN 978 - 7 - 313 - 23347 - 9

Ⅰ.①型⋯ Ⅱ.①张⋯ Ⅲ.①飞机-设计-空气动力学 Ⅳ.①V211.4

中国版本图书馆 CIP 数据核字(2020)第 097632 号

型号空气动力学设计
XINGHAO KONGQI DONGLIXUE SHEJI

著　　者: 张锡金 等
出版发行: 上海交通大学出版社　　　　　　　　地　　址: 上海市番禺路 951 号
邮政编码: 200030　　　　　　　　　　　　　　电　　话: 021 - 64071208
印　　制: 上海万卷印刷股份有限公司　　　　　经　　销: 全国新华书店
开　　本: 710mm×1000mm　1/16　　　　　　印　　张: 26.25
字　　数: 454 千字
版　　次: 2020 年 12 月第 1 版　　　　　　　　印　　次: 2020 年 12 月第 1 次印刷
书　　号: ISBN 978 - 7 - 313 - 23347 - 9
定　　价: 198.00 元

序　言

几年前,张老告诉我,他要写一本关于飞机设计型号空气动力学的书,我深受感动,并期待早日研读一本切合飞机研制实践的专业著作。张老是我敬重的老一辈飞机空气动力学设计师,一生经历过多种飞机型号研制,包括超声速战斗机、螺旋桨飞机、民用运输飞机,还有许多飞机的改型,其职业生涯穿越我国飞机事业从研仿、国际合作到自主研发的各个发展阶段。他钟爱所学,挚爱航空,干有所好,钻有所得,点点滴滴积累了丰富的经验,在行业中是敬业求精的设计师,在工作中是同事们的良师益友。特别令人钦佩的是,张老以八十高龄助阵我国大飞机工程研制,亲临指导,言传身教,活跃在培养年轻工程师的讲台上,精神可嘉,激励后生。

"飞机设计是一门科学,也是一种艺术",飞机设计需要科学的理论和科学的态度,还需要搞艺术的一种悟性,一种清晰的设计思路,卓越的综合能力。善于在多种矛盾的复杂情况中,做出分析、判断、取舍和优选,得到飞机最佳的综合性能。这是张老的切身体会和实践领悟。飞机设计相关专业充分协调,密切协同,不偏不倚,开宗明义,在折中寻优中探求权衡的物理机理,是每一个从事飞机设计的工程人员应当持有的态度与认识。

"飞机设计,气动先行",好飞机必然具备优秀的空气动力学特性。飞机设计具有很强的继承性、时代性和创新性。空气动力学作为飞机飞行的基础应用力学,在设计运用中,能有幸继承和借鉴前人的研究成就、汲取以往的型号研制经验和教训,无疑是难能可贵的,同时也是飞机发展的捷径所在。然而,一型飞机研发往往要经历近十年甚至更长时间的磨炼和成熟,在此期间,人们对科学技术进步的锲而不舍和持续努力,必然引致科学原理的发展、技术方法的进步和研发手段的提升,从而赋予了飞机研制强烈的时代技术特征。飞机设计不是千篇一律的。为了实现飞机确定的使命任务、达到预期的需求目标，创造性地运用好空气动力学，使飞机具有更好的飞行品质，是飞机气动设计师的首要追求。

该书以飞机总体设计流程为主线，贯彻机翼、增升装置、尾翼与操纵面、机身与短舱等飞机主要气动力部件设计，以及飞机的改装设计。在描述气动原理、布局特点和设计方法的同时，关注思路、关注过程、关注流程。从工程实践的角度出发，阐述设计概念的形成、初步方案的确定、详细设计的开展等不同工程研制阶段中应该考虑的主要问题、关联影响和处理措施。作者特别强调"气动特性数据体系"在型号研制过程中的建设，从工程估算、数值计算、风洞试验到飞行试验，持续健全和完善型号气动特性数据，与时俱进地推进气动特性数据的修正和验证，在数字化快速发展的今天，尤其具有特别的重要意义。

或许是在过去工作中受到张老的教诲和影响，耳濡目染的原因，对于该书的描述方式和所涉及的具体设计问题，颇感贴近工作实际，自觉书中有许多内容正是设计实践中的纠结和困惑。于是，自然而然地觉得该书在飞机关键气动力设计方面展现了分析问题的着眼点、解决问题的着手处以及进一步下功夫的着力方向。相信读者也会有所体会，有所感悟，有所收获。

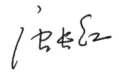

（唐长红　中国工程院院士，中国航空工业集团公司副总工程师，上海交通大学航空航天学院院长）

前 言

上海交通大学邀请我给航空航天学院的本科生和研究生讲课,讲空气动力学在飞机设计中的作用,讲我在飞机设计中遇到的实际气动问题,讲我的技术经历和工作体会,讲在一般教科书上没有讲过的东西。为此,首先需要准备一份讲课材料(讲义)。上海交大建议定名这份讲义的名称是"应用空气动力学",这个名字的含义太广了。根据讲义的具体内容应该是"飞机设计空气动力学",或者"飞行器型号设计的空气动力学",因为飞行器设计也可以借鉴,最后还是确定"型号空气动力学设计"比较贴切。

空气动力学在飞机设计中的两大任务:设计飞机外形和提供气动数据。完成任务使用两种手段:计算和试验。本书就是按照这个大思路编制的。首先介绍两大任务:第1章气动设计概况,第2、3、4、5、6章分别是气动布局设计、超临界机翼设计、增升装置设计、尾翼与操纵面设计和机身与短舱设计。有许多特殊用途的飞机,往往是由已成熟使用的飞机改装设计、生产而成。国内外,飞机大大小小的改装设计是屡见不鲜的,第7章介绍"飞机的改装设计"。提供气动力原始数据需要完整思考,建立一整套方法,第8章介绍"气动特性数据体系"。然后说明两种手段:计算和试验。第9章介绍基于计算流体动力学(computational fluid dynamics,CFD)的气动设计。试验包括风洞试验和飞行试验。风洞试验包含常规风洞试验和特种风洞试验,第10章主要介绍常规风洞试验。特种风洞试验最重要的是动力模拟试验,动力模拟试验中螺旋桨动力模拟试验相比喷气动力的模拟机理和模拟方法都要复杂,所以第11章介绍"螺旋桨飞机的动力模拟试验"。第12章介绍型号飞行试验。

飞机设计是一种创造性的工作,需要设计师们开动脑子积极思考。任何一本书,任何经典的著作,例如2001年航空工业出版社已出版的《飞机设计手册》22册,都没有包括所有的飞机设计工作,都不可能包括所有的飞机设计方法。本书也如此,介绍飞机气动设计的主要方面,介绍设计思路、设计流程、设计方法和初步设计需要参考的一些统计数据。

全书共12章,其中第1、2、3、7、8、10、11、12章都是作者在多个型号的飞机设计中积累的经验总结,8、11、12这三章有一些独特的认识和创新。第4、5、6章是参考本人主编的《飞机设计手册:第6册　气动设计》进行补充、删减、修改、整理而成,以保持飞机气动设计的完整。第9章由上海交通大学的宋文滨编写。第2、3、4、11章是上海飞机设计研究院的张淼与本人合作编写。同时,张淼在本书整个编写、出版过程中做了大量修改和整理等工作。

整整六年多的时间,终于完成了本书的编写和出版,这一切必须感谢许多一直支持我的同事和朋友们。

首先感谢上海交通大学航空航天学院宋文滨副教授。他建议我将上海交通大学和北京航空航天大学的讲义稿出版成书,做了大量统编工作,并为本书的出版一直联系、协调和奔走,花费了许多宝贵时间和精力。

感谢第一飞机设计研究院大型运输机的总设计师唐长红院士和CR929宽体客机的总设计师陈迎春研究员对本书的支持与审稿。

感谢上海飞机设计研究院张冬云、刘铁军、马涂亮、吴大卫、金晶、虞佳磊、张美红和叶军科等人,他们为本书整理了部分资料。

最后感谢我北京航空学院空气动力学专业的同班同学王娟志,她一直是我书稿的第一读者,她校对和检查书稿,并提出许多重要的修改意见。

作 者 简 介

张锡金,1934 年生于上海。1957 年北京俄语学院留苏预备部肄业。1962 年北京航空学院航空数学力学系空气动力学专业毕业。研究员,国家特殊津贴享有者。长期在中航第一飞机设计研究院,从事军用飞机的气动设计。

1988—1990 年在西德 MBB 公司参与中德联合研制的"MPC－75"民用支线飞机设计,是空气动力学的中方负责人。1991—2001 年为《飞机设计手册:第 6 册　气动设计》的主编。2008 年受上海飞机设计研究院的邀请参加 C919 大型客机的设计。至今在飞机设计第一线工作 53 年,参加了"运七""空警一号""中国飞豹""ARJ21－700""大运""C919 大型客机"等 8 个已经上天使用的新飞机(或者大型改装)的总体、气动设计。

现常在北京航空航天大学、上海交通大学讲课。曾在复旦大学、清华大学、西安第一飞机设计研究院、上海飞机设计研究院、沈阳飞机设计研究所、汉中陕西飞机公司、荆门特种飞机设计研究所、绵阳中国气动研究中心、北京航天部气动研究院等单位讲课,还为上海力学学会给高中学生做科普讲座。

目　　录

第1章 空气动力学在飞机设计中的作用

飞机设计单位有一句话:"飞机设计,气动先行。"这并不是说在飞机设计中其他的专业不重要,飞机设计涉及几十个专业,都是必不可少的;而是说飞机设计首先必须考虑空气动力学问题。

笔者遇到过不少航空爱好者,都是一些非航空专业的人士,有工人、农民、在校学生还有大学教授。他们设计的飞机,有战斗机、旅客机,水陆两栖的和海陆空三用的。他们花了许多的时间和精力,做了大量的研究设计工作。但是,一个共同的特点是没有首先考虑空气动力学问题,自己认为设计的飞机比现在天上飞的飞机都特别、都先进,其实,飞机能否上天飞行都是个问题。

在飞机设计单位还有一句话:"搞气动的人走路都带攻角。"意思是气动设计人员很骄傲,走路都抬着头,目中无人。这种骄傲的思想当然不好,但另一方面反映气动工作在飞机设计中的重要地位。

空气动力学怎么先行? 又怎么重要? 这就是本章一开始需要阐述的主题——空气动力学在飞机设计中的作用。然后介绍一些与本书后面几章有关的、型号空气动力学的基本知识:主要大气参数和飞机的气动特性。

1.1 飞机的空气动力学设计

1.1.1 什么叫"空气动力学"

1) 文字定义

首先,什么叫"空气动力学"? 许多航空界人士都知道,甚至有些非航空界的人士也知道。但是,不一定都能说清楚确切的文字定义。国家标准 GB/T 16638.1—2008《空气动力学 概念、量和符号第 1 部分:空气动力学常用术语》时给出了定义:"研究空气运动以及它们与物体相对运动时互相作用规律的学科。"定义是严密的,但有点绕口。如果简单、通俗地说是"物体在空气中运动的一门力学",即"空气动力学"。

2) 飞机性能

研究飞机怎么飞得快,飞得高,飞得远,飞得(时间)长,还要机动灵活,安全可靠。有人说这是性能、操稳的事,是飞行力学。不,性能、操稳可以计算出来,但不能决定。决定飞机这些性能、操稳的是气动力原始数据,是确定数据的外形,是飞机的"空气动力学"设计。

3) 流动机理

飞机向前飞行,以相对运动的原理,相当于飞机静止不动,前方来的气流向后运动。我们取出机翼中的一小段翼剖面,叫作"翼型"来分析气流绕机翼的流动(见图 1.1)。

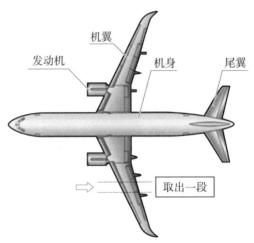

图 1.1　机翼中取出一个剖面

根据流量守恒的原理(儒科夫斯基的"库塔条件"),前方的来流同时来到机翼的前缘,又同时离开机翼的后缘(见图 1.2)。这样,机翼上表面的形状弯曲程度大,流动距离相对比较长,速度大;下表面的形状弯曲程度小,流动距离比较短,速度小。

根据能量守恒的原理(伯努利方程),总压=静压+动压,如式(1.1)所示:

$$p_0 = p + \frac{1}{2}\rho V^2 \tag{1.1}$$

式中,p_0 为总压;p 为静压;ρ 为空气密度;V 为飞行速度。

上表面的气流速度大,压力低;下表面的气流速度小,压力大。图 1.3 所示

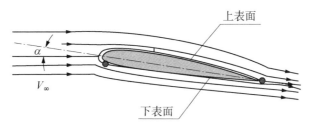

α—飞机迎角;V_∞—远前方来流速度。

图 1.2　气流绕机翼剖面的流动

是一个超临界机翼翼型上、下表面典型的压力分布(纵坐标向上是负压)。

　　这个翼剖面每一点(例如 x 位置)的上、下压力差形成一个向上的力(见图 1.4)。把这个翼剖面每一点(所有位置)的上、下表面压力差加起来(这块面积积分),就是这个翼剖面的升力。把机翼各个翼剖面的升力加起来,就是整个机翼产生的升力。

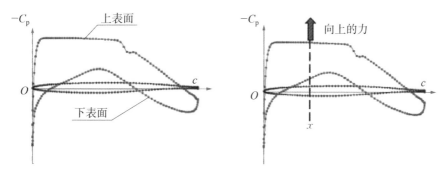

图 1.3　一个超临界机翼的典型压力分布　　　**图 1.4　压力分布的积分**

　　机翼的升力基本上就是这架飞机的升力。但是,这是在飞机前进飞行的时候才能产生这样的压力,飞机前进的同时产生阻力。升力把飞机抬起来,阻力由发动机的推力来平衡(见图 1.5)。

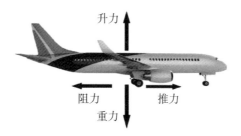

图 1.5　水平直线等速飞行的力

升力与阻力之比叫作"升阻比"($K = L/D$),自从 1903 年 12 月 17 日美国的莱特兄弟发明了一架固定翼飞机,实现了人类第一次上天飞行。一百多年来,世界各国的飞机设计师们不断努力改进飞机的外形,提高升力,减小阻力。以现代的飞机设计水平,机翼翼型的 K 可以达到 100,单独机翼的 K 可以达到 40,飞机巡航的 K 值可以设计到 20。也就是说:1 000 kg 的发动机推力可以把20 000 kg 重的飞机抬在空中,向前飞行。这就是物体在空气中运动的一门力学,叫作"空气动力学"。关键是这个"动"字,只有"动",才能产生这个升力和阻力。

需要说明的是:儒科夫斯基的"库塔条件"是流量守恒的原理。现在的研究对此提出了异议。认为前方的来流同时来到机翼的前缘,不一定同时完全离开机翼的后缘。但是,机翼上表面的速度大,压力低;下表面的速度小,压力高。这个流动特性是可以肯定的,不影响机翼产生升力的基本机理。

1.1.2　飞机总体气动设计流程

下面以气动设计为主线,绘出一个飞机总体方案设计流程图(见图 1.6),说明空气动力学在飞机设计中的作用。

1) 设计要求

首先根据飞机的使用要求,如战斗机是军方的作战任务要求,旅客机是客户的市场调研要求,总设计师组织编制一份《飞机设计技术总要求》,先确定飞机的总体设计要求。

2) 总体方案设计

飞机的设计要求确定之后,进行飞机总体方案的初步设计。这里有内、外两条线:

(1) 外形——气动布局设计。

(2) 内部——飞机总体布置。

3) 气动布局设计

(1) 绘制飞机总体气动布局三面图(见图 1.7)。

(2) 确定飞机总体及主要部件的几何参数,包括:飞机总体的长度、宽度和高度;机翼面积,展长,展弦比,后掠角,梢根比;尾翼和操纵面的面积,相对位置等。

4) 部件气动设计

根据飞机总体气动布局三面图中的几何参数,进行主要部件的气动力设计,包括以下各项:

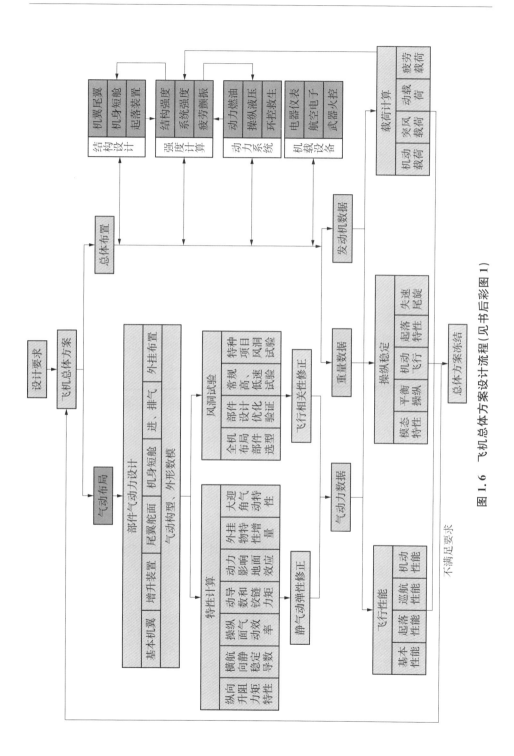

图 1.6　飞机总体方案设计流程（见书后彩图 1）

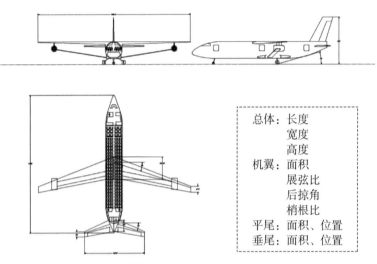

总体：长度
　　　宽度
　　　高度
机翼：面积
　　　展弦比
　　　后掠角
　　　梢根比
平尾：面积、位置
垂尾：面积、位置

图 1.7　某型客机的总体气动布局三面图

（1）基本机翼设计。

（2）增升装置的设计。

（3）尾翼与操纵面的设计。

（4）机身和发动机短舱设计。

（5）发动机进、排气的设计。

（6）对于战斗机还有外挂物的设计。

部件气动设计完成之后，飞机的外形和构型基本具备，再分两条线工作：气动特性计算和风洞试验。

5) 气动特性计算

气动特性计算包括工程估算和数值计算。计算的内容和要求按设计阶段的不同而不同，是逐步深入，逐步完整的。

在飞机总体方案设计初期，只计算纵向特性：升力、阻力、俯仰力矩；随着方案设计的深入，需要计算横、航向静稳定导数和操纵面效率；最后再计算动导数和铰链力矩，地面效应和动力影响。

对于军用作战飞机，还需要计算外挂物的气动特性和大迎角非线性情况的气动特性。

6) 风洞试验

风洞试验的目的是：

（1）气动布局设计的验证和选型试验。

（2）部件气动设计的验证和选型试验。

（3）提供气动力原始数据的试验。

以上试验包括常规的测力、测压试验和特种风洞试验。

7）提供气动数据

在 5）和 6）两项工作完成之后，考虑气动特性的弹性影响，进行试验数据的相关性修正，提供一套比较完整的气动力原始数据。

现在回到 2）总体方案设计的第二条线，内部——飞机总体布置。飞机总体布置涉及结构、强度、动力、系统，由各个方面、各个专业协调设计。从这条线得到发动机的特性数据和重量、重心数据。

8）发动机特性数据

（1）总压损失。

出厂发动机的总推力称为"抬架推力"，是厂商在出厂前以单台发动机在抬架上做试验得到的推力。发动机安置到飞机上，由于进入发动机气流流经进气道以及飞机机体的干扰，有一个损失，叫作"总压损失"。常用"总压恢复系数（σ）"来表示，一般巡航状态，$\sigma = 0.98 \sim 0.99$，也就是总压损失在 1%～2%。

（2）功率提取。

飞机上所有的运行系统都从发动机提取能量。如电器照明系统、电子仪表系统、液压操纵系统、座舱环控系统。这些系统提取的功率大致占发动机总功率的 5%～6%。

（3）可用推力。

抬架推力中扣除了总压损失和功率提取得到发动机的"可用推力"。可用推力与耗油特性才是提供飞机性能、操稳、载荷计算的发动机特性数据。

9）重量和重心数据

（1）制造空机重量。

在结构、强度、动力、系统各个方面，各个专业的协调设计之后，得到初步的制造空机重量。

$$制造空机重量（MEW）=结构重量 + 系统重量 + 动力装置重量$$

其中各部件重量的大致比例为：结构重量占制造空机重量的 50% 以上；系统重量占 28%～30%；动力装置重量占 18%～20%。在结构重量中：机翼重量占 35%；机身重量占 45%；尾翼重量占 8%；起落架重量占 12%。

飞机的制造空机重量是其各项设计重量的基础,由制造空机重量转换为"使用空机重量",再由使用空机重量换算为设计特征重量。

(2) 使用空机重量。

使用空机重量(OEW)＝制造空机重量＋使用和标准项目的重量

其中各部分的重量为使用项目包括具体使用要求所必需的人员、设备和补给品:机组人员与行李;食品和饮料;应急救生设备;随机文件和工具包。标准项目包括不同布置构型的飞机中不同的设备项目:旅客座椅;厨房和盥洗室;衣帽间和储藏室;不可用燃油;发动机滑油。

(3) 设计特征重量。

设计特征重量是使用空机重量加燃油和商载。各种设计特征重量有:

a. 最大设计起飞重量(maximum takeoff weight,MTOW)。

b. 最大设计着陆重量(maximum landing weight,MLW)。

c. 最大设计燃油重量(maximum fuel weight,MFW)。

d. 最大商载(maximum payload,MPL)。

此外,还需要与各种重量数据相对应的各种重心数据。有了气动特性数据、发动机特性数据和重量重心数据,就可以进行性能、操稳和载荷的计算。

10) 飞行性能计算

(1) 性能计算内容。

飞行性能包括基本性能、起落性能、巡航性能和机动性能。其中,基本性能是指飞机的最大速度、最小速度和升限等主要的飞行性能。起降、巡航和机动性能都好理解。对于民用客机,特别重视巡航性能,机动性能并不很重要;而对于军用战斗机,机动性能是特别重要的。

(2) 简单推力法。

这里并不是介绍飞机飞行性能计算方法,而是让大家了解发动机与飞行性能关系的最基本概念。

根据定常直线水平飞行的近似方程,通过可用推力与需用推力曲线的比较来确定飞机平飞速度的方法,工程上称为"简单推力法"。

上面说过,发动机的抬架推力扣除了总压损失和功率提取得到发动机的"可用推力",对于一定的飞行高度,可以作出可用推力(P_{av})随飞行速度的变化曲线(见图 1.8)。对于一定的飞行高度,飞机不同速度需要不同的推力,在同一个图上作出需用推力(P_{ns})随飞行速度的变化曲线。可以看到,图中可用推力大于需用推力（$P_{av} > P_{ns}$）的部分，就是飞机可以达到的飞行速度，两条曲线在小速度的交点决定了最小平飞速度；在大速度的交点决定了最大平飞速度。

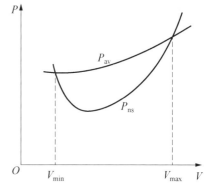

图 1.8 可用推力与需用推力曲线

发动机随飞行高度不同有不同的可用推力（P_{av}），飞机随飞行高度不同有不同的需用推力（P_{ns}），因此，作出不同高度的如图 1.8 所示的曲线，就可以得到不同高度的最小飞行速度和最大飞行速度。

（3）飞行速度包线。

飞行速度包线是一型飞机的速度与高度的范围。军用飞机的飞行速度包线比较典型和清晰，如图 1.9 所示。主要包括以下几个方面。

a. 发动机推力限制：由发动机推力限制［上面的（2）简单推力法］确定的最小平飞速度和最大平飞速度随高度的两条曲线。

b. 最大升力系数限制：最大升力系数限制的失速速度随高度的变化曲线，水平直线等速飞行中，升力等于重量。对应一定的重量（$G = L = \dfrac{1}{2}\rho V^2 S C_L$），速度与升力系数成反比，最大升力系数对应最小失速速度 $V_s = \sqrt{\dfrac{2G}{\rho S C_{L\max}}}$。

c. 实用升限的限制线：飞机的上升速度 $R_d = \dfrac{\mathrm{d}H}{\mathrm{d}t} = \dfrac{(T\cos\alpha - D)V}{G}$。当飞行迎角很小时，爬升率与剩余推力（$\Delta T = T - D$）成正比。到高空，发动机推力越来越小，$\Delta T$ 越来越小，理论上，爬升到 $T - D = 0$ 的时间是无限长，所以理论升限实际上是达不到的。工程上我们定义飞机爬升到 $R_d = 0.5\ \mathrm{m/s}$ 的升限为"实用升限"。

d. 最大马赫数的限制线：一般飞机设计都有一个最大马赫数的限制。性能、操稳、载荷，各个主要部件、各个主要系统的设计都以这个马赫数作为最大的限制条件。

e. 飞机载荷限制的最大速压随高度的变化：飞机的飞行状态与气动特性确定飞行载荷。因此，飞行载荷与飞行高度和速度有直接关系，例如升力（$L = \dfrac{1}{2}\rho V^2 S C_L$）。在低空大速度时飞行载荷最大，可是低空大速度飞行对于一般飞机并不十分重要，而要付出太大的重量代价。所以，在这个区域切去一块作为载荷设计的最大最大速压的限制。

　　这 6 条线（见图 1.9）的最小包络线（图中的粗黑线）组成了军用飞机的飞行
速度包线。

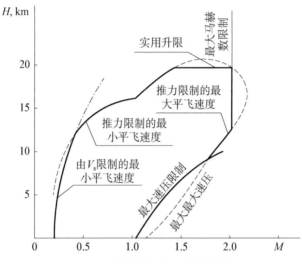

图 1.9　军用战机的飞行速度包线

　　民用客机的性能特点与军用战斗机不完全相同，所以飞行速度包线也有差
异（见图 1.10）。是由平飞失速速度（V_S）、最大使用速度（V_{MO}）、设计俯冲速度
（V_D）和最大使用高度组成的。

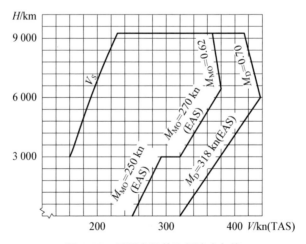

图 1.10　民用客机的飞行速度包线

11) 飞行品质检查

检查是评估飞机的稳定性和操纵性,包括以下各项。

(1) 模态特性——研究飞机的动稳定性。飞机受到扰动后,各运动参数随时间的变化。

(2) 平衡与操纵特性——研究飞机定常飞行的平衡与操纵,包括纵、横、航向的平衡和平衡状态的过渡。

(3) 机动飞行——研究机动飞行的操纵特性,包括等速机动、变速变高机动、滚转机动,空中和地面最小操纵速度。

(4) 起飞和着陆的操纵——研究常规布局飞机的起飞和着陆的操纵,包括起飞滑跑、抬前轮、侧风起落。

(5) 失速尾旋特性——研究失速警告、偏离特性和尾旋敏感性,以及耦合(滚转-俯仰-偏航)运动和大气扰动(风切变)。

12) 飞行载荷计算

飞机的载荷包括飞行载荷和地面载荷。

(1) 飞行载荷:机动载荷、突风载荷、动载荷、疲劳载荷,都与飞机的气动特性有关。

(2) 地面载荷:起飞与着落,地面操纵、维护。不属于气动问题,由强度专业负责研究。

总之,了解这个飞机总体设计流程必须认识设计的循环迭代过程。

首先是大循环迭代,当性能、操稳、载荷的计算结果不能满足设计要求时,必须修改总体方案,进行下一个循环迭代,直至最终达到设计指标时,总体方案冻结。一般情况下,飞机的总体方案设计需要三四次大循环。其中,较小的修改优化、补充完善需要循环几十次。

其次是各专业间的内部循环迭代。每个专业设计都需要输入,还必须有输出。但是,在飞机设计中,一个专业设计需要的输入与其他专业的输出有关,还与本专业的输出有关。例如,载荷计算结果提供结构强度使用,结构强度输出的重量又是载荷计算的输入数据。所以在飞机设计中,各个专业的设计计算不能等到所有输入都具备了才开始,而需要创造条件,主动进入设计循环的迭代之中。

1.1.3　两大任务,两个手段

从飞机总体设计流程图可以看到,空气动力学在飞机设计中是实现两大任务,运用两种手段(见图 1.11)。

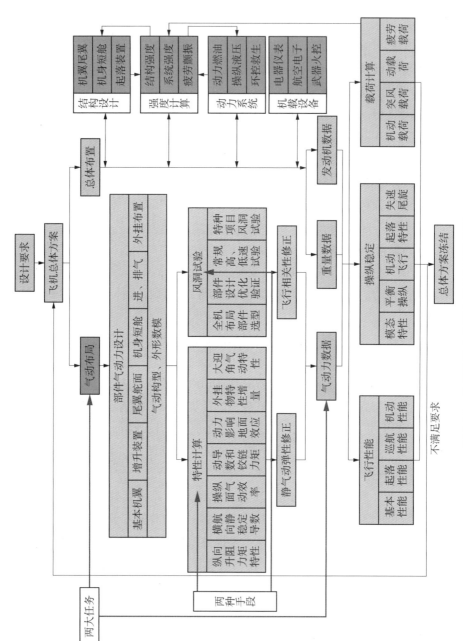

图 1. 11 飞机设计中的两大任务和两种手段

1) 空气动力学在飞机设计中的两大任务

（1）设计飞机外形：飞机总体气动布局设计和部件气动力设计，得到飞机的全部外形数模。

（2）提供气动数据：在飞机设计的各个阶段，为性能、操稳、载荷、飞控等各个专业的设计计算提供气动力原始数据。

2) 空气动力学工作运用两种手段

（1）理论计算：包括工程估算和数值计算。当前的飞机设计，特别是部件气动设计，是大量的 CFD 计算、分析、设计、优化。

（2）风洞试验：配合计算进行机理性研究，设计和计算的试验验证；全机气动布局的选型，部件的优化选择；气动数据的确认和修正。

1.1.4　飞机设计的气动专业编制

国内的各个主要飞机设计单位（院、所），专业编制各有差别。就总体、气动专业来说，有的各自独立，有的合而为一。而且，有时各自独立，有时合而为一。分的时候说分的好处，合的时候说合的优点。但是，空气动力学专业的基本设置是大致相同的。

图 1.12 列出了其基本设置。图中各个专业组的工作内容在上面说明飞机总体方案设计流程图（见图 1.6）中（3）（4）（5）（6）（10）（11）（12）都已介绍。还有几个问题需要说明。

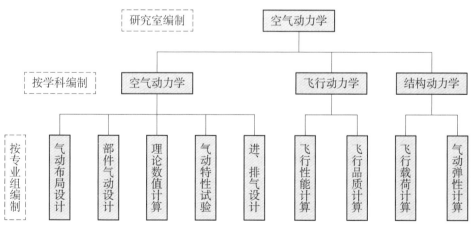

图 1.12　飞机设计部门的空气动力学专业编制

1) 气动特性试验组

各单位对"气动特性试验组"的叫法不同,这个专业原来称为"风洞试验组",有的称为"气动导数组",还有的是"气动特性组"。在20世纪80年代,飞机设计单位的气动部门,对风洞试验的重要性和难度认识不足,把风洞试验看得比较容易。部门中人员的学历不高,理论功底不深,或者把来自非航空院校的技术人员大多分配到风洞试验组。于是将风洞试验组改名为"气动特性组",现在广泛确认。其实,"气动特性组"这个名字比较含糊。

2) 气动弹性计算组

气动弹性分为静弹性和动弹性,都属于气动专业范畴,但是大多设计单位把动弹性划入强度专业编制中。动气动弹性研究飞机的颤振特性,预测颤振速度,确定颤振边界。

静气动弹性专业有两项主要任务:

(1) 型架外形设计。

将飞机气动设计得到的巡航(1g)外形计算变换到结构设计需要的型架(0g)外形。

(2) 气动特性的弹性修正。

将飞机视为刚体得到的气动特性数据变换到考虑飞机结构受气动载荷而变形后的气动特性数据,提供性能、操稳、载荷、飞控等各专业计算使用。

3) 气动设计专业的名称

气动室全名应该是"空气动力学设计研究室"。室中按学科可分为空气动力学、飞行动力学和结构动力学。在空气动力学学科中有气动布局设计、部件气动设计、气动特性试验等各个空气动力学专业组。从图1.12可以看到:大空气动力学(研究室)、中空气动力学(学科)和小空气动力学(专业组)。所以,"空气动力学设计研究室"的名称是不确切的,因此是不合适的。1988年,笔者去西德MBB飞机公司,作为中方空气动力学的负责人,参加新型支线飞机设计的中德联合工程队,当时的空气动力学设计研究室的名称是"飞行物理研究室"(见图1.13)。1990年,MBB飞机公司的"空气动力学总部"改名为"飞行物理部"(见图1.14)。

20世纪80年代美国波音商用飞机公司设有空气动力学工程部(见图1.15)和英国BAE飞机公司设有空气动力学部(见图1.16)。可以看到,航空先进国家各大飞机设计公司都有一个实力强大的空气动力学部。

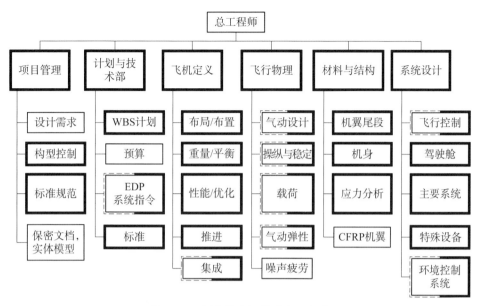

图 1.13　新支线客机的联合工程队

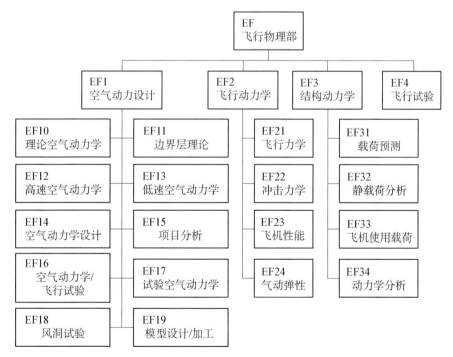

图 1.14　西德 MBB 公司的飞行物理部

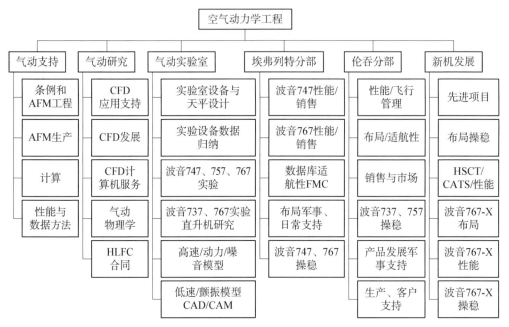

图 1.15　美国波音商用飞机公司的空气动力学部

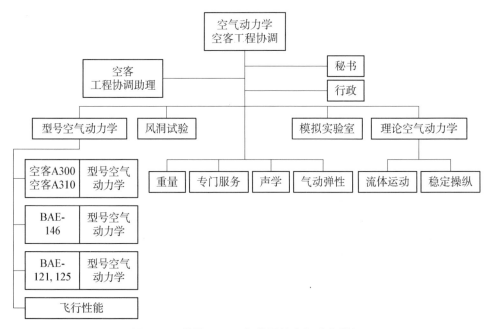

图 1.16　英国 BAE 飞机公司的空气动力学部

1.2　主要大气参数

大气参数包括的范围很广,这里介绍与飞机飞行有关的主要参数。

1.2.1　基本大气参数

1) 标准大气

在确定大气参数前,首先必须定义"标准大气"。

(1) 标准大气。

根据大量的实际测量资料,由权威机构按中纬地区的平均气象条件制定并颁发的大气温度、压力、密度等物理参数随高度的变化规律。

(2) 标准大气模型。

假定大气是干洁的,在高度 86 km 以下,大气是均匀混合物,其中每种气体成分的相对体积不变,从而空气的平均分子质量是常数。假定空气为理想气体,状态方程为

$$p = \rho R T \tag{1.2}$$

式中,p 为空气压力(kg/m²);ρ 为空气密度(kg/m³);R 为气体常数(kg · m/kg · K);T 为空气温度(K)。

(3) 海平面标准大气。

以上的标准大气、标准大气模型的定义都比较抽象,我们飞机设计部门的"海平面标准大气"定义十分具体。海平面标准大气——海平面高度 $H = 0$ m,干燥清洁的空气,温度 $t = 15 \degree C$,密度 $\rho = 1.225\,0\ \text{kg/m}^3$,压力 $p = 101\,325$ Pa。

2) 空气密度

空气密度——单位体积内空气分子的质量。空气密度随高度而变化。不同高度范围的计算公式都不一样。例如当高度 $H \leqslant 11\,000$ m 时,有

$$\rho = 1.225\,0(1 - 0.225\,577 \times 10^{-4} H)^{4.255\,88} \tag{1.3}$$

$H = 0$ m, $\rho = 1.225\,0\ \text{kg/m}^3$;$H = 5\,000$ m, $\rho = 0.736\,1\ \text{kg/m}^3$;$H = 10\,000$ m, $\rho = 0.412\,7\ \text{kg/m}^3$。

所以,在高空,空气是非常稀薄的, $H = 5\,000$ m,密度只有海平面的 60.09%;$H = 10\,000$ m,只有海平面的 33.69%。

3) 空气压力

空气压力——空气垂直作用在自身或者物体表面的单位面积的力。空气压

力也随高度而变化。不同高度范围的计算公式也都不一样。例如当高度 $H \leqslant$ 11 000 m 时，有

$$p = 1.013\,25 \times 10^5 (1 - 0.225\,577 \times 10^{-4} H)^{5.255\,88} \tag{1.4}$$

$H = 0$ m，$p = 101\,325$ Pa；$H = 5\,000$ m，$p = 54\,019$ Pa；$H = 10\,000$ m，$p = 26\,436$ Pa。

所以，在高空，空气压力是非常低的，$H = 5\,000$ m，只有海平面的 53.31%；$H = 10\,000$ m，只有海平面的 26.09%。

4) 空气温度

空气温度也随高度而变化。不同高度范围的计算公式也都不一样。例如当高度 $H \leqslant 11\,000$ m 时，有

$$T = 288.15 - 0.006\,5H \tag{1.5}$$

$H = 0$ m，$T = 288.15$ K；$H = 5\,000$ m，$T = 255.65$ K；$H = 10\,000$ m，$T = 223.15$ K。

所以，在高空，空气温度是非常低的，$H = 5\,000$ m，比海平面低 32.5℃；$H = 10\,000$ m，要低 65℃。正常季节的天气，如果在地面温度为 15℃，高空 10 000 m 是 -50℃。

由此可见，飞机在 8 000～10 000 m 高空飞行时，其空气的压力、密度和温度是驾驶员不能承受的，必须使用封闭的驾驶舱，制造出接近于地面条件的座舱压力、密度和温度。对于旅客机客舱也是如此，客舱压力也是影响乘客舒适性的重要因素之一。

1.2.2　飞行大气参数

1) 飞行速度

（1）空速管测速原理。

必须说明：上面所讲的空气压力严格地说是"静压"，可以说是空气的势能。空气流动的时候，还有流动的能量，就是它的"动压"。势能和动能加起来是空气的总能量，所以，按照伯努利方程，静压和动压相加等于"总压"，是气流速度等熵滞止到零时的压力，所以也称为"驻点压力"。

总压的定义为

$$p_0 = p + \frac{1}{2}\rho V^2 \tag{1.6}$$

式中,速度为

$$V = \sqrt{\frac{2(p_0 - p)}{\rho}} \qquad (1.7)$$

因此,飞机在飞行中,只要能够测量出空气的总压与静压,就可以得到飞行速度。空速管就是根据这个原理进行测速的。图 1.17 为皮托管流量计在风洞中的校测装置,清楚地说明了空速管的测速原理。

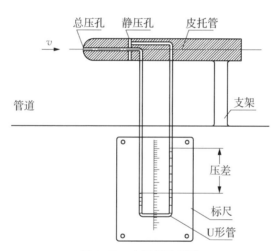

图 1.17 皮托管流量计

(2) 表速、空速与真速。

表速——顾名思义是在飞机仪表上反映出来的飞行速度。

指示空速(IAS)——现在飞机上这样的表速已经不使用了,都需要经过仪表误差的修正,经过仪表误差修正后的表速称为"指示空速(V_I)"。驾驶员在飞行中主要使用指示空速,飞机飞行手册和飞机使用手册中,性能图表的速度也用指示空速。

校正空速(CAS)——速度是由测得的总、静压值得到的。总、静压管安装在飞机上固定的位置,其当地流场随飞机构型和姿态而变,从而引起总、静压(特别是静压)测量的误差,该误差与总、静压管的安装位置有关,故称为位置误差,经过仪表位置修正后的指示空速称为"校正空速(V_C)"。

位置误差修正值一般通过风洞试验得到,最后由飞行试验确定。

当量空速(EAS)——空气速度还需要经过特定高度的绝热压缩流修正,经过压缩性修正后的校正空速称为"当量空速(V_E)"。

当量空速不仅是总、静压压差的函数,还与飞行高度的压强有关,一般可由计算得到。当量速度大多在飞机强度的载荷计算中使用。

真空速(TAS)——经过高度修正后的当量空速才是"真空速(V)"。真空速是飞机相对于地面为参考坐标的真实飞行速度。高度修正就是密度修正:

$$V = \frac{V_E}{\sqrt{\rho/\rho_0}} \tag{1.8}$$

式中,ρ_0 为海平面的空气密度。

从上面的公式可以看到,这里的真空速应该是飞机相对于空中气流的速度,没有考虑自然风的影响。

2) 飞行高度

飞行高度都是指飞机离开地面的高度。但是,各个机场的海拔高度不同,飞行过程中沿线的地面与海平面的高度不同,就没有一个比较的标准。所以,高度都是以标准的海平面作为基准来定义的。

(1) 几何高度(h)。

几何高度可称为海拔高度,是物体相对于当地平均海平面的实际高度,机场和障碍物数据均以几何高度给出。

(2) 位势高度(H)。

气压高度是按照标准大气中压强与高度一一对应关系制订的,因此,在不同高度飞行由测出压强计算出高度值反映于高度表上。

气压高度是以不同高度的不同压力差测量得到的,所以我们习惯称为"压差高度"。实际上,几何高度也是以不同压力差测量经过换算得到的。所以,都以压差为依据,概念上不严格,因此我们把它称为"位势高度"。

位势高度——代表位置势能的高度(H)。各个大气参数随高度的变化,都是以位势高度作为基准。位势高度

$$H = \frac{1}{g_0} \int_0^h g \, dx \tag{1.9}$$

几何高度与位势高度的相互关系为

$$h = \frac{r_0 H}{r_0 - H} \tag{1.10}$$

式中,g_0 为标准海平面的重力加速度,$g_0 = 9.80665\ \mathrm{m/s^2}$;$r_0$ 为有效地球半径, $r_0 = 6356.766\ \mathrm{km}$。几何高度与位势高度的差别很小。在高度 1500 m 以下没有差别;当 $h = 2000\ \mathrm{m}$ 时,$H = 1999\ \mathrm{m}$;当 $h = 10000\ \mathrm{m}$ 时,$H = 9984\ \mathrm{m}$。

3) 声速与马赫数

(1) 声速与其随高度的变化。

声速——声波传播的速度(a)。

声速的定义为 $a = \sqrt{kRT}$。因为温度 T 是随高度变化的,所以声速也是随高度变化的。例如:$H = 0\ \mathrm{m}$,$a = 340.29\ \mathrm{m/s}$;$H = 10000\ \mathrm{m}$,$a = 299.53\ \mathrm{m/s}$。

(2) 马赫数的物理含义。

马赫数(Ma)是考虑空气压缩性影响的。它是空气惯性力与空气压缩力之比。

空气惯性力:

$$F_i = \rho l^2 V^2 \tag{1.11}$$

式中,l 为特性长度。

空气压缩力:

$$F_c = \rho l^2 \frac{a^2}{\gamma} \tag{1.12}$$

式中,γ 为运动黏性系数。

马赫数的定义为

$$Ma = \sqrt{\frac{F_i}{F_c \gamma}} = \frac{V}{a} \tag{1.13}$$

可以看到:马赫数是飞行(空气流动)速度与声速之比。

(3) 亚声速、超声速与跨声速。

亚声速($Ma < 1$),飞行速度小于声速;超声速($Ma > 1$),飞行速度大于声速;跨声速($Ma = 1$)吗?

国家标准 GB/T 16638.1—2008《空气动力学　概念、量和符号第 1 部分: 空气动力学常用术语》对跨声速有个定义流场中流体的速度接近声速的流动,一般指 $0.8 \leqslant Ma < 1.4$。

严格地说,跨声速没有明确的 Ma 范围,是一种亚声速和超声速的混合流动,例如在超临界机翼的上翼面,既有亚声速区,又有超声速区。所以,对于每一个飞行器,其跨声速的 Ma 范围是不同的。

1.3　飞机的气动特性

本节一开始介绍"空气动力学"时说:飞机怎么飞得快,飞得高,飞得远,飞得久,飞得机动灵活,飞得安全可靠,这是性能、操稳专业人员计算出来的。性能、操稳计算的依据是气动力原始数据。这里专门介绍气动力原始数据。气动力原始数据总称气动特性,是气动人员依据飞机的外形进行理论计算或者风洞试验得到的。内容很广泛,工作很繁复,包括如下:

(1) 纵、横、航向全机基本气动特性,操纵面效率,动导数,铰链力矩。

(2) 这些气动系数和导数的动力影响,地面效应。

(3) 飞机起飞、爬升、巡航、降落,不同构型的不同特性。

(4) 亚声速、跨声速、超声速,不同速度范围的不同特性。

这里只介绍最基本的全机纵、横、航向气动特性和操纵面效率。

在介绍飞机的气动特性之前,必须根据国家标准,首先交代飞机的坐标轴系。否则,有些地方就说不清楚。

(1) 气流坐标轴系。

飞机的气流坐标轴系 $Ox_a y_a z_a$ 简称"风轴系"——S_a。它是相对于飞行速度方向来定义的。其原点(O)通常位于飞机的重心,纵轴(x_a)沿飞行速度的方向指向前方,竖轴(z_a)在飞机对称面内垂直于纵轴指向下方,横轴(y_a)垂直于 x_a 和 z_a 指向右方,如图 1.18 所示。

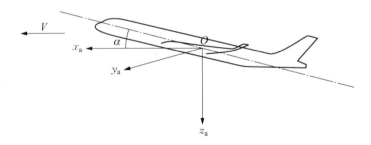

图 1.18　气流坐标轴系

(2) 机体坐标轴系。

飞机的机体坐标轴系 $Oxyz$ 简称"体轴系"——S_b。定义为固定在飞机上的坐标轴系。其原点(O)通常位于飞机的重心。纵轴(x)位于飞机对称面内,平行于机身轴线(一般是飞机的构造水平线)指向前方。横轴(y)垂直于飞机对称面指向右方。竖轴(z)垂直于纵轴指向下方,如图 1.19 所示。

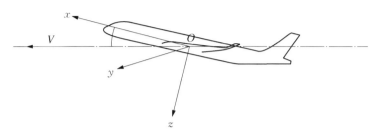

图 1.19　机体坐标轴系

(3)稳定性坐标轴系。

在飞机气动特性的体系中,通常使用气流坐标轴系来定义纵向气动特性,使用机体坐标轴系来定义横、航向气动特性。过去,我们把这样的一种坐标轴系叫作"半机体坐标轴系"。现在明确在扰动气流中的半机体坐标轴系定义为"稳定性坐标轴系"——$Ox_sy_sz_s$。

稳定性坐标轴系 S_s 是在受扰动运动中固连于飞机上的一种机体坐标轴系。其原点(O)通常位于飞机的重心,纵轴(x_s)沿未受扰运动的飞行速度在飞机对称面上的投影指向前方,横轴(y_s)垂直飞机对称面指向右方,竖轴(z_s)在飞机对称面内垂直于纵轴指向下方。

(4)三种坐标轴系的关系。

三种坐标轴系的相互有关:气流坐标轴系,去掉侧滑角,把纵轴(x_a)投影到飞机对称面上,就是稳定性坐标轴系。稳定性坐标轴系,去掉迎角,把纵轴(x_a)转到飞机的构造水平线上,就是机体坐标轴系。图 1.20 给出了这三种坐标轴系的关系。

1.3.1　纵向气动特性

1)升力曲线

升力曲线表示飞机升力与飞行迎角的关系(见图 1.21)。

图中有几个关键的参数:

(1)零升迎角 α_0——全机升力为零的迎角。

(2)升力线斜率 $C_{L\alpha}$——单位迎角的升力增量。

(3)最大升力系数 $C_{L\max}$——飞机失速点的升力系数。

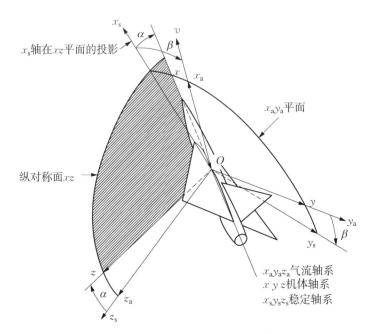

x_s轴在xz平面的投影

x_ay_a平面

纵对称面xz

$x_ay_az_a$气流轴系
$x\,y\,z$机体轴系
$x_sy_sz_s$稳定轴系

图 1.20 气流、机体与稳定性坐标轴系

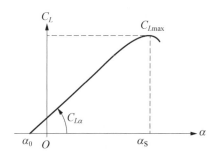

图 1.21 升 力 曲 线

（4）失速迎角 α_S——对应于 C_{Lmax} 的迎角。

升力随着迎角增加的变化有一个过程，可以按照迎角增加的顺序描述如下：

（1）在很小的迎角下，前方的来流在机翼前缘稍稍偏下的地方分开，分别向上、下表面流动。这个地方理论上是一个点，叫作"驻点"［见图 1.22(a)］。上表面的气流分子走的距离长，速度大，压力低；下表面的气流速度小；压力高。

（2）迎角增大，"驻点"，在机翼下表面后移［见图 1.22(b)］；上表面的气流分子走的距离更长，速度更大，压力更低；下表面的气流压力更高。上下表面的压差越大,升力就越大。升力随迎角的增大是线性关系增大的;迎角再增大,"驻点"更后移,机翼上表的气流分子走的距离更长,速度更大。但是能量不足,部分气流开始离开机翼表面,产生局部"分离",升力增加比原来线性关系增大得要少一些。

(3) 迎角继续增大,机翼表面大面积"分离"[见图 1.22(c)],升力不但不增加,反而减小了。这是"分离"现象,称为机翼"失速",这个迎角叫作"失速迎角",对应的升力系数为"最大升力系数"。

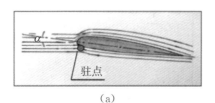 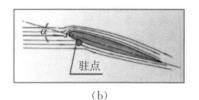

(a)　　　　　　　　　　　　　　(b)

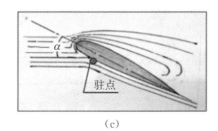

(c)

图 1.22　翼型流动随攻角增加的变化

(a) 小攻角流动　(b) 攻角开始增加　(c) 攻角继续增加

所以,在线性范围内($\alpha \leqslant \alpha_S$),全机的升力系数表示为

$$C_L = C_{L\alpha}(\alpha - \alpha_0) \tag{1.14}$$

2) 升阻曲线

升阻曲线表示飞机升力与阻力的关系(见图 1.23),也称为"极曲线"。图中有几个关键的参数:

(1) 零升阻力系数 C_{D0}——全机升力为零的阻力系数。

(2) 升阻比 $K = \dfrac{C_L}{C_D}$——是飞机升力与阻力之比。

(3) 最大升阻比 $K_{\max}$——过零点作与曲线相切的直线,切点的升力与阻力之比就是最大升阻比。

全机的阻力与升力的关系可以简单表示为

$$C_D = C_{D0} + \frac{C_L^2}{\pi A e} \tag{1.15}$$

式中，$C_{Di} = \dfrac{C_L^2}{\pi A e}$ 为升力诱导产生的阻力系数，称为"升致阻力系数"；A 为飞机机翼的展弦比；e 为奥斯瓦尔德展向效率因子。

3) 力矩曲线

俯仰力矩曲线表示飞机的俯仰力矩与升力关系（见图 1.24）。图中有几个关键的参数：

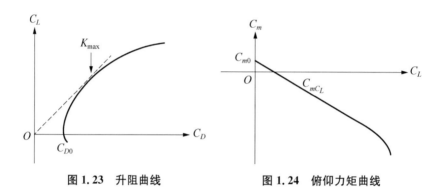

图 1.23　升阻曲线　　　　图 1.24　俯仰力矩曲线

（1）零升俯仰力矩 C_{m0}——全机升力为零的俯仰力矩系数。

（2）纵向静稳定度 C_{mC_L}——俯仰力矩曲线的斜率，可以通过下式计算。

$$C_{mC_L} = \frac{\partial C_m}{\partial C_L} \tag{1.16}$$

4) 飞机的纵向稳定性

（1）飞机焦点的含义。

焦点——飞机升力增量的作用点。

当飞机的飞行迎角增大或者减小时，飞机的升力增加或者下降，增加或者下降的力的作用点在焦点处。

亚声速流动情况，单独机翼的焦点在平均气动弦的 25% 的地方；全机焦点，由于平尾的贡献而后移，大致在平均气动弦的 40%~60% 之间。

超声速流动，单独机翼的焦点在平均气动弦的 50%；全机焦点也会后移。

图 1.25 表示飞机焦点与重心的关系。

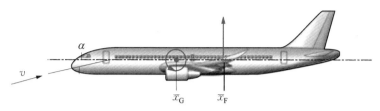

图 1.25　飞机的焦点与重心的关系

可以看到,如果飞机的重心在焦点之前,当迎角增大时,升力增加,产生低头力矩,俯仰力矩减小;若迎角减小,则升力减小,产生抬头力矩,俯仰力矩增大。所以,俯仰力矩曲线的斜率是负的,如图 1.24 所示。

（2）自然稳定的飞机。

对于纵向自然稳定的飞机,重心在焦点之前。

当飞机受到某种纵向扰动时（遇到上下颠簸气流或驾驶员的误操纵）,飞机抬头,迎角增大,升力增加,产生低头力矩（见图 1.26）,俯仰力矩减小。扰动消失后,飞机反应是低头,迎角变小,飞机回到原来未扰动的姿态。

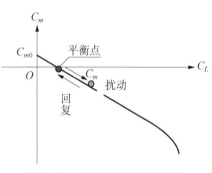

图 1.26　飞机的静稳定性分析

当飞机受到扰动而低头时,迎角减小,俯仰力矩增大。扰动消失后,飞机抬头,回到原来未扰动的姿态。在这种情况下,飞机受到扰动后,有一个恢复到未扰动姿态的能力,所以飞机是纵向静稳定的。

如果飞机的重心在焦点之后,俯仰力矩曲线的斜率是正的,当飞机受到某种扰动,飞机抬头,或者低头,扰动后飞机的变化趋势越来越大,飞机就是纵向静不稳定。

所以,对于静稳定的飞机,飞机的重心一定要在焦点之前。

1.3.2　横、航向静稳定导数

1）飞机的侧向力

飞机侧滑飞行,受到侧风,来流速度(V_∞)与侧风(V_C)合成一个速度(V_R)。飞机的侧滑角相当于垂直尾翼的迎角（见图 1.27）,垂尾产生的升力,就是飞机的侧向力(Y)。

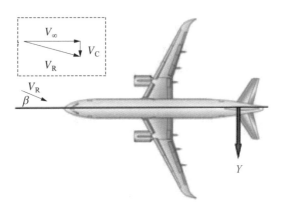

图 1.27 飞机的侧向力

侧向力对飞机重心取矩是偏航力矩的主要来源,也是滚转力矩的来源之一。

2) 航向静稳定导数

(1) 偏航力矩和侧滑角的关系。

飞机侧滑飞行,受到侧向力(见图 1.27)。这个侧向力的压心与飞机重心的水平距离比较远,产生一个正的偏航力矩(见图 1.28)。如果是负侧风,则产生一个负的偏航力矩。

偏航力矩系数 C_n 与侧滑角 β 的变化关系如图 1.29 所示[注意:在机体坐标轴系中,竖轴(z)指向下]。

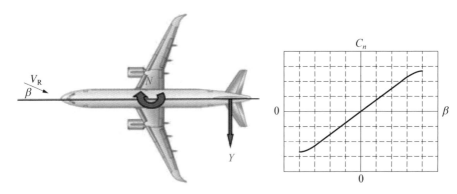

图 1.28 侧滑角产生偏航力矩 **图 1.29 偏航力矩随侧滑角的变化**

(2) 飞机的航向稳定性。

如上所说,飞机侧滑飞行,受到侧向力的作用,飞机向左移动和偏转,如

图 1.30 中逆时针箭头所示。此时垂直尾翼上侧向力产生一个正的偏航力矩,使飞机侧滑角减小,如图 1.30 中顺时针箭头所示,回向原来未扰动的姿态。如果是负侧风,产生一个负的偏航力矩,使飞机左偏,也减小侧滑角,也回向原来未扰动的姿态。所以,飞机是航向静稳定的。

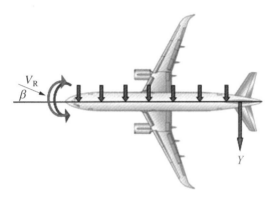

图 1.30　飞机对偏航扰动对稳定作用

3) 横向静稳定导数

（1）滚转力矩与侧滑角的关系。

飞机侧滑飞行,受到侧风,左右机翼受到的影响不同,尤其是对于具有机翼上反角的飞机。如果是正侧风(风从右边来),右机翼迎风,受到的侧风大,来流与侧风的合成速度比较大,升力比较大;左机翼的侧风受机身的阻挡,其来流与侧风的合成速度比较小,升力比较小。所以,产生一个负的滚转力矩,使飞机左滚(见图 1.31)。侧风越大,滚转力矩越大。如果是负侧风,左机翼的升力比右机翼大,使飞机右滚。这是飞机滚转的主要原因。

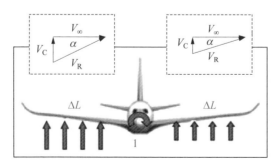

图 1.31　侧滑角产生滚转力矩

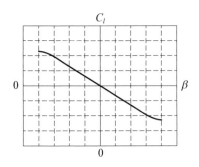

图 1.32 滚转力矩随侧滑角的变化

侧滑飞行的正侧风使飞机左滚,是一个负的滚转力矩。负侧风使飞机右滚,是一个正的滚转力矩。侧风越大,滚转力矩越大。滚转力矩系数 C_l 与侧滑角 β 的变化关系如图 1.32 所示。

飞机侧滑飞行,正侧风,垂直尾翼受到升力(见图 1.27),压心在飞机重心之上,产生一个负的滚转力矩。如果是负侧风,则产生正的滚转力矩。但是,这个垂尾上的升力与飞机重心的垂直距离比较近,产生的滚转力矩比较小,与侧风引起的左右机翼升力不对称产生的滚转力矩相比是次要的。

(2) 飞机的横向稳定性。

当飞机受到某种横向扰动,如正侧风,产生负滚转力矩,飞机左滚(见图 1.31)。此时机翼的升力(L)垂直于来流方向,在飞机的对称面内。升力垂直方向的分量平衡飞机的重量(G),水平方向的分量(R)使飞机向左移动,这样就相当于有一个负侧风,如图 1.33 所示。

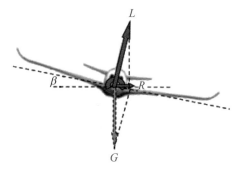

图 1.33 滚转扰动水平力分量

此时,左机翼迎风,受到的侧风大,来流与侧风的合成速度比较大,当地迎角大,升力比较大;右机翼的侧风受机身的阻挡,其来流与侧风的合成速度比较小,当地迎角比较小,升力比较小。所以,使飞机右滚(见图 1.34),回向原来未扰动的姿态,飞机是横向静稳定的。

图 1.34 滚转扰动后飞机的反应

如果是负侧风,升力水平方向的分量(R)向右,使飞机向右移动,相当于有一个正侧风。使飞机左滚,回向原来未扰动的姿态,飞机也是稳定的。

如果滚转力矩曲线的斜率是正的($C_{l\beta}>0$),当飞机受到某种横向扰动,例如右面来正侧风,滑角增大,飞机右滚,飞机还有一个向右滚转的力矩,飞机滚转趋势越来越大,飞机就是横向不稳定的了。

1.3.3 操纵面效率

飞机的主要操纵面是升降舵、方向舵和副翼。所谓操纵面效率是舵面单位偏度产生全机对应的力矩系数。

1) 升降舵效率

升降舵效率 $C_{m\delta e}$ 是升降舵单位偏度产生的全机俯仰力矩系数。图 1.35 给出了俯仰力矩系数 C_m 随升降舵偏度 δ_e 的变化。图 1.35 中的曲线斜率就是升降舵效率。

升降舵大偏度时,舵面上产生气流分离,效率要下降;大迎角时,升降舵受到前面机翼、机身等部件的阻挡,当地速压减小,效率也要下降。

2) 方向舵效率

方向舵效率 $C_{n\delta r}$ 是方向舵单位偏度产生的全机偏航力矩系数。图 1.36 给出了偏航力矩系数 C_n 随方向舵偏度 δ_r 的变化,其中的曲线斜率就是方向舵效率。

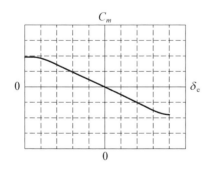

图 1.35 俯仰力矩随升降舵偏度的变化

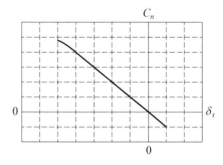

图 1.36 偏航力矩随方向舵偏度的变化

方向舵大偏度的效率要下降;大侧滑角的效率也要下降。其机理与升降舵相同。

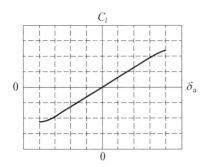

图 1.37　滚转力矩随副翼偏度的变化

3) 副翼效率

副翼效率 $C_{l\delta a}$ 是副翼单位偏度（左、右副翼反对称偏转的角度）产生的全机滚转力矩系数。副翼下偏为正，左副翼下偏（右副翼上偏）产生正的滚转力矩。图 1.37 给出了滚转力矩系数 C_l 随副翼偏度 δ_a 的变化。图中的曲线斜率就是副翼效率。副翼大偏度的效率要下降，大迎角的副翼效率也要下降，这都是舵面气流分离引起的。

1.3.4　不同构型、速度特性

1) 不同构型的升力特性

飞机的巡航、复飞、起飞和着陆构型，增升装置的偏角不同有不同的升力特性，如图 1.38 所示。

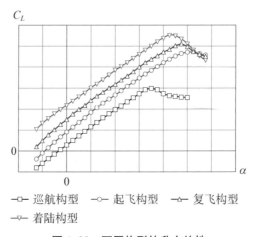

—□— 巡航构型　　—○— 起飞构型　　—△— 复飞构型
—▽— 着陆构型

图 1.38　不同构型的升力特性

2) 不同速度的升力特性

飞机在不同飞行速度有不同的升力特性，如图 1.39 所示。

3) 不同迎角的特性

横、航向特性（包括方向舵、副翼效率）会受到不同迎角的影响。图 1.40 示出不同迎角的航向静稳定导数——偏航力矩系数随侧滑角的变化。

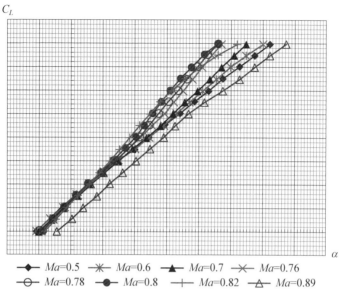

图 1.39　不同速度的升力特性

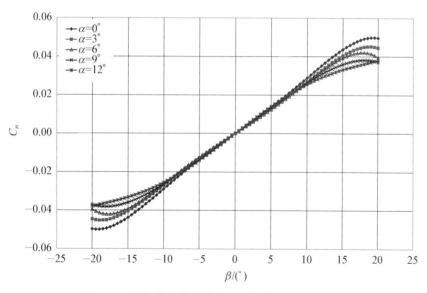

图 1.40　不同迎角的偏航力矩系数随侧滑角的变化

1.3.5　飞机的重心前、后限

1) 纵向静稳定度与重心后限

飞机的重心一定要在焦点之前，才具有纵向静稳定性。距离为多少呢？稳定性余度应该多大？以什么衡量？前面图 1.26 说明了自然稳定的飞机。

如果飞机的重心在焦点之前,正升力产生负力矩,俯仰力矩曲线的斜率是负的,如图 1.41(a)所示。飞机受到扰动后,有恢复到未扰动姿态的能力,飞机是稳定的(把图 1.25 的俯仰力矩曲线画在图 1.42 中)。

随着飞机重心和焦点相对位置的变化,飞机的静稳定特性也随着变化,如果飞机的重心再靠前一点,同样正升力产生的负力矩更大,俯仰力矩曲线的斜率负值更大。飞机受到扰动后的恢复能力也大,飞机的稳定性更好,如图 1.41(b)所示。

如果飞机的重心再靠后一点,同样正升力产生的负力矩比较小,俯仰力矩曲线的斜率负值比较小。飞机受到扰动后,恢复能力也比较小,飞机的稳定性也比较小,如图 1.41(c)所示。

如果飞机的重心再往后移与焦点重合,那无论升力多大或多小,俯仰力矩都不变,俯仰力矩曲线的斜率是平的,如图 1.41(d)所示。

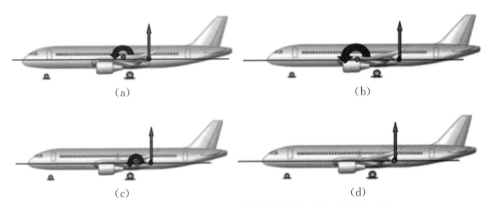

(a)   (b)

(c)   (d)

图 1.41　飞机的重心和焦点的位置变化与静稳定性的关系

(a)静稳定条件下重心和焦点的位置　(b)重心和焦点的距离增加　(c)重心和焦点的距离减小　(d)重心和焦点的位置重合

对应(a)(b)(c)(d)四种情况,飞机四个重心位置的俯仰力矩曲线如图 1.42 所示。由此可见,衡量飞机的纵向稳定性大小是俯仰力矩曲线的斜率。

图 1.43 表示飞机重心与焦点的坐标位置。

重心与焦点的关系:

$$\bar{x}_G - \bar{x}_F = \frac{\partial C_m}{\partial C_L} \tag{1.17}$$

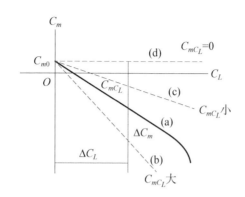

图 1.42　飞机的重心和俯仰力矩

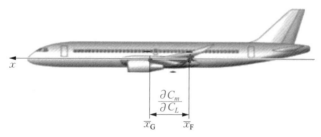

图 1.43　飞机焦点和重心的坐标位置

式中,$\bar{x}_G$ 为飞机的重心(或力矩参考点)的相对位置;$\bar{x}_F$ 为飞机的焦点(或压力中心)的相对位置;$\dfrac{\partial C_m}{\partial C_L}$ 为纵向静稳定性余度,就是我们上面交代过的俯仰力矩曲线的斜率 C_{mC_L}。

现在清楚了,稳定性余度有多大?是以重心 x_G 与焦点 x_F 的差值来衡量,就是以 $\dfrac{\partial C_m}{\partial C_L}$ 来衡量。通常用平均气动弦(b_A)的百分比,例如 10 个稳定性余度就是 $\dfrac{\partial C_m}{\partial C_L}=10\%b_A$。一般民用旅客机的余度比较大些[$(10\%\sim12\%)b_A$],军用战斗机的余度要小些[$(5\%\sim6\%)b_A$]。

飞机的重心只能在焦点之前,而且留有一定的余度,不能再靠后了,所以,飞机有一个重心后限。

总之,飞机的重心后限是由其纵向静稳定性决定的,纵向静稳定性是由其平尾效率决定的。

2) 升降舵效率与重心前限

飞机的起飞滑跑过程如图 1.44 所示。以发动机起飞功率,飞机从跑道端开始滑跑、加速,到了起飞抬前轮速度(V_R)驾驶员拉杆,升降舵上偏,飞机抬头至起飞迎角,保持这个姿态,主轮接地滑跑、加速,升力不断增大,直到起飞离地速度,升力大于重量($G < L = \frac{1}{2}\rho V^2 S C_L$),飞机离开跑道飞起来。

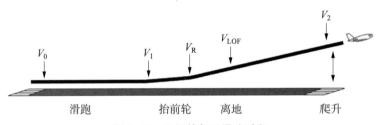

图 1.44　飞机的起飞滑跑过程

起飞抬前轮的操纵是检查升降舵设计的主要项目。飞机的重心一定是在前轮与主轮之间,在飞机开始滑跑的时候,前轮与主轮接地,如图 1.45 所示。抬前轮之后,主轮在地面上,是飞机的支撑点。

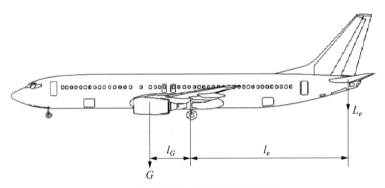

图 1.45　起飞抬前轮时的力矩平衡

重力(G)与主轮的距离(l_G)构成一个低头力矩($G \times l_G$)。要使飞机抬头,升降舵上偏产生的负升力 L_e 必须足够大,使得它构成的抬头力矩($L_e \times l_e$)大于重量产生的低头力矩($G \times l_G$)。否则,飞机抬不起头来。

一型常规布局的飞机,升降舵的面积和尾臂都不能太大。于是只能不断后移重心位置,缩短 l_G,直到满足 $G \times l_G < L_e \times l_e$,使飞机抬起头来。这个重心位置就是飞机的重心前限。

　　所以,飞机的重心前限是其纵向操纵性决定的,纵向操纵性是其升降舵效率决定的。

参考文献

［1］中国航空工业第一集团公司.空气动力学　概念、量和符号第 1 部分:空气动力学常用
　　　术语:GB/T 16638—2008[S].北京:中国标准出版社,2008.
［2］何庆芝.飞机设计手册:第 1 册　常用公式、符号、数表[M].北京:航空工业出版社,
　　　1996.
［3］张锡金.飞机设计手册:第 6 册　气动设计[M].北京:航空工业出版社,2002.

第 2 章　飞机总体气动布局设计

本章介绍有关气动布局设计中的几个问题：

（1）飞机分类和用途。

（2）气动布局的初步方案设计。

（3）气动布局方案设计的主要工作。

（4）发挥 CFD 在气动设计中的作用。

（5）飞机型号的系列发展。

第 1 章空气动力学在飞机设计中的作用介绍了飞机总体设计流程。在图 1.6 流程图中有飞机气动布局设计的显著位置。

2.1　飞机的分类和用途

在介绍飞机总体气动布局设计的时候，首先应对现有的各种飞机有一个比较全面的、概貌的了解，飞机的分类框图如图 2.1 所示。

有人驾驶的飞机大致可以分为军用飞机和民用飞机两大类。

2.1.1　军用飞机

军用飞机是用于作战的飞机。

（1）歼击机。我国有歼 6、歼 7、歼 8，最新的有歼 10、歼 11、歼 15、歼 20 和歼 31（见图 2.2）。

（2）轰炸机。我国有轰 5、轰 6、轰歼 7，轰 6K 是轰 6 的发展型（见图 2.3）。最新的战略轰炸机有轰 20。

（3）运输机。我国有运 5、运 7、运 8，最新的大型运输机有运 20（见图 2.4）。

（4）特种飞机。我国有侦察机、干扰机、预警指挥机，还有最新的水陆两栖飞机（见图 2.5 和图 2.6）。

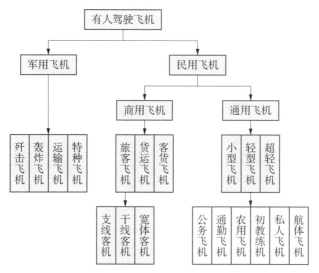

图 2.1　飞 机 的 分 类

图 2.2　歼 20 飞机(见书后彩图 2)

(资料来源:https://parstoday.com/zh/news/china-i53997)

图 2.3　轰 6K 飞 机

(资料来源:http://i1.sinaimg.cn/jc/2014/0411/U10553P27DT20140411105425.jpg)

图 2.4　运 20 飞机

（资料来源：http://www.xinhuanet.com/photo/titlepic/
111983/1119832846_1478048469845_title0h.jpg）

图 2.5　空警 2000 飞机

（资料来源：http://www.fap.fi/large_images/9747.jpg）

图 2.6　水陆两栖飞机

（资料来源：https://imgproc.airliners.net/photos/airliners/
9/9/8/4126899.jpg? v＝v46236a90a21）

2.1.2　民用飞机

民用飞机是用于非军事目的的飞机。民用飞机包括商用飞机和通用飞机。

1) 商用飞机

（1）商用飞机的种类。

商用飞机一般指大型的旅客机、货运机和客货两用飞机。

a. 大型的旅客机：大型的旅客机很多，比较典型的如波音 707（见图 2.7）和空客 A320 飞机（见图 2.8）。

图 2.7　波音 707 飞机

（资料来源：https://imgproc. airliners. net/photos/airliners/3/4/3/
6299343. jpg? v＝v4e7837573cf）

图 2.8　空客 A320 飞机

（资料来源：https://imgproc. airliners. net/photos/airliners/7/1/4/
6317417. jpg? v＝v4b4501da41f）

b. 货运机和客货两用飞机：货运机和客货两用飞机一般都是由旅客机改型而成的，例如：货运型空客 A300 - C4（见图 2.9）和客货两用型波音 727 - 100C（见图 2.10）。

图 2.9　空客 A300 - C4 飞机

（资料来源：https://imgproc. airliners. net/photos/airliners/9/4/3/6322349. jpg? v=v44f55839d2d）

图 2.10　客货两用型波音 727 - 100C

（资料来源：https://imgproc. airliners. net/photos/airliners/1/7/2/1804271. jpg? v=v40）

（2）商用旅客飞机。

旅客机有用于国内航线支线客机、国际航线干线客机和大型宽体客机。

a. 支线客机——我国自行研制的 ARJ21 - 700,75～90 座（见图 2.11）。

图 2.11　ARJ21‑700 支线客机(见书后彩图 3)

（资料来源：https://imgproc. airliners. net/photos/airliners/1/0/9/
6289901. jpg? v＝v49edceeb32e)

b. 干线客机——我国自行研制的 C919，150～180 座(见图 2.12)。

图 2.12　C919 单通道飞机(见书后彩图 4)

（资料来源：https://imgproc. airliners. net/photos/airliners/5/7/5/
5856575. jpg? v＝v40424d7e4c2)

c. 宽体客机——中俄联合研制的 CR929，270～300 座(见图 2.13)。

2) 通用飞机

通用飞机是指除从事定期客运、货运等公共航空运输飞机之外的其他民用
航空活动的所有飞机的总称。所以，它比军用飞机和商用飞机应用广泛，有各种
各样、五花八门的飞机。

（1）通用飞机的种类。

图 2.13　CR929 双通道飞机(CG 方案图)

(资料来源:https://t1.huanqiu.cn/d9d38548bd6395c6f98d459ef4085283.jpg)

2004 年 10 月 12 日中国民用航空总局公布的《正常类、实用类、特技类和通勤类飞机适航规定》(CCAR‐23)第 23.3 条飞机类别包括:

a. 正常类飞机。

b. 实用类飞机。

c. 特技类飞机。

d. 通勤类飞机。

其中正常类飞机、实用类飞机和特技类飞机都是指座位设置(不包括驾驶员)为 9 座或以下,最大审定起飞重量为 5 700 kg(12 500 lb)或以下。通勤类飞机是指座位设置(不包括驾驶员)为 19 座或以下,最大审定起飞重量为 8 618 kg(19 000 lb)或以下。并且统称为"小型飞机"。

笔者认为,按照通用飞机的大小一般可以分为三种类型:"小型飞机""轻型飞机"和"超轻型飞机"。

a. 小型飞机:"小型飞机"是通用飞机中比较大的一些飞机,载客量为 8～20座,如图 2.14、图 2.15 和图 2.16 所示。

b. 轻型飞机:比较典型的轻型飞机是单台螺旋桨发动机、4 座的小型飞机,这种飞机的用途也最广泛。例如 TB‐9、小鹰 500、小鹰 700、赛斯纳 172、钻石 AD‐40、钻石 AD‐42、湾流 IV‐SP、火神 Vulcanairh p86 等许多轻型飞机,如图 2.17～图 2.20 所示。

还有双发动机的轻型飞机,如图 2.21～图 2.23 所示。

c. 超轻型飞机:"超轻型飞机"是比轻型飞机还小、单发单(双)座的最小型飞机。还有气动布局特别简单的飞机。如图 2.24～图 2.27 所示。

图 2.14　塞斯纳 414(乘员 8 人)

（资料来源：https://imgproc. airliners. net/photos/airliners/
5/2/5/6159525. jpg? v=v48abb4d52f7)

图 2.15　塞斯纳 560(乘员 13 人)

（资料来源：https://imgproc. airliners. net/photos/airliners/
7/1/8/6321817. jpg? v=v415d741162c)

图 2.16　湾流 G550(乘员 21 人)

（资料来源：https://www. airliners. net/photo/Untitled/Gulfstream-Aerospace-G-V-
Gulfstream-V/4130357? qsp = eJwtjTEOwjAQBL% 2BCrqYAoVCkgw9AwQdO9hIiHGzd
XQRWlL9zWHSj2dXuQiG/DB% 2B71QLqScESHrSlwsKTUr/QE/WdJTrTMKe7moCnTdf
tvKVZ7Fw9iWw4hYBiiH9/kQj5RdDQBgc/2DtAro3pcHQfRy2J2waMx0Tr%2BgXl1jGP)

图 2.17 TB - 9

（资料来源：https：//imgproc. airliners. net/photos/airliners/
1/5/9/6237951. jpg？v＝v4f345c20c59）

图 2.18 小 鹰 500

（资料来源：https：//imgproc. airliners. net/photos/airliners/
4/9/1/2809194. jpg？v＝v40）

图 2.19 塞 斯 纳 172

（资料来源：https：//imgproc. airliners. net/photos/airliners/
7/6/0/6326067. jpg？v＝v47a6ca83e87）

图 2.20　钻石 AD‑40

（资料来源：https：//imgproc. airliners. net/photos/airliners/3/0/1/2002103. jpg? v＝v40）

图 2.21　钻石 AD‑42

（资料来源：https：//tse3‑mm. cn. bing. net/th/id/OIP.jjM5P53um4yXcRTYfbh5IQHaE8? pid＝ImgDet&w＝1000&h＝667&rs＝1）

图 2.22　湾流 IV‑SP

（资料来源：https：//www. airliners. net/photo/Untitled/Gulfstream-Aerospace-G-V-SP-Gulfstream-G550/6314769）

图 2.23　火神 Vulcanairh p86

（资料来源：http://cdn. feeyo. com/news/141015/1410151151222. jpg）

图 2.24　单发双座的超轻型飞机

（资料来源：https://cdn. jetphotos. com/full/1/84905_1309988067. jpg）

图 2.25　单发单座的超轻型飞机

（资料来源：https://www. airplane-pictures. net/photo/
112402/g-bvvr-private-stits-sa-3-playboy/）

图 2. 26　简单的超轻型飞机(只有机翼和尾翼,没有机身)

(资料来源:https://i1. wp. com/electricmotorglider. com/wp-content/uploads/2017/08/5556-1920. png? fit＝1920％2C1080&-ssl＝1)

图 2. 27　更简单的超轻型飞机(机身、尾翼都没有)

(资料来源:https://i0. wp. com/spryliving. com/wp-content/uploads/2012/08/first-time-try-hang-gliding-adventure-sport-experience-spry. jpg? resize＝670％2C405&-ssl＝1)

(2) 通用飞机的用途。

通用飞机种类比较广泛,用途也是各种各样的。

a. 公务飞机:通常采用两台涡轮螺旋桨发动机或涡轮风扇发动机,约有 10 个座位,主要供政府和企业部门使用。

b. 通勤飞机:一般载客量为 10～20 人,客舱比较紧凑,用于职工上下班的定期短途交通。

c. 农用飞机:主要用于播种、施肥和喷洒农药作业,要求低速和低空性能好、载重大,能在很短的土质跑道上起降以及维护简单。

d. 初级教练机:单台螺旋桨发动机、4 座的小型飞机作为初级教练机得到广泛使用,TB-9、赛斯纳172都是被选择的好教练机。

　　e. 私人专用飞机:私人专用飞机有许多选择,看个人的经济实力与喜爱。除了农用飞机AH-2和超轻型飞机,上面介绍的通用飞机都可以选用。

　　f. 航空体育用飞机:航空发达国家一般都有航空俱乐部,提供俱乐部成员的飞行训练。还有跳伞等体育活动。

　　有些飞机纯粹是娱乐用。在公园里,给没有坐过飞机的老百姓感受一下空中飞翔的快乐。

2.2　气动布局的初步方案设计

2.2.1　飞机的总体设计

　　设计一型新飞机,首先想到的是这个飞机的用途。要设计一型什么飞机,军用战斗机还是民用旅客机,大型运输机还是小型通用飞机(见图2.1)。

　　飞机设计是多学科、综合性的系统工程。一个飞机设计单位有几十个部门,上百个专业,2 000~3 000人。飞机的总体设计中存在大量的、各种各样的矛盾。如气动与结构专业的矛盾,气动专业希望机翼厚度很小,最好像一张纸,阻力最小;结构专业希望机翼厚度很大,最好像一个方盒子,这样强度高,重量轻。气动专业本身也有各种矛盾,如高速性能要求机翼面积小一些;低速性能希望机翼面积大一些。

　　老一辈的飞机设计师曾经说过:"飞机设计是一门科学,也是一种艺术。"笔者理解:飞机设计需要科学的理论和科学的态度,还需要搞艺术的一种悟性,一种**清晰的设计思路,卓越的综合能力**。善于在多种矛盾的复杂情况中做出分析、判断、取舍和优选,得到飞机最佳的综合性能。

2.2.2　气动布局设计流程

　　说到"飞机设计",就是画飞机的总体三面图,许多非航空界的人士都这样想。中、小学生的飞机设计梦想也是这样。其实,画飞机的三面图只是总体室气动布局设计专业(10~20人)的工作,其中专业面比较广、设计经验比较丰富的二三个人才是画飞机总体三面图的。我国第一型超声速歼击轰炸机"中国飞豹",当时第四方案大改,要笔者担任气动布局组组长,有幸画了三面图。

　　飞机的气动布局决定飞机的全局。所以,气动布局专业是总体、气动各个专业中最重要的专业,是总体专业中的总体。在新飞机的总体方案设计阶段,所有各个专业的工作都要围绕气动布局、配合总体方案。图2.28所示是飞机气动布局设计的流程。

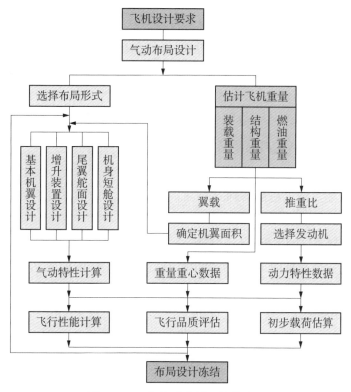

图 2.28　飞机气动布局设计的流程

设计一型新飞机的气动布局设计,根据飞机的设计要求(用途),大致是以下几个步骤:

(1) 首先考虑两个问题:要搞一型什么样的飞机? 这型飞机有多大的吨位?

(2) 接着确定两个总体设计参数:推重比与翼载。

确定了推重比,就知道这型飞机需要多大的发动机推力,可以选择发动机。

确定了翼载,就知道这型飞机需要多大机翼,得到机翼面积。

(3) 然后进行部件设计:选择了气动布局形式,得到了机翼面积,可以进行主要部件例如基本机翼、增升装置、尾翼、操纵面、机身、发动机短舱的设计。

(4) 再后需要气动特性计算:计算纵向特性,包括升力、阻力、俯仰力矩。横、航向静稳定导数和操纵面效率。

(5) 最后计算性能、操稳和载荷:有了气动特性、重量重心、发动机特性数据就可以进行飞行性能的计算,操稳品质的计算和初步载荷的评估。

上面的第(3)(4)(5)项工作在1.2节飞机总体气动设计流程的(4)(5)(10)(11)(12)中已有比较详细的说明。其中布局设计和部件设计都需要进行风洞试验验证,气动特性数据也需要风洞试验校核。

(6)气动布局设计冻结:如果性能、操稳和载荷的计算结果满足设计要求,则布局设计冻结,如果不满足要求,就要做下一个循环,再进行(3)(4)(5)项工作。如果多次循环还不满足设计要求,甚至需要重新选择推重比与翼载。一般的布局设计,大的变动、大循环三四次;局部的变动、小循环几十次。

2.2.3 布局形式与总重量

1) 要搞一型什么样的飞机?

首先需要选择飞机的总体气动布局形式,大致有以下几种布局形式可供选择。

(1)常规布局的飞机。

当前空中最常见的飞机布局是由机身、机翼、尾翼组成(见图2.29)。其中,大部分旅客机、运输机、大型轰炸机为大展弦比机翼的常规布局。大多数军用战斗机是中、小展弦比机翼的常规布局。

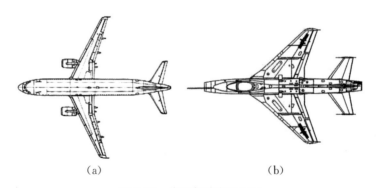

(a)   (b)

图2.29 常规气动布局飞机

(a)大展弦比机翼旅客机 (b)小展弦比机翼战斗机

(2)先进布局的飞机。

这里称为先进布局是常规布局飞机发展而来的布局。虽不是空中航线上最常见的,但是在军用机场上比较常见。所以,不称它们为特殊布局的飞机。其中有鸭式布局、无尾布局和三翼面布局(见图2.30)的飞机。鸭式和三翼面布局是采用"近距涡耦合"技术的所谓"第三代"战斗机布局的飞机。

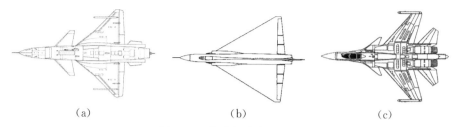

(a)　　　　　　　　　　(b)　　　　　　　　　　(c)

图 2.30　先进气动布局飞机

(a) 鸭式布局　(b) 无尾布局　(c) 三翼面布局

（3）特殊布局的飞机。

特殊布局的飞机目前在空中极少能见到，但能在科技刊物上看到设想远景布局的飞机。其中有飞翼布局、双身布局和环翼（盒式翼）布局（见图 2.31 和图 2.32）。

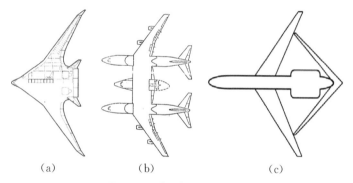

(a)　　　　　　　　(b)　　　　　　　　(c)

图 2.31　特殊气动布局飞机

(a) 飞翼　(b) 双机身　(c) 环菱形翼

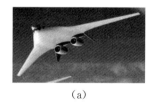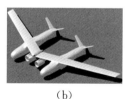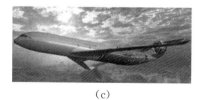

(a)　　　　　　　　　　(b)　　　　　　　　　　(c)

图 2.32　特殊气动布局飞机（设计举例）

(a) 飞翼式气动布局　(b) 双机身气动布局　(c) 盒式菱形翼气动布局

2）要搞一型多大的飞机？

各种不同用途的飞机要求不同的飞机重量。参考公开资料，小飞机 M10 起飞重量只有 658 kg；中国飞豹起飞重量为 28 000 kg；新支线客机 ARJ21 - 700 起飞重量为 40 500 kg；大型客机 C919 起飞重量为 72 000 kg；大型运输机起飞重量为 20 000 kg。

飞机的重量主要包括三部分：

（1）装载重量。

该型飞机用途是装载旅客、货物、武器或者特殊设备。先估计这些需要装载东西的重量。

（2）结构重量。

估计该型飞机的结构重量。估计机体结构、系统特设和动力装置的重量，称为"制造空机重量"。再加人员、设备等重量，构成"使用空机重量"。

（3）燃油重量。

根据该型飞机需要飞多远、飞多长时间并参考现有发动机的油耗数据，估计需要携带的燃油重量。

这三部分加起来得到飞机的总重。

2.2.4　推重比与翼载

1) 推重比与发动机选择

推重比是发动机推力与飞机重量之比（T/W）。一般情况下使用发动机最大推力和飞机最大起飞重量。

推重比大，飞行中飞机的剩余推力比较大，机动（起飞、爬升、加速）性能比较好。所以，军用作战飞机推重比比较大，尤其是对现代战斗机的机动性要求越来越高，推重比选择越来越大，T/W 接近 1，甚至大于 1。民用运输机讲究经济性，推重比选得比较小，T/W 为 0.3~0.4。轻型运输机的推重比要大一些，T/W 可到 0.4。飞机越大，推重比取得越小，300 t 以上的大型飞机，推重比 $T/W < 0.3$。

推重比确定之后，选择合适的飞机发动机。一型新飞机的研制应该选用现成的、比较成熟的发动机。如果选用新研制的发动机，首先需要对新发动机做试飞鉴定或适航取证，会对新飞机的试飞鉴定或适航取证带来许多麻烦。但是，完全适合新飞机的发动机也不好找，一般可以找一型比较合适的发动机的核心机进行局部修改，使之与新飞机的要求匹配。

2) 翼载与机翼面积确定

翼载是飞机重量与机翼面积之比（W/S）。是单位面积机翼承担的飞机重量，所以是有量纲的（kg/m^2）。

在一般情况下使用飞机的正常起飞重量。对于一型飞机，"机翼参考面积"是"基本机翼"（见第 3 章中的定义）在飞机构造水平面中的投影面积。

翼载大,飞机的机翼面积相对较小,阻力也比较小,高速(巡航、机动)性能会好一些。但是,低速(起飞、着落)性能比较差。翼载的选择要与推重比协调匹配,还与飞机的布局形式有关。

一般飞机 W/S 为 350～500 $\mathrm{kg/m^2}$。

通用飞机(10 t 左右)W/S 为 50～130 $\mathrm{kg/m^2}$;

军用战斗机 W/S 为 250～400 $\mathrm{kg/m^2}$;

大型运输机或轰炸机 W/S 为 600～700 $\mathrm{kg/m^2}$。

翼载确定之后,机翼面积也就确定了。其实问题并非这么简单,还应从大小速度、机动飞行和起落性能的各种矛盾中做出权衡。

可以看到,推重比与翼载大致决定了一型飞机的基本性能。所以,它是气动布局设计首先必须确定的两个最最重要的参数。

2.3　气动布局设计的主要工作

气动布局专业的工作是要把总设计师的设计思想体现在飞机的总体布局三面图上。大致有 12 项工作。

2.3.1　气动布局设计的内容

1) 气动布局概念设计

在飞机方案设计初期,首先开始气动布局的概念设计。

(1) 熟悉飞机的常规气动布局形式,了解飞机的特殊气动布局形式:鸭式布局、三面翼布局和飞翼式布局的特点。

(2) 了解国内外现有同类飞机的布局形式及其设计水平,能够看到同类飞机的发展趋势。

(3) 绘制飞机总体气动布局三面图,是以掌握的飞机统计数据为基础的气动布局三面图,是比较笼统、比较理想的气动布局三面图。三面图(见图 2.33)中包含了主要的总体几何参数。

2) 气动布局方案设计

飞机气动布局方案设计是要把一个设想体现在一型具体的飞机上,体现在飞机气动布局的三面图上。把上面的气动布局概念设计的比较笼统、比较理想的气动布局变为一个具体的、实际的总体气动布局方案。

(1) 清晰的设计思路。

飞机总体设计师根据市场或使用部门的要求,首先明确设计目标,梳理出主

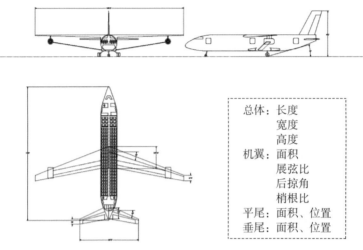

总体：长度
　　　宽度
　　　高度
机翼：面积
　　　展弦比
　　　后掠角
　　　梢根比
平尾：面积、位置
垂尾：面积、位置

图 2.33　一型客机的总体气动布局三面图

次、轻重。在所有的、相互矛盾的各项性能中，想清楚什么是优先的？什么是应确保的？什么是应兼顾的？什么是应放弃的？要非常清晰地把总设计师的设计思路贯穿在整个飞机的总体设计之中，没有放弃就没有优先、确保和兼顾。所以飞机总体设计一定是有得有失。想要什么都好，结果是什么都不好。

（2）卓越的综合能力。

要把各个部件、各个系统的最佳设计，进行取舍、裁剪，组合成一个最好的总体。飞机总体设计，要求总体最优。各个部件、各个系统最优，不等于组成的总体最优。

（3）确定基本总体设计参数。

三面图中包含了许多的技术内容。见 2.3.2 节中的第一轮设计——确定飞机大参数。

3) 最基本的总体布置

要有最基本总体布置专业的知识。

大致了解机内布置的一般原则，能够做机头的布置，座舱空勤人员（驾驶体制和眼位）的布置，发动机的布置，起落架的布置，燃油的布置，乘坐人员的布置，装载货物的布置。

4) 主要部件气动力设计

要有比较全面的气动专业知识。

大致了解各个部件的气动力设计技术，清楚各个部件设计对全机气动特性的影响,了解各个部件的气动力设计能达到什么水平,大致的升力、阻力、力矩的数量级。

5) 气动特性的工程估算

要有基本的气动特性工程计算能力。

掌握主要气动特性的工程估算方法,能够进行飞机纵向升力曲线 $C_L \sim \alpha$、极曲线 $C_L \sim C_D$ 和力矩曲线 $C_m \sim C_L$ 的计算。横、航向静稳定性($C_l \sim \beta$,$C_n \sim \beta$)的计算。升降舵、方向舵和副翼 3 个舵面效率($C_{m\delta e}$、$C_{n\delta r}$、$C_{l\delta a}$)的计算。

6) 基本飞行性能设计

要有基本的飞行力学专业知识。

掌握基本的飞行性能计算方法,如简单推力法,发动机的可用推力和飞机需用推力曲线,初步确定飞机的最大、最小速度和升限。

掌握飞行速度包线计算方法,如军用飞机的飞行速度包线的 6 条限制线和它的最小包络线。民用客机飞行速度包线中,平飞失速速度(V_S),最大使用速度(V_{MO})设计俯冲速度(V_D)和最大使用高度的计算。

初步确定飞机的飞行包线。

7) 初步的飞行品质设计

要有基本的飞行力学专业知识。

掌握初步的稳定、操纵中最主要问题的计算方法。

(1)纵向静稳定性。

以水平尾翼的尾容量计算飞机纵向静稳定性(焦点位置)确定重心后限,校核平尾面积和尾臂。

(2)纵向操纵性。

以升降舵的尾容量计算飞机起飞、着陆的操纵能力,确定重心前限,校核升降舵面积。

(3)横航向稳定性。

掌握初步的横向静稳定性($C_{L\beta}$)和航向静稳定性($C_{n\beta}$)的计算方法,协调横、航向稳定性的匹配关系,校核垂直尾翼的面积和尾臂。

(4)横航向操纵性。

掌握初步的航向操纵性(方向舵效率 $C_{n\delta r}$)和横向操纵性(副翼效率 $C_{L\delta a}$)的计算方法,满足飞机最大机动和最大侧风的操纵要求,校核方向舵和副翼的面积。

8) 飞机与发动机匹配

要有动力装置专业的基本知识。大致了解各类发动机的工作原理;了解当前发动机的功能水平与发展状况；了解主要发动机的牌号和性能；掌握飞机与发动机的匹配关系，从飞机设计对发动机提出匹配技术要求。

9) 强度、结构初步设计

要有强度、结构专业的最初浅知识。初步设计各大部件的主要承力结构，全机与各大部件的主要传力路线，了解飞机各大部件的主要设计参数（机身截面积、长细比、机翼展弦比、后掠角、根梢比）对结构重量的影响。

10) 操纵系统的基本设想

要有机械、电子专业的初步知识。大致了解主动控制技术在飞机设计中的作用，了解自然稳定飞机与控制增稳飞机的优、缺点，初步设想主动控制技术的使用权限。大致了解机械、电子操纵系统的一般工作原理，飞行控制系统的初步技术。

11) 市场与经济效益分析

要有经济、使用方面的初步知识。

（1）对民机——初步掌握飞机经济效益的分析方法。

（2）对军机——初步掌握飞机作战效能的分析方法。

12) 其他特殊的技术知识

（1）对民机——气动噪声，粗浅的声学原理，一般的噪声数据量级。

（2）对军机——隐身设计技术，飞机外形与雷达隐身的一般原理，雷达反射面积的一般数据量级。

在这些工作的基础上，得到一个具体的总体气动布局方案。

（1）绘制总体气动布局三面图。

（2）编写"飞机定义"（configuration definition）。

这么看来，对飞机气动布局设计的技术要求太高了。是的，笔者曾说过："对气动布局组的组长，要求设计知识很广，综合能力很强，要有一般研究室主任的技术水平。布局组的组员都应该是一般专业组长的技术水平。"

2.3.2　气动布局方案设计的三阶段

概括地说，一型新飞机的研制包括设计、制造、试飞三个阶段。在飞机设计阶段又包括概念设计、初步设计和详细设计三个阶段（见图 2.34）。

飞机的总体气动布局方案设计是在概念设计和初步设计阶段进行的，布局方案还可以分三个阶段（三大步或者是三轮）。各个阶段工作的目标不同，内容也不同。

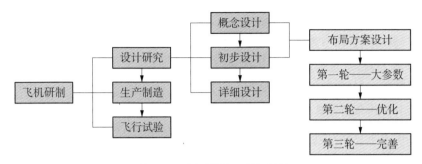

图 2.34　新型号的研制与设计

1) 第一轮设计——确定飞机大参数

首先必须明确设计目标,想设计一型什么样的飞机?

(1) 选择原准机,确定推重比和翼载。

首先选择原准机(或参考机),预估设计飞机的基本重量;在此基础上,确定推重比和翼载,选择当量的发动机,并得到它的特性数据。初步确定飞机的机翼面积。

(2) 气动布局方案初步设计。

进行总体气动布局方案初步设计,绘制总体布局三面图(见图 2.33)。初步给出:

　　a. 全机的主要几何参数:长、宽、高。

　　b. 机翼的主要几何参数:面积、翼展、展弦比、后掠角、根梢比。

　　c. 增升装置的形式和主要几何参数:位置、展长和弦长。

　　d. 机身(头、尾)的主要几何参数:总长、长细比。

　　e. 尾翼和操纵面的位置与主要几何参数。

　　f. 发动机短舱和起落架的布置参数。

(3) 进行第一轮高、低速选型风洞试验,选择方案,确定大参数。

2) 第二轮设计——大量的优化设计

主要部件和气动布局的优化设计。

(1) 主要部件的优化设计。

以计算流体力学(computational fluid dynamics,CFD)手段,进行主要部件的气动力优化设计工作。

　　a. 基本机翼的优化设计。

　　b. 增升装置的优化设计。

　　c. 机身(头、尾)的优化设计。

　　d. 翼身组合体＋发动机短舱的一体化设计。

　　e. 机身尾段(包括尾翼)的一体化设计。

并进行风洞试验验证。

　　(2) 气动布局方案的设计优化。

　　在五大部件设计优化的基础上,将第一轮气动布局方案进行总体设计优化,形成第二轮气动布局方案。

　　(3) 第二轮高、低速选型风洞试验。

　　主要是部件的选型,对部件设计提出修改意见,给出第二轮气动布局设计方案。

3) 第三轮设计——全机布局完善与验证

　　第三轮气动布局方案设计是在第二轮设计的基础上,进行总体气动布局的修改和完善。

　　(1) 主要部件设计的修改。

　　根据第二轮高、低速选型风洞试验,总体气动布局提出的调整、修改意见,对五大主要部件进行修改与完善。

　　(2) 中、小部件的优化设计。

　　a. 机翼翼根、翼尖的修形设计：如果翼尖采用"翼梢小翼",翼梢小翼是与高速机翼一起设计优化的,则翼梢小翼需要修形设计。

　　b. 翼-身整流的优化设计。

　　c. 起落架鼓包的优化设计。

　　d. 进、排气系统设计。

　　(3) 第三轮高、低速选型风洞试验。

　　修改、完善气动布局方案。在上面工作基础上,将第二轮气动布局方案进行修改与完善,形成第三轮气动布局方案。

　　最后是方案冻结。经第三轮高、低速选型风洞试验,把总体气动布局方案确定之后。同时做全机高、低速测力试验,提供一轮比较全面、可靠的气动特性数据。进行全面的性能、操稳、载荷评估。如果基本满足设计要求,则总体气动布局方案冻结。

2.4　发挥 CFD 在气动设计中的作用

　　空气动力学在飞机设计中的两大任务：

(1) 气动布局设计和部件气动力设计。

(2) 为各专业提供气动力原始数据。

这里主要讲气动设计,而提供气动力数据放在第 8 章再讲。

空气动力学在飞机设计中的两种手段:

(1) 理论计算,包括工程估算和数值计算。

(2) 风洞试验,设计和计算的验证,以及气动力数据的确定。

这里主要讲数值计算,而风洞试验放在第 10 章再讲。

航空界的不少设计人员特别强调风洞试验,只相信风洞试验的结果,认为工程估算和数值计算的数据都不可靠。甚至在气动布局方案设计阶段,也要依靠风洞试验。这种想法是比较保守的。笔者认为:①理论计算和风洞试验只是两种手段,或者说是工具。不同的任务、不同的时间,应该使用不同的、合适的手段或工具。②时代不同了,科学技术在不断前进。当前的 CFD 的计算软件、计算机的计算容量和计算速度飞速发展,已经与几十年前不能相比。

所以,笔者在上海、西安两地曾一再强调和呼吁"不能依靠风洞试验搞气动布局方案,要充分发挥 CFD 在飞机设计中的重要作用"。其原因如下。

2.4.1　从设计时间来说

做一期风洞试验,从编制、确定试验任务书,模型设计和加工,试验准备,进行试验到数据分析、处理,提供使用,一般需要 9 个月,特别抓紧至少要 6 个月。布局方案需要不断分析,不断变化,不断前进。几十天,十几天,甚至几天就改进一轮,风洞试验数据不可能跟得上方案的不断变化。由此,必然产生两个后果:

(1) 时间总是来不及,总是拖进度。

(2) 方案设计不深入,不彻底,埋伏了不少问题。

这几年,笔者看到的情况是两者都有,既拖进度,又不彻底。

我们应该学习欧、美航空先进国家的先进技术思路。从 1988 年 5 月 6 日至 1990 年 12 月 28 日笔者在 MBB 公司的中德联合工程队工作了 32 个月,新支线飞机的总体气动布局方案从第 11 个演变到第 42 个。从桨扇发动机变到涡扇,从尾吊短舱变到翼吊。当时西德有完善的气动数据体系,用数值计算辅以工程估算的方法,2~3 天提供一套比较完整的气动力原始数据。

在新支线飞机研制的风洞试验规划中,共计 22 大项试验,提供气动数据的试验,只有"高、低速测力试验"2 项,在飞机首飞前确定计算的数据。

2.4.2　从数据精度来说

目前采用 CFD 的数值计算,准确度不高,绝对数量是不十分准确的。例如,不同的软件计算同一个机翼,得到的阻力不完全相同。但是,CFD 的数值计算的精确度很高,如风洞试验的阻力系数精度能够达到 2～3 count①就很好了,CFD 的数值计算的精度到 0.2～0.3 count 没有什么问题。正因为如此,CFD 的数值计算分析方法广泛应用于飞机的优化设计之中。

以一型新支线客机的设计为例,采用 CFD 手段做机头的优化设计。从表面压力分布、流态速度的计算分析,在 51 个不同外形的机头中,选取了两个最佳的机头。最后风洞试验验证,确定其中一个。

风洞试验不可能做 51 个机头模型。即使做了也没有清晰的表面压力分布、流态速度的图形用来分析,逐步探索、改进。所谓"最佳机头"是指阻力最小的机头。再分析一下一般常规布局的飞机,零升(或者最小)阻力系数在 $C_{D0} = 0.020$ 这一量级。如果机身阻力占全机阻力的 40%,机头阻力占机身的 30%,则机头阻力 $C_{D0ft} = 0.0024$。 不同外形机头的阻力差别如果是机头本身阻力的 20%。都往大的数量来估计,51 个机头的平均差量 $\Delta C_{D0ft} = 0.00000942$。小于这个平均值,肯定试验不出来。 如果个别机头的差别大 5～10 倍,$\Delta C_{D0ft} = 0.0000471 \sim 0.0000942$。 目前风洞试验的天平测量精度最高是 $\Delta C_D = 0.0001$,一般给出的动校精度 $\Delta C_D = 0.0003$,机头的最大阻力差量 ΔC_{D0ft} 是动校精度 ΔC_D 的 1/3。

所以,风洞试验谈不上设计优化,只可能是粗选。

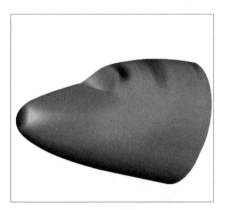

图 2.35　巡航工况机头的压力云图(Ma = 0.78)(见书后彩图 5)

2.4.3　从精细程度来说

需要特别指出的是,以 CFD 手段进行飞机气动外形设计的精细程度。还是以一型新支线客机的机头设计作为实例。

1) 初步方案选择

首先,使用 CFD 计算,得到 10 个前机身方案的压力云图(见图 2.35),发现其中 8 个驾驶舱顶部在设计巡航点存在超声速区。驾驶舱顶部激波的出现与上零纵线的外形密切相关,从风挡的前点到驾驶舱顶部的过渡应该比较缓和。

上零纵线修形之后(见图 2.36),驾

---

① 这是航空界的一个行话,1 count 是一个阻力单位,相当于阻力系数 $C_D = 0.0001$。

驾舱顶部激波消失。但在主风挡与观察窗的过渡区出现弱激波(见图 2.37)。

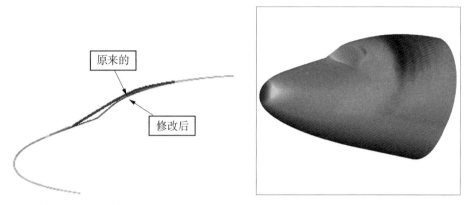

图 2.36　前机身上零纵线的比较　　　图 2.37　上零纵线修改后的压力云图
　　　　　　　　　　　　　　　　　　　　　　　　(见书后彩图 6)

2）主风挡曲面的修形

　　主风挡在对称面由直面改为单曲度大曲率曲面,然后曲率逐渐减小,与观察窗平滑过渡(见图 2.38 中线条)。

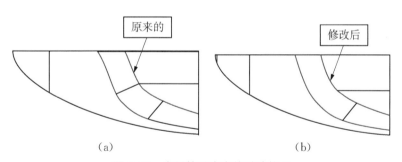

（a）　　　　　　　　　　　　　　　（b）

图 2.38　主风挡观察窗的过渡修形
(a) 原来的过渡　(b) 修改后的平滑过渡

　　修改后的过渡区弱激波也没有了(见图 2.39)。

3）整体流动详细检查

　　消除了顶部和侧窗的激波之后,从各个方位观察机头表面的流动状态,发现在观察窗后下方还有一个较小的加速区域。显示经过该区域纵、横两个截面压力分布,确实有突变。请来外形设计的工程师咨询,他认为对这个区域的外形处理自己也不十分满意。进一步检查,发现是二阶导数不连续。于是再做精心修改,成为最后提交风洞试验验证的机头外形(见图 2.40)。

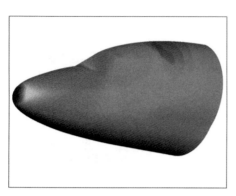

图 2.39　修改后的压力云图(见书后彩图 7)

图 2.40　再修改的机头方案压力云图(见书后彩图 8)

4) 设计结果分析

重新设计的机头(见图 2.40)与原来的机头(见图 2.35)相比改善了驾驶舱的空间,而且从压力云图的比较可以看到,气动外形也比较光顺。

为什么需要这么认真考虑外形的光顺和流动的平缓?因为部件的气动设计不但要在设计点满足设计要求,还需要在非设计点也具有良好的特性。

新机头的阻力肯定要比原机头小。小多少? 经计算,结果(见图 2.41)为 $\Delta C_D = -0.0001$。 还可以看到在很大的迎角范围都有这样的减阻效果。

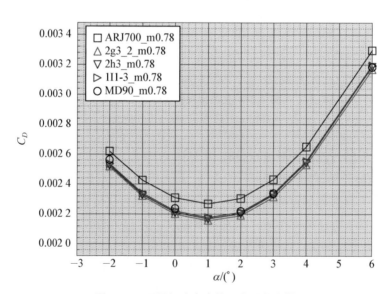

图 2.41　不同机头方案的阻力系数比较

　　不要小看这 1 count 的减阻,它大致占整个机头阻力的 4%～5%,对于气动设计是很不容易的。而且,机头整体外形的光顺对于其他非设计点飞行都有较好的适应性,从图 2.41 中可以看到,在较大的迎角范围,都有这样的减阻收益。

2.5　飞机型号的系列发展

　　飞机型号的系列发展是在它首飞上天之后的事,似乎与新型号的总体气动布局设计没有多大关系。实际上,气动布局设计必须体现这个型号的系列发展思路。因此,本节对国内外几型有代表性的飞机系列发展情况进行分析,试图从中找出一些规律,以便为我国飞机的系列发展提供可借鉴的经验。

2.5.1　四型战斗机的系列发展情况

　　综观世界各国飞机的发展,凡性能比较好,生产比较多,服役比较长,名声比较大的作战飞机,都有几个或十几个改型。现列举国内、外四个发展比较成功的典型飞机分别予以介绍。

1) F‑16 飞机的系列发展

　　F‑16 是美国通用动力公司研制的单发单座轻型战斗机,是美国空军的主力机种之一,如图 2.42 所示。

图 2.42　F‑16C 单发单座轻型战斗机

　　该机体积小,重量轻,性能好,价格低。自 1974 年首飞到 1998 年底,共生产了 3 900 多架,总订货量已超过 4 000 架。在这 24 年中,改进、改型和发展了共计 17 种(见图 2.43),其中 F‑16A 还经过 1988 年和 1991—1996 年的多次改进。

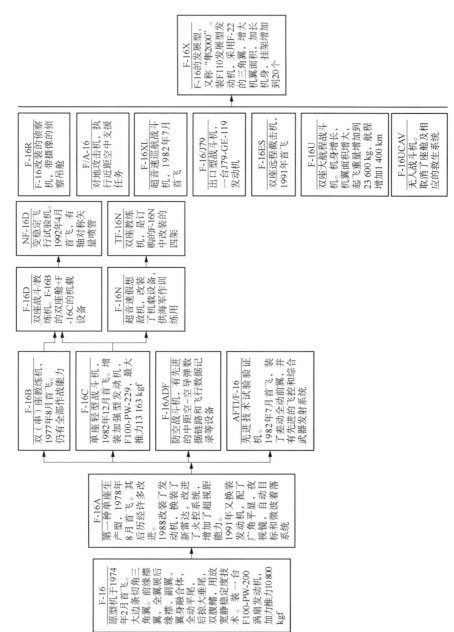

图 2.43 F-16 飞机的系列发展

2) 苏- 27 飞机的系列发展

苏- 27 是苏联苏霍伊设计局研制的单座双发重型战斗机。执行截击、低空突防、发射亚声速巡航导弹等任务。还可作为超声速轰炸机,作为轰炸、攻击、海上巡逻和舰艇护航之用。

该机于 1969 年开始研制,1977 年首飞,1982 年批生产,1985 年服役部队,历经 15 年。至 1998 年共生产 520 多架。绰号"侧卫"(Flanker)。

该机的特点是高推重比、低翼载。具有高于第三代战斗机的飞行性能和优良的机动能力,从苏- 27、苏- 30,苏- 33、苏- 34,一直发展到苏- 35 和苏- 37(见图 2.44)。苏- 27 双发单座重型战斗机如图 2.45 所示。

3) "幻影"2000 飞机的系列发展

"幻影"(Mirage)2000 是法国达索飞机制造公司研制的单座单发轻型超声速战斗机,是法国空军 20 世纪 80 年代中后期的主力战斗机,如图 2.46 所示。

该机超声速阻力小,大迎角抖振小。结构重量轻,刚度好。内部空间大,储油多。装有高推重比的涡扇发动机和先进的电子设备,是典型的第三代战斗机。自 1982 年 11 月 20 日首架生产型上天以来,截至 1998 年 12 月 31 日,共交付 528 架,其月产量达 10 架。它也有十多个改进型别(见图 2.47)。

4) 我国一型战斗机的系列发展

我国早期研制的单座单发超声速战斗机。主要用于国土防空,并具有一定的对地攻击能力,如图 2.48 所示。

该机 20 世纪 60 年代开始试制,第三年首飞,第四年定型批生产。它的特点是尺寸小,重量轻,机动性好,近战火力强,使用维护简便。其改进与发展见图 2.49。

2.5.2　典型飞机系列发展的启示

世界各国飞机的发展,各种改进、改型千姿百态,令人眼花缭乱,但分析归纳有 4 个原因、4 种类别或 4 大步骤。

1) 弥补原型机的缺陷

任何一种飞机的设计和生产不可能没有缺陷。一旦首飞上天,各种问题一一暴露出来。因此,在批生产和装备部队之前,迫切需要弥补和改进。各型飞机(除了仿制之外),从原型机到生产型的过程,例如:从 F- 16 到 F- 16A,从幻影 2000 到幻影 2000C 都是如此。

2) 挖掘原型机的潜力

任何一种飞机的设计和生产,都想充分利用机体和设备,发挥飞机的综合作

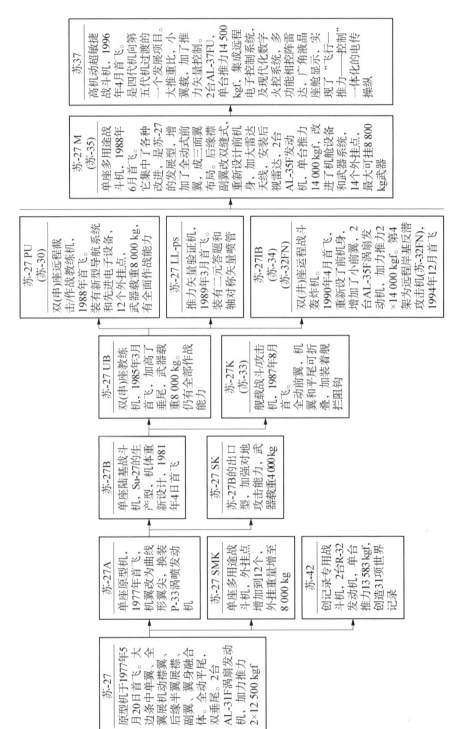

图2.44　苏–27飞机的系列发展

图 2.45　苏 - 27 双发单座重型战斗机

图 2.46　幻影 2000N 单发单座轻型战斗机

战能力,但又不可能做到最最充分地利用和发挥。在飞机上天之后会逐渐发现,对机翼、机身以及其他部件稍做改进就能较大地提高某些作战能力。于是一次又一次地挖掘,一次又一次地改进。

例如:单座改双座,加大机翼面积,改进增升效率,增加机身容量,换装大推力的发动机,增加武器的外挂点,更新机载设备等等。类似的改型多得很,F - 16、幻影 2000、苏 - 27 飞机都采取这种做法。

3) 扩充原型机的功能

任何一种飞机的设计和生产都不可能是全功能的,都有所侧重。所谓"多用途战斗机"也只是几种功能。当该型飞机的缺陷弥补、潜力挖尽之后,若要扩充飞机的使用功能,就要实施各种专门用途的改型。

例如,前面所述的战斗机有的改装为攻击机、舰载机、侦察机、教练机、无人机以及适应各种需求的出口型飞机。

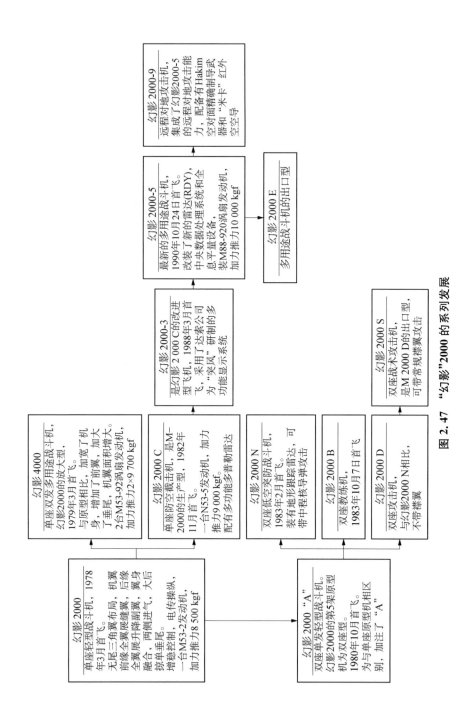

图 2. 47　"幻影" 2000 的系列发展

图 2.48　早期的单发单座超声速战斗机

4) 储备发展型的技术

原型机经过以上改进、改型之后,可将诸多成功的改进技术项目集中起来,汇合到一架飞机上,成为该型号的发展型。然而,发展型相对于原型机而言,不是小改小动,而是跨一大步。为了使发展型更先进、更完善,还需要一些新技术,其中有些关键技术,需要技术储备,需要试验验证,于是就用已有的飞机改装实施。

例如,先进技术试验验证机,变稳定性飞行模拟试验机,推力矢量试验验证机等。

原型机改进、改型的四个原因,也就形成了改进、改型的四种类别,而且是依次进行,当然也有穿插,但基本上是一步一步地往下走,所以也是改进、改型的四大步骤。当一型飞机的改进、改型四大步走完之后,一个发展型飞机的总体方案也就瓜熟蒂落了,于是进入了高一层次的又一个大循环。

飞机的改进、改型是其生命的延续。改进的型号越多,其寿命越长,生命力越强。我国的早期某型战斗机是改进、改型比较成功的一例。第一阶段的改进主要是弥补原型机在设计生产中的缺陷和改善部分飞机性能;第二阶段是换装(也在不断改进的)发动机和更新一些电子设备;第三阶段是大步伐、全机性的改进。机翼改成双三角翼,增装了前缘机动襟翼,换装了大推力的发动机,还将机载电子设备升了级。相对于原机,已完全是另一个型号了,飞机性能有了很大提高。

这些战斗机的改进、改型和发展,虽然取得了成功,但开始缺乏总体规划。经历了从走一步看一步逐渐进入到主动并形成明确思路的发展过程。

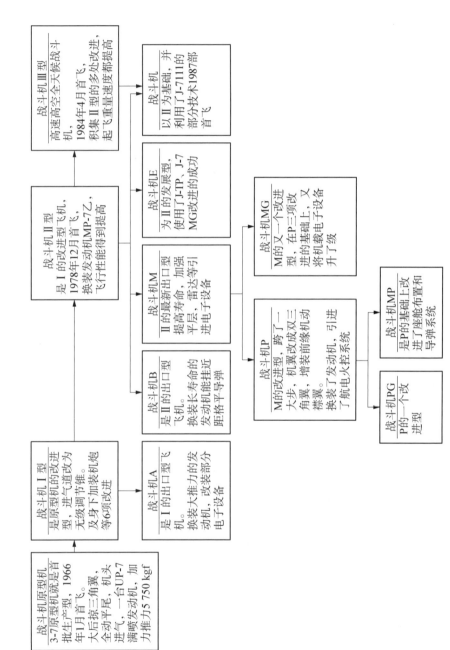

图 2.49　我国某型早期战斗机飞机的系列发展

　　从这几型飞机的系列发展给我们的飞机设计师一个启示：新飞机的研制应该考虑今后具备系列发展的潜力。如果没有发展潜力，就没有改进、改型和发展的前途，没有比较长久的生命力。但是，型号的系列发展也是一种自然规律，在新飞机气动布局方案设计阶段，必须保证其基本型的最佳性能，不应该过多侧重系列发展而牺牲基本型的性能。在我国，新型号研制的起步时期，尤其应如此。只有第一个新型号的基本型成功了，才可能有下面的系列发展。

参考文献

［1］顾诵芬.飞机总体设计［M］.北京：北京航空航天大学出版社，2001.

第 3 章　超临界机翼设计

机翼作为飞机贡献升力的主要部件,对飞机的整体气动特性起着非常关键的作用。而且,在飞机的空气动力学设计中,技术关键也是机翼设计。

超临界机翼是 20 世纪航空界人士在气动设计技术方面的一项重大突破。与经典的常规机翼相比,超临界机翼显著提高了机翼的跨声速气动特性,它能够把阻力发散马赫数提高一个档次。在阻力发散马赫数不变的条件下,可以增加最大相对厚度,或者减小机翼后掠角。厚度增加,机翼的展弦比也能加大,进一步提高了气动效率。因此,在机翼的几何参数与气动特性的设计、优化、协调、匹配方面,超临界机翼给设计师们提供了更大的选择空间。

但是,超临界机翼发展到今天,设计技术已日趋完善。波音 787 飞机的超临界机翼采用了多项先进的气动力新技术,应该是代表了当前超临界机翼设计的最高水平。与波音 767 飞机相比,纯粹的气动收益约为 3%。因此,想在这个基础上再上一个台阶,想在如此激烈的技术竞争中再领先一步,对飞机气动设计师们都是极大的挑战,对我们第一次设计超临界机翼的人们更是极大的困难。

在介绍超临界机翼的设计之前,应该对常规的机翼设计有一个初步概念。对于翼吊发动机布局的飞机,机翼的最终成型是在发动机安装之后,所以,这里介绍常规机翼的设计、超临界机翼的设计和机翼-发动机短舱的一体化设计。

在第 1 章中我们介绍了"飞机总体设计流程"。现在来看一看"机翼设计"在流程图 1.6 中的位置。

3.1　常规机翼的设计

在介绍超临界机翼的设计之前,应该对常规的机翼设计有一个初步概念。机翼的设计包括高速巡航特性的基本机翼和低速起落特性的增升装置设计。本节只介绍基本机翼设计,内容包括翼型的选择和设计,机翼平面参数的确定,绕翼型和绕机翼的流动,以及翼型和平面参数对气动特性的影响。

3.1.1　翼型的选择与设计

翼型,为机翼的纵向剖面外形,其气动特性对机翼乃至飞机的总体特性具有重要影响。

1) 翼型的几何定义

翼型的主要几何参数定义如图 3.1 所示。这几个参数确定了翼型的几何外形,也确定了翼型的气动特性。

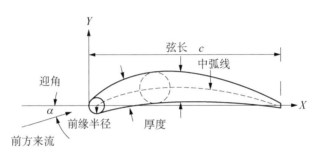

图 3.1　翼型的几何参数定义

（1）翼型的弦长。

翼型的最前点称"前缘",翼型的最后点称"后缘",连接前缘和后缘的直线称为翼型的"弦线"。弦线的长度就是翼型的"弦长"(chord length),以符号 c 来表示,单位为米(m)。

翼型的参数都是以相对于弦长的无量纲值来表示。

（2）翼型的中弧线。

在翼型(从前缘到后缘)上下表面之间作内切圆,内切圆之圆心的连线称为"中弧线"(mean line)。

（3）相对厚度与最大厚度位置。

垂直于翼型中弧线测得的上下弧线间的距离就是翼型的"厚度"(thickness)。翼型最大内切圆的直径称为"最大厚度",以符号 t 来表示,单位为米(m)。最大厚度与弦长之比 t/c,称为翼型的"相对厚度"以符号 $\bar{t}$ 来表示。

从翼型前缘至中弧线最高点在弦线上的投影距离就是翼型的"最大厚度位置" x_t。一般使用"最大厚度相对位置",以符号" $\bar{x_t}$ "来表示,$\bar{x_t}=x_t/c$。

（4）相对弯度与最大弯度位置。

翼型中弧线与弦线之间垂直于弦线的线段长度就是翼型的"弯度"（camber）。中弧线的最高点与弦线之间垂直于弦线的线段长度称为"最大弯度"，以符号 f 来表示，单位为米（m）。最大弯度与弦长之比 f/c，称为翼型的"相对弯度"以符号 $\overline{f}$ 来表示。

从翼型前缘至中弧线最高点在弦线上的投影距离就是翼型的"最大弯度位置"。一般使用"最大弯度相对位置"，以符号"$\overline{x_f}$"来表示，$\overline{x_f}=x_f/c$。

（5）前缘半径。

翼型前部最小内切圆的半径称为"前缘半径"（leading edge radius），以符号 r 来表示，单位为米（m）。一般使用"前缘相对半径"，以符号 $\overline{r}$ 来表示，$\overline{r}=r/c$。

2）来流绕翼型的流动

远前方来的气流流过翼型的状态如图 3.2 所示。

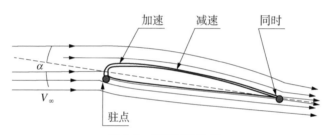

图 3.2 绕翼型的流动

（1）驻点分流。

远前方来流在翼型的驻点处分开，向上、下表面流动。

（2）前缘加速。

上表面来流在前缘加速。前缘半径小，加速快，负压峰高。

（3）上表面加减速。

上表面弯曲，气流加速。相对厚度大，加速快，负压高。但加速比较小，相对前缘来说是减速，负压低。

（4）翼型相对弯度。

翼型相对弯度越大，零升迎角（负）越大。在同样的迎角下，升力越大。

（5）上表面后部减速。

上表面后部气流减速。根据儒科夫斯基的"库塔条件"，前方的来流同时来到达机翼的前缘，又同时离开机翼的后缘。所以，在后缘点的速度和压力是平衡的。

下表面的流动可以同样原理分析。这是一个典型翼型 NACA23012 的压力分布,如图 3.3 所示。

（6）机翼产生升力。

再介绍翼型环量的概念。压力分布的积分就是这个飞机的升力。但是,这是在飞机前进的时候才能产生这样的压力（见图 3.4）,飞机前进同时产生阻力。

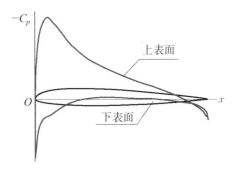

图 3.3　典型翼型的压力分布

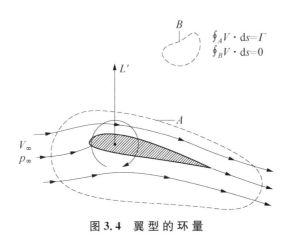

图 3.4　翼 型 的 环 量

（7）前缘上洗。

机翼产生升力,翼型前缘诱导来流上洗。

（8）后缘下洗。

机翼后缘有尾涡。诱导上、下表面的气流下洗。

（9）机翼的环量。

机翼的这个对气流的诱导相当于一个环的作用（见图 3.4）。这个环的大小称为环量 Γ,环量的大小与升力有关: $L = \rho V \Gamma$。 这个环量与机翼对气流的诱导作用是等效的。

3) 翼型的选择与修形

早期飞机设计使用的翼型通常选择一些典型翼型,如图 3.5 所示。根据飞行性能的要求,采用逐步修形,最后进行风洞试验验证。图中只列出一些典型翼型,有《翼型手册》和许多资料可以查找、参考。

在进行翼型选择时应考虑到以下几个方面的因素:

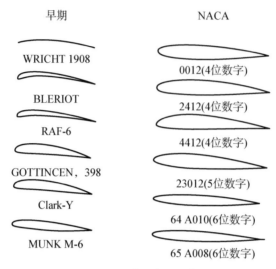

图 3.5 典型翼型

（1）高的升力线斜率。

使整个飞机的飞行姿态（迎角）具有较高的升力系数。

（2）尽可能小的阻力。

升力大，阻力小，有高的升阻比，以获得比较好的巡航和爬升性能。

（3）俯仰力矩比较小。

低头力矩比较小，不致因为升降舵（或平尾）过大的负偏度而带来较大的配平阻力和升力损失。

（4）良好的失速特性。

最大升力系数比较大，而且失速时升力变化缓慢。

（5）较大的相对厚度。

相对厚度大，绝对厚度就大，机翼梁的高度就高。结构强度与梁的高度平方成正比，结构刚度与高度三次方成正比，所以使得结构重量轻。而且机翼的内部空间大，燃油容积大。

这几个方面的考虑因素这是一般的要求，对于一个具体的型号，根据总体设计要求，有所选择与侧重。

3.1.2 机翼的平面形状

机翼面积与平面几何形状是由总体气动布局，综合考虑飞机的高、低速飞行特性确定的。

1) 飞机特征参数

机翼参考面积与平均气动弦长是机翼的两个特征参数。而且也是全机气动特性的两个特征参数。

飞机的基本气动特性如下：

升力
$$L = \frac{1}{2}\rho V^2 S C_l$$

俯仰力矩
$$M = \frac{1}{2}\rho V^2 S c_A C_m$$

偏航力矩
$$N = \frac{1}{2}\rho V^2 S b C_n$$

在这些气动特性的表达式中都有机翼参考面积和特征长度，其中，纵向气动特性(例如俯仰力矩)表达式中的特征长度为平均气动弦长；横、航向气动特性(例如偏航力矩)的特征长度是机翼的展长。

(1) 机翼参考面积。

机翼是一个飞机的主要升力面，它包括布置在上面的辅助部件，如边条、填角、翼刀、锯齿和翼梢小翼等。一个完整的机翼包括其穿越机身的部分，这部分通常由左右机翼的前缘和后缘的延长线所构成(见图 3.6)。机翼面积各有不同的定义：

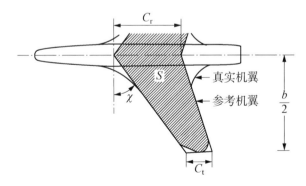

图 3.6　参考机翼与真实机翼对比

包括穿越机身部分和辅助部件的机翼称为"毛机翼"；
包括穿越机身部分但不包括辅助部件的机翼称为"基本机翼"；
不包括穿越机身部分但包括辅助部件的机翼称为"外露机翼"；

　　不包括穿越机身部分也不包括辅助部件的机翼称为"外露基本机翼"。

　　按照国家标准 GB/T 16638《空气动力学概念、量和符号》，对于一型飞机，"机翼参考面积"是"基本机翼"在飞机构造水平面中的投影面积。

　　(2) 平均气动弦长。

　　在机翼平面形状的讨论中，经常会遇到平均气动弦长（MAC）的概念。它是代表整个机翼，甚至飞机气动特性的一个特征长度，是确定机翼气动中心位置和计算纵向力矩系数中常用的基准弦长。

　　机翼平均气动弦长为

$$c_A = \frac{2}{S_W} \int_0^{\frac{b}{2}} [c'(y)]^2 dy \tag{3.1}$$

式中，$c'(y)$ 是当地弦长在基本机翼平面中的投影；y 为当地弦的展向位置坐标。

　　对梯形平面形状的机翼，平均气动弦长可以通过几何作图法得到，如图 3.7 所示。在根弦前、后作尖弦长度的延长线，在尖弦前、后作根弦长度的延长线，在根、尖弦前、后延长线顶点连线的交叉点，此点的所在弦长就是这个机翼的平均气动弦长 MAC。

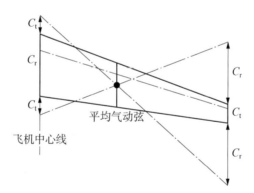

图 3.7　平均气动弦长的几何作图法

　　民机常用后缘带转折（kink）的机翼平面形状，通常可以折算成梯形机翼来考虑。

　　2) 来流绕机翼的流动

　　远前方来的气流流过机翼的状态如图 3.8 所示。

　　(1) 各翼剖面的环量。

　　机翼由各个翼剖面组成。各个翼剖面都有剖面升力，一定的升力对应一定的环量。

（2）剖面间的附着涡。

各个翼剖面的环量不同，根据流场无旋流，环量守恒的原理，相邻剖面间拖出尾涡——附着涡。

（3）强大的翼尖涡。

在翼尖环量不连续，拖出翼尖涡。比附着涡强得多，对周围流动的诱导也大得多。

（4）最后形成涡辫。

翼尖涡和附着涡在机翼后缘拖出组合，最后形成一个涡辫。这是机翼后下洗的来源。

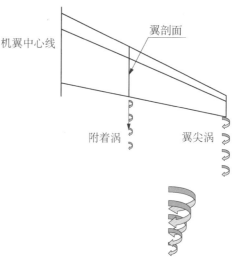

图 3.8 绕机翼的流动

气流绕机翼的流动在分析机翼气动特性时是基本的依据。

3）机翼平面参数

机翼的三个主要平面参数为展弦比、梢根比和后掠角。典型的机翼平面形状如图 3.9 所示。

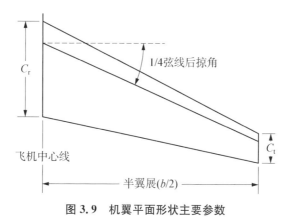

图 3.9 机翼平面形状主要参数

（1）展弦比。

机翼的展弦比为其展长（b）与平均几何弦长（c_G）之比。

$$A = \frac{b}{c_G} = \frac{b^2}{S_W} \tag{3.2}$$

对于有限展长的机翼,空气动力学来说,更趋向于大的展弦比。提高展弦比有助于提高飞机的升力线斜率,使其流动体现出更多的二维特征,图3.10表示展弦比对飞机升力系数的影响。

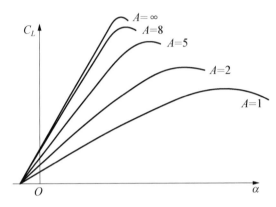

图 3.10　展弦比对升力特性的影响

增大展弦比还可以有效地减小升致阻力。然而,大展弦比意味着大的结构重量,这样就需要考虑翼型和其他机翼几何参数的协调。实际应用中,不同类别的飞机其展弦比的变化范围很大,可由大后掠角超声速飞机的 1.5 到高性能滑翔机的 20。对于亚声速飞机,设计的典型值一般为 5～10。

某些情况下,可能会对飞机的翼展有限制,例如海军的舰载飞机。跑道宽度、机场滑行道空间特别是转弯处,以及机库大门宽度对客机的宽度也会有限制,其上限为 80 m。典型客机的机翼展长限制如表 3.1 所示。在展长限制的情况下,可以采纳翼尖小翼来增加有效展弦比。

表 3.1　不同类型民机的机翼展长取值范围

飞机类型	支线飞机	单通道飞机	中长航程飞机	超大型双通道飞机
取值范围/m	20～21.5	28.5～34	50～61	77～80

（2）梢根比。

梢根比,又称梯形比,是机翼翼尖弦长(c_t)和翼根弦长(c_r)的比值。

$$\lambda = \frac{c_t}{c_r}$$

(3.3)

梢根比的选择首先要使气动载荷沿展向呈椭圆分布,通常梢根比为 0.1～0.6。在大展弦比、无后掠角的构型中,可以考虑使用更大的梢根比。尽管大梢根比对结构是有益的,但是,过大的梢根比可能导致气动载荷在翼尖处集中进而使翼尖首先失速。而且,翼尖弦长的减小还受副翼弦长的限制。大部分低速机翼的梢根比为 0.4～0.5。为了构造简单,大部分后掠机翼的梢根比为 0.2～0.3。

(3) 后掠角。

机翼等百分比弦点之连线在飞机构造水平面中的投影与垂直飞机对称面的平面之间的夹角定义为机翼的"后掠角"。通常以 1/4 弦线的角表示,称为"1/4弦线后掠角",用 $\Lambda_{1/4}$ 表示,还有"前缘后掠角"和"后缘后掠角"。

机翼的后掠角增大可以增大机翼的临界马赫数,同时减小激波阻力的峰值。对于给定的飞行状态和翼型,后掠角应该尽可能地小,因为大的后掠角将增加结构重量和降低副翼效率。

机翼后掠角从低速飞机的 0°到三角翼和可变后掠飞机的 60°以上。在高亚声速下,后掠角一般是 $0 \leqslant \Lambda_{1/4} \leqslant 35°$。

典型的机翼后掠角,相对厚度以及临界马赫数之间的关系如图 3.11 所示。

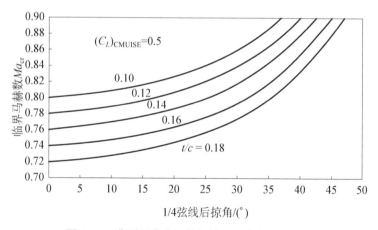

图 3.11　典型亚声速运输机的机翼参数变化关系

对于超声速飞行的飞机,后掠角的确定应保证亚声速前缘,以使机翼的零升阻力增量最小。还要考虑机翼相对厚度和展弦比的协调,两者都不能太大。

表 3.2 给出了机翼主要参数的典型取值范围,可以作为设计初值选取的参考。

表 3.2 机翼几何特征的典型值

参数	飞行马赫数 Ma 范围			
	$Ma \leqslant 0.65$	$0.65 \leqslant Ma \leqslant 0.95$	$0.95 \leqslant Ma \leqslant 1(\text{le})$	$Ma \geqslant 1(\text{le})$
后掠角 $\Lambda_{1/4}$	0	$\arccos\left(\dfrac{0.95-0.1C_L-t/c}{Ma}\right)^2$	$\arccos(1/Ma)+6$	$\arccos(1/Ma)+6$
展弦比 A	$5\sim7$（短程）$10\sim12$（长程）	$4\sim6$（战斗机），$7\sim10$（运输机）	$1.5\sim3.0$	$2\sim4$
梢根比 λ	$0.5\sim0.6$	$0.2\sim0.3$	0.1	$0.002\sim0.04$
翼根厚度	$0.15\sim0.20$	$0.10\sim0.15$	$\geqslant0.06$	$0.02\sim0.03$
翼尖厚度	65%翼根值	65%翼根值	翼根值	翼根值

说明：le 代表机翼前缘（$Ma=1$）。

3.2 超临界机翼设计

CFD 的计算方法和计算软件、计算机的计算容量以及计算速度的飞速发展，促成了机翼设计方法的显著变化。特别是高亚声速飞机的设计，目前，超临界机翼成为常用的选择。

3.2.1 机翼"超临界"的含义

为了搞清楚机翼"超临界"的含义，首先搞清楚飞机在跨声速飞行时的两个特征速度。

1）临界马赫数

飞机高亚声速飞行，随着飞行速度的增大，部件（如机翼）上某一点达到声速（见图 3.12），此时的飞行马赫数就是这个飞机的临界马赫数 Ma_{cr}。

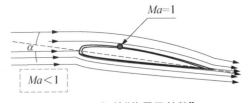

图 3.12 飞机的"临界马赫数"

所以，不同的飞行部件就有不同的临界马赫数。不但是对飞机，其他飞行器的相关定义也是如此。

2) 阻力发散马赫数

飞机的飞行速度继续增大,超过了临界马赫数,机翼上出现超声速区(见图 3.13)。超声速区经过压缩波转为亚声速而产生激波,就有波阻。

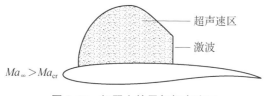

图 3.13　机翼上的局部超声速区

飞行速度不断增大,阻力不断增加。到达某个马赫数时,阻力迅速增加(见图 3.14)。这个阻力迅速增加的马赫数叫作"阻力发散马赫数"Ma_{dd}。

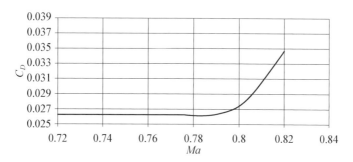

图 3.14　典型亚声速运输机的阻力发散趋势

图 3.14 中的阻力系数一般是指零升阻力系数 C_{D0}。民用客机的设计特别追求巡航性能,所以使用给定巡航升力系数的阻力作为设计参数,这是特殊情况的特殊工程处理。

阻力发散马赫数以阻力-马赫数曲线斜率的增量来衡量,曲线的斜率 $\dfrac{\partial C_D}{\partial Ma_\infty}$ =0.1 所对应的马赫数,确定为这个飞机的阻力发散马赫数。也可以零升阻力系数增加 0.002 时的马赫数作为阻力发散马赫数。

这两个方法确定的 M_{dd} 不但数值会有不同,而且其含义也有区别。用曲线的斜率来确定比较困难一些,但是可以反映 Ma 数区间的阻力发展趋势。用阻力增量来确定比较容易、直观一些,但是同一个阻力增量会有不同的阻力发展趋势。所以,当前比较广泛使用前一个方法。

3) 超临界机翼的物理本质

什么叫"超临界机翼"？——超临界机翼是一个适用于超过其临界马赫数飞行的机翼。所以,这个机翼上应该有超声速区。有超声速区就有激波,有激波就有波阻,有波阻飞机阻力就很快增大。因此,要使这个机翼有微弱的激波,在巡航速度下波阻较小。阻力发散马赫数 Ma_{dd} 尽可能高一些,使得飞机飞行速度增大了,而阻力增加不太多,从而得到飞机比较高的巡航效率($Ma \cdot C_L/C_D$)。

总之,超临界机翼是在临界马赫数与阻力发散马赫数之间,获得最佳巡航效率的机翼。临界马赫数与阻力发散马赫数之间的区间如图 3.15 中所示,在此区间内可获得最佳巡航效率。

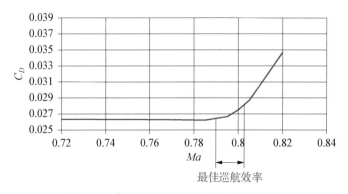

图 3.15　典型亚声速运输机的阻力发散趋势

可以看到,世界各国的超临界机翼设计者,都是在这个狭窄的马赫数区间里下功夫,看谁能获得最好的机翼性能。

4) 稳定的弱激波设计

有些研究超临界机翼的学者,在无激波设计方面很感兴趣,花了较大的精力。也有一些业内人士认为:"无激波就没有波阻,不是更好吗"？所谓无激波,是指机翼上超声速区最后等熵压缩平缓过渡到亚声速,上表面的逆压段就比较长(见图 3.16),因而流动不稳定。

事实上,在某一马赫数、某一升力系数的特定条件下,一个翼型的无激波压力分布是可以精心设计的。但是,整个机翼各个剖面的无激波会相当困难。而且,这样的机翼抗干扰的能力非常脆弱,飞行速度减低一点,升力系数(迎角)小一点,出现双激波;速度稍大一点,出现强激波(见图 3.17)。

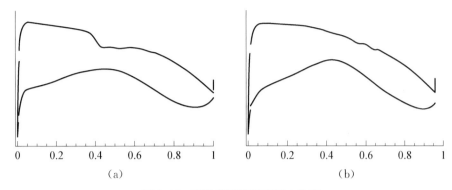

图 3.16　两种典型的剖面压力分布

(a) 弱激波　(b) 无激波

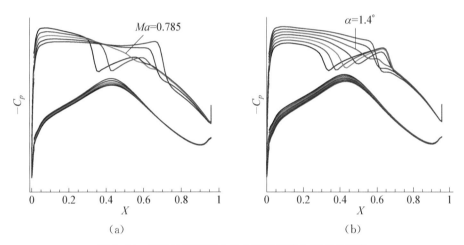

图 3.17　无激波翼型压力分布随马赫数和迎角的变化

(a) 不同马赫数的压力分布　(b) 不同迎角的压力分布

　　无激波机翼巡航点阻力系数最小,但是,随飞行速度的提高波阻迅速增大(见图 3.18),阻力发散特性较差。从工程使用的角度,显然弱激波的设计更合适。

3.2.2　超临界机翼的特点

1) 超临界机翼的设计准则

　　根据这个思想,超临界机翼有它不同于常规机翼的气动特性与几何特点。气动特性就是超临界机翼的设计准则。各种资料介绍了大同小异的许多准则,有八九条,十几条的,归纳、整理起来如下。

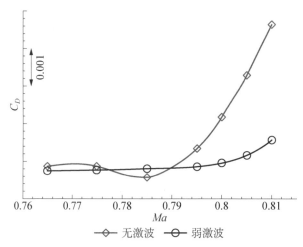

图 3.18　两种设计思想导致机翼阻力发散特性的差别

（1）最小激波阻力准则。

巡航飞行状态下，激波较弱，波阻最小，巡航效率最高。阻力随马赫数增加比较缓和，阻力发散马赫数高。

（2）最小诱导阻力准则。

对于单独机翼，给定展弦比时，椭圆升力分布具有最小的诱导阻力。对于全机，低平尾时全机最小诱导阻力对应的升力分布与椭圆升力分布相比，内翼升力增大，外翼升力略微减小。

（3）最小设计迎角准则。

采用适当的前加载和后加载，使设计条件下的机翼升力比较大，而迎角尽可能小，最好接近于零，有的资料介绍的"零迎角设计"准则，实际上是不可能的。

（4）最小低头力矩准则。

后加载控制在一定的范围内，使其产生的低头力矩尽可能小，以降低配平阻力和尾翼载荷。并对翼尖后加载比较严格地控制，保证襟翼和副翼的结构空间。

（5）后缘气流分离准则。

在设计马赫数和设计升力系数范围内，机翼后缘的逆压梯度不能太大，以避免后缘气流分离。

（6）低速失速特性准则。

低速状态，具有较高的最大升力系数和较好失速特性，以尽量减轻增升装置设计的负担。

2) 超临界翼型的几何特点

根据超临界机翼的物理本质和设计准则,与早期的典型翼型相比,超临界翼型的几何外形有以下特点(见图 3.19),有几何外形的特点就有相应的气动特性特点,图 3.20 给出了一个典型的超临界翼型的压力分布,与常规翼型的压力分布(见图 3.3)相比,两者之间存在明显的差异。

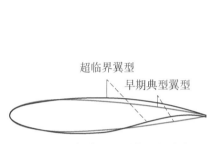

图 3.19　超临界翼型的几何特点

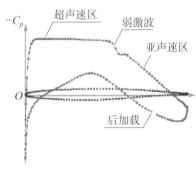

图 3.20　超临界翼型的典型压力分布特点

（1）头部比较丰满。

超临界翼型的前缘半径大,头部比较丰满,以消除前缘的负压峰,使气流不致加速太快而过早达到声速。

（2）上表面比较平坦。

上表面中部曲度小,比较平坦,使压力分布比较平缓,不会有比较大的逆压梯度,使这部分气流逐渐平稳加速,达到比较低的超声速。以减小激波强度,降低波阻。

（3）上后部向下弯曲。

上表面后部向下微微弯曲,以缓和激波诱导边界层分离。也增加一点翼型的弯度,增加一点升力。

（4）下表面后部凹弯。

下表面后部有一个向里凹进去的弯曲段,使这部分产生一定的正压力,因而增加升力,叫作"后加载"。弥补一点上表面比较平坦引起的升力不足,使超临界机翼在较小迎角下,得到足够大的升力。

3.2.3　超临界机翼的设计

超临界机翼设计是一个不断优化、分析、迭代的过程。设计步骤如图 3.21

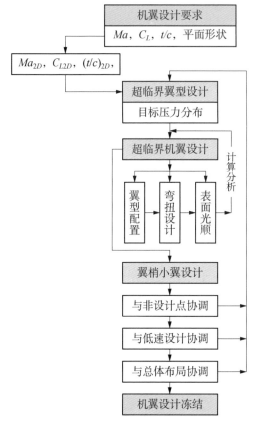

图 3.21　超临界机翼设计的设计流程

所以。

1) 第一步: 翼型设计

根据飞机巡航条件,确定机翼的设计指标,设计 Ma 和升力系数。再转化到翼型设计指标:

$$C_{L2D}=(1.1\sim1.2)\frac{C_{L3D}}{\cos^2\Lambda_{1/4}}$$

$$Ma_{2D}=Ma_{3D}\cos^2\Lambda_{1/4}$$

$$\left(\frac{t}{c}\right)_{2D}=\left(\frac{t}{c}\right)_{3D}/\cos^2\Lambda_{1/4}$$

式中,$\Lambda_{1/4}$ 为机翼 $1/4$ 弦线后掠角;$2D$ 和 $3D$ 分别表示翼型和机翼(顺航向)的设计参数。考虑到机翼根部和尖部的升力损失,公式中把 C_{L2D} 放大了 $1.1\sim1.2$ 倍。

根据上面超临界机翼的设计准则,有了翼型的设计升力系数(C_{L2D})和设计 Ma 数(Ma_{2D}),就可以设计一个典型翼型,得到状态 Ma_{2D},满足设计要求 C_{L2D} 的翼型压力分布(见图 3.20),称为目标压力分布。

2) 第二步: 展向配置和修形

将第一步设计的翼型作为初始翼型沿机翼展向配置,8~10 个剖面,翼根、翼尖适当修形。计算、分析各个剖面的压力分布。修改各个剖面的翼型,使其接近前面的目标压力分布(见图 3.22)。

3) 第三步: 再设计和再修形

配置、修改得到的翼型,沿机翼展向往往不光顺,再进行几何外形的协调和修形。使得各个剖面的厚度、扭转角、等百分比线沿展向比较光顺。所以,超临界机翼没有早期机翼的典型翼型,而是各个剖面的目标压力分布。

经过第二步修改的翼型,压力分布变化了。然后再做第一步和第二步的再设计和再修形。如此循环,最后得到满足设计要求的、外形光顺的机翼。

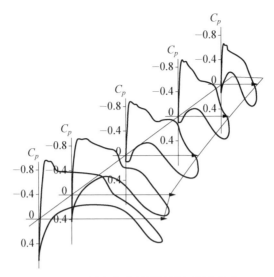

图 3.22　展向各个剖面的目标压力分布

4) 第四步：其他方面的协调

经过第三步再设计、再修形，优化设计循环之后，最后得到只是满足设计点要求的机翼。

（1）高速非设计点的协调。

满足设计点（设计 Ma 数和设计升力系数）要求的机翼，还需要对非设计点进行计算和分析。例如：阻力发散马赫数要高一些，阻力随马赫数的变化趋势缓和一些。如果非设计点的气动特性太差，还要做设计点和非设计点协调、修改。还有对设计点与非设计点的设计循环进行折中处理。

（2）高速与低速的协调。

超临界机翼设计是针对其高速巡航特性来说的，不一定满足低速性能的要求。因此，在增升装置的设计中，还有一个高、低速性能的协调问题。

超临界机翼的高速设计时，尽可能给低速增升装置的设计留有必需的潜力。

a. 气动上：高速构型的最大升力系数比较大。后加载还不能过大，让增升装置设计有足够的增升潜力。

b. 结构上：机翼后梁附近有足够的厚度，让增升装置几何设计有足够的空间。

（3）与总体布局的协调。

从总体布局的角度，超临界机翼还有结构的厚度及其分布和机翼油箱容积的协调。在总体气动布局的设计中，也有可能对此机翼提出一些修改要求。

经过这一轮的修改,单独机翼的高速设计才算最终完成。由此可见,超临界机翼的设计是不断计算分析、不断优化协调、多重迭代循环的繁复、细致的过程。

这里介绍一个型号的超临界机翼设计实践。飞机设计型号单位的气动设计部门邀请相关高校和航空研究院所,共四十多位空气动力学著名专家、教授,组成了 8 个设计团队,优选出 4 副超临界机翼。

4 副不同机翼的具体外形很难看清差异,现以阻力系数随马赫数的变化趋势比较来反映他们各自的设计思路(见图 3.23)。

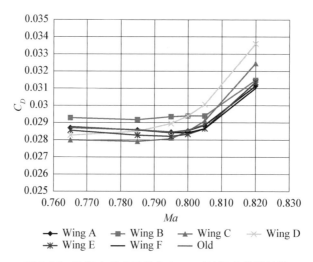

图 3.23 飞机在升力系数为 0.78 时的阻力发散特性

同样的设计准则,同样的设计指标,同样的约束条件,同一个原始机翼作为设计优化的初始点,各个设计单位(团队)都有不完全相同的设计思路。以院校为代表理论设计,着重追求设计点的气动效率,WingC 机翼在设计点的阻力最小。这是超临界机翼区别于常规机翼的明显特点,许多从事超临界机翼的研究人员,包括参加评审的一部分专家都是这个思路,那么,超临界机翼之间的比较,当然也应该如此。

具有飞机使用实践的专家,十分重视非设计点的性能,WingB 机翼在设计点的阻力最大,但随 Ma 的变化很平缓。

工程设计单位的设计思路与这些专家的比较接近,既强调实际使用,又尽可能争取较高的巡航效率。其 WingE 机翼,在设计点的阻力比较小,随 Ma 的变化较平缓,但比 WingC 机翼的阻力要大一点。

集中多种不同机翼的设计优点,形成一幅比较理想的机翼,经过权威专家的咨询和风洞试验验证,达到了国际先进水平。

3.2.4　翼梢小翼的设计

一个完整的机翼设计包括翼根和翼尖的修形,当前航线上的大型客机大多采用翼梢小翼。

1) 翼根和翼尖的修形

(1) 翼根的修形。

机翼翼根修形是为了改善内翼区的结构和气动特性。

a. 加大翼根剖面弦长,可以在翼型相对厚度不变的条件下,增加机翼根部的绝对高度,扩大内部空间,以有利结构的安排,并减轻结构重量。

b. 增加内翼前缘后掠角,可以缩小翼根剖面上表面的超声速区,从而减轻激波强度。

c. 修改翼根剖面外形,头部下垂,减小机翼根部的实际安装角。以减小附近气流分离的可能。

翼根剖面修形如图 3.24 所示。

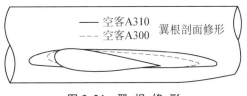

图 3.24　翼　根　修　形

(2) 翼尖的修形。

梯形翼尖带来较大的阻力,为此,修改成曲线翼尖(见图 3.25)。

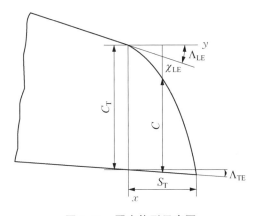

图 3.25　翼尖修形示意图

这样,翼尖区的后掠角加大,阻力减小。这种曲线翼尖称为"低阻翼尖"。

2) 几种常见的翼梢小翼

翼梢小翼的布局形式比较多,当前航线上最常见的是上反式翼梢小翼(见图 3.26),还有帆板式、融合(上反)式和鲨鱼鳍式三种翼梢小翼(见图 3.27)。其中,帆板式翼梢小翼是较早使用的小翼(见图 3.28),现在比较少见。融合式小翼

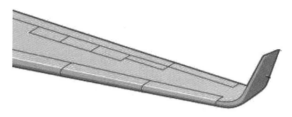

图 3.26　上反式翼梢小翼

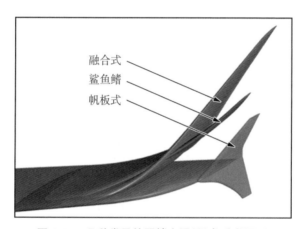

图 3.27　几种常见的翼梢小翼(见书后彩图 9)

图 3.28　较早使用的帆板式小翼

是上反式的一种，一般是机翼与小翼一体化设计的结果，过度比较光顺（见图 3.29），看起来十分漂亮。鲨鱼鳍式翼梢小翼是最新的小翼形式（见图 3.30），在波音公司的波音 787 飞机上可以看到。商飞的 C919 大型客机也采用了鲨鱼鳍式的小翼设计方案。本节主要介绍上反式翼梢小翼的设计，基本原理是一样的。

图 3.29　波音 737 的融合式翼梢小翼

图 3.30　波音 787 的鲨鱼鳍式小翼

3) 翼梢小翼的气动机理

翼梢小翼的作用：

（1）增加机翼的有效展弦比。

在机翼实际展长不变的情况下，增加有效展弦比（见图 3.31）。展弦比大，可以提高机翼的升力线斜率，减小升致阻力。

图 3.31　翼梢小翼增加有效展弦比

（2）减弱机翼翼尖涡的强度。

　　如果没有翼梢小翼，翼尖处的环量由一定值变到零，该区域的环量不连续，存在一对强大的翼尖涡（见图 3.32）。如果后面有飞机进入这个涡流区会影响飞行航迹，甚至有可能发生事故。

图 3.32　波音 767 飞机的翼尖涡

　　加装了翼梢小翼，翼尖区域的环量有变化，但是连续的，且翼尖涡的强度显著减弱。

　　（3）抵消翼尖涡的诱导作用。

　　从飞机的后方往前看，机翼的翼尖涡和翼梢小翼的翼尖涡的是顺时针方向旋转。在小翼所在的机翼翼尖上表面，小翼诱导的洗流流动方向与机翼尖涡诱导的洗流流动方向相反(见图 3.33),局部抵消了机翼翼尖涡的作用,使其涡强度进一步削弱,诱导阻力下降。

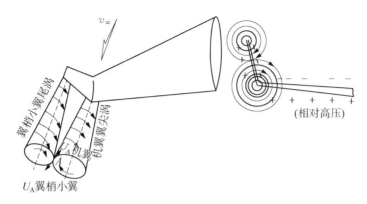

图 3.33　机翼翼尖涡与小翼翼尖涡的诱导速度

4) 翼梢小翼的设计准则

(1) 小翼的剖面设计。

翼梢小翼的剖面弯度要大于机翼,使得在设计状态产生足够大的升力(飞机的法向力),并使小翼的气流分离迟于机翼。小翼的相对厚度要小(一般是 8% 或者更小),不使小翼表面产生激波或强激波。

(2) 小翼的平面形状。

翼梢小翼的面积增大,升力、升阻比和纵横向稳定性增大。但机翼翼根弯矩增大,小翼和机翼的结构重量增大。一般小翼面积约为机翼面积的 1.5%~3%。

控制翼梢小翼高度,从而控制小翼的法向载荷,避免产生较大的翼根弯矩而使小翼和机翼结构重量的过分增加。一般小翼高度在机翼半翼展的 10% 左右,大翼展机翼的小翼高度约为 6%;小翼展机翼的约为 15%。

翼梢小翼有较大的梢根比,其后掠角比机翼稍大一些,使得小翼剖面的法向力沿展向基本不变。

(3) 小翼的弦向布置。

翼梢小翼要靠后布置,其前缘位于机翼翼梢剖面的最大厚度位置附近。使小翼上表面的气流速度增加不与机翼上表面前段的高速气流叠加。小翼的后缘与机翼后缘靠近。

(4) 小翼外撇与外倾。

翼梢小翼区域,机翼翼尖涡的洗流使小翼有一个较大的迎角,而且小翼的剖面弯度较大,零升迎角也较大。所以,小翼应有外撇角,相当于机翼的负安装角,以减小它的当地迎角。

翼梢小翼的外倾角有利于减弱其根部区域的洗流干扰,一般取外倾角 $15°\sim20°$ 为好。

5) 翼梢小翼的气动设计

翼梢小翼的几何参数相当于一个机翼。其剖面参数、平面参数与机翼一样,也有翼型的配置和扭转。小翼的外撇角相当于机翼的安装角,外倾角相当于上反角。而且,小翼区域的流场受小翼翼尖涡和机翼翼尖涡两股洗流的组合影响,流动状态十分复杂。所以,翼梢小翼的设计应该不亚于机翼设计,也是多因素、多约束、优化、迭代的过程。不过,由于小翼的重要程度不如机翼,所以小翼设计花费的时间和精力要比机翼设计少。

如何按照翼梢小翼的设计准则进行小翼的气动设计,各个设计师的理解不尽相同,侧重方面和权衡能力不尽相同,设计出来的小翼也就不同。所以,除了设计准则的理解与把握,就较难谈及更具体的设计方法。

例如,我们可以看一看某型客机,6 个设计团队在相同的设计准则、相同的约束条件下,同一副机翼上设计出来的 6 副翼梢小翼(见图 3.34)。

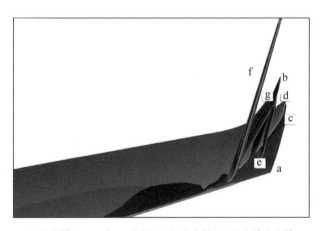

a—无小翼;b、c、e、f、g—融合(上反)式小翼;d—鲨鱼鳍式小翼。

图 3.34　不同设计思想的翼梢小翼(见书后彩图 10)

3.3　机翼-吊挂/短舱一体化设计

对于机翼翼吊发动机/短舱布局的飞机,机翼的最终成型是在发动机安装之后,所以,介绍机翼-发动机短舱的一体化设计。

机翼-吊挂/发动机短舱的一体化设计的目的:

(1) 减小机翼-吊挂/发动机短舱组合的干扰阻力。

(2) 避免机翼-吊挂/发动机短舱组合后出现激波或强激波。

(3) 防止机翼-吊挂/发动机短舱组合后引起局部流动分离。

(4) 机翼-吊挂/发动机短舱组合后尽可能不影响机翼原有的气动特性。

这几个设计目的也就是一体化设计准则。图 3.35 为机翼-吊挂/发动机短舱的一体化设计的数模。

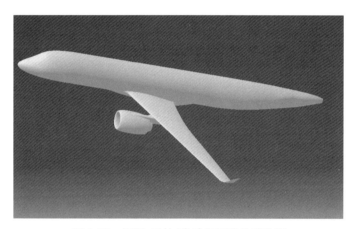

图 3.35　机翼、吊挂/发动机短舱外形数模

机翼-吊挂/发动机短舱的一体化设计的基本步骤:

(1) 短舱位置的选择。

(2) 吊挂外形设计。

(3) 机翼修形。

(4) 干扰阻力计算。

3.3.1　发动机短舱位置的优化

为了选择发动机短舱相对于飞机的位置,首先必须确定发动机短舱自身的参考点、线、面。各个型号可以有各自的规定,但要严密和方便。这里以一型配装内外涵涡扇发动机的客机为例来定义(见图 3.36)。

参考面——外涵出口平面;

参考线——发动机中心(轴)线;

参考点——发动机外涵出口平面与中心线的交点。

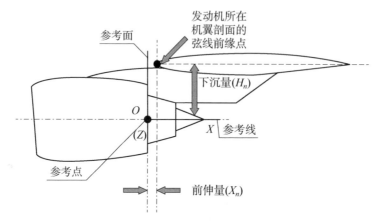

图 3.36 机翼、吊挂/发动机短舱位置定义

图中还示出了发动机短舱的两个位置参数：

前伸量(X_n)——当地机翼前缘与参考面的距离；

下沉量(H_n)——当地机翼弦线与参考线的距离。

在发动机短舱位置的使用 CFD 手段进行优化选择，没有吊挂或暂不考虑吊挂影响。是一个单独发动机短舱相对于机翼不同位置的选择（见图 3.37）。

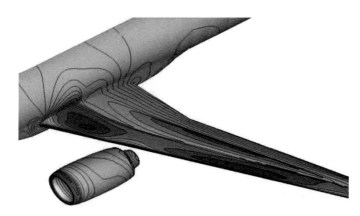

图 3.37 发动机短舱位置选择

1) 展向位置的选择

一般情况，发动机短舱的展向位置需要考虑：

（1）机翼翼根弯矩比较小。

（2）单发停车时的偏航力矩比较小。

（3）飞机乘客/货舱门距发动机进气道的距离比较远。

（4）飞机安全撤离应急门与发动机进气道有足够的距离。

（5）发动机转子爆破情况下，其碎片飞出轨迹必须保证不会对飞机造成额外的安全损害。尤其是不能对其他任何发动机和机翼油箱造成损坏。

（6）要与襟翼和副翼的布局协调，不允许发动机的热喷流喷射到飞机的任何操纵面上。

从翼吊布局飞机的统计数据看，双发飞机布局的发动机一般位于 33％～37％半展长处；四发飞机，内侧发动机在 30％～37％半展长处，外侧发动机在 55％～67％。

发动机短舱展向位置由总体布局设计基本确定。因此，短舱位置的选择包括前伸量、下沉量、安装角和内偏角。

2) 弦向位置——前伸量的选择

弦向位置就是发动机短舱的前伸量。短舱前伸，参考面相对于其当地机翼剖面前缘点的距离（定义见图 3.36）与当地弦长之比（X_n/c）。

一般地说：前伸量越大，发动机短舱对机翼干扰越小，干扰阻力越小。但是，短舱前伸过大，机翼必须付出较大的结构重量。实际上，在一定的前伸量范围内，如果机翼本身的阻力发散特性比较好，抗干扰能力比较强，干扰阻力的变化并不很大。例如：某型客机在前伸量优化选择中，以 CFD 方法计算得到的数据。最大的阻力增加不到 0.15％，如表 3.3 所示。

表 3.3　发动机不同弦向位置的阻力对比

短舱前伸量/%	机翼总阻力的比 C_D/%
0	−0.000 0
1	−0.050 3
2	−0.087 0
3	−0.113 8
4	−0.130 5
5	−0.157 3

3) 上下位置——下沉量的选择

下沉量定义为：发动机短舱下沉，短舱中心线相对于其当地机翼剖面前缘点的距离（见图 3.36）与当地弦长之比（H_n/c）。

下沉量影响飞机机体周围的流场。短舱、吊挂和机翼之间的收敛通道会使得机翼上表面气流速度加快,从而导致激波和流动分离。而在机翼下表面后缘区的负压梯度也会更容易引起流动分离,增加阻力。

下沉量越大,发动机短舱对机翼干扰越小,干扰阻力越小。下沉量对干扰阻力的影响比前伸量的影响要明显一些,从下沉 8% 下降到 12%,计算得到的阻力减小 $0.4\sim0.7$counts。从气动收益考虑,一般 H_n/c 在 $5\%\sim18\%$ 范围内选择。但是,为了防止地面异物吸入发动机以及防止短舱的触地,下沉受到发动机短舱进气道唇口的离地间隙的限制,又可能要降低起落架高度,减轻飞机结构重量。所以,对于下单翼布局的飞机,下沉量的选择范围很小。因此,干扰阻力的变化也不很大。

看来前伸量和下沉量并非越大越好,图 3.38 表示通过 CFD 方法计算得到并经风洞试验验证的区域。在初步设计时可作为参考。

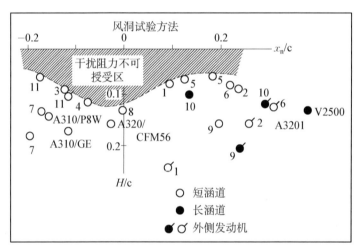

1—DC-8-10/JT3C-6-6;2—DC-850/JT3D;3—DC-10-30/CF6-50;4—A300B/CF6-50;5—B707-320/JT4A;6—B727/JT3C-7;7—B747/JT9D;8—B747/CF6-50;9—C550/CJ805-23;10—C990/CJ805-23;11—C-5A/TF39。

图 3.38　短舱与机翼的相对位置

跨声速飞机,消除该区的局部激波、避免气流分离。其中流道最小间隙(H_g)是一个关键参数,图 3.39 示出了最佳间隙值的分布范围,可供初步设计选择。

图 3.40 是某型客机发动机安装位置的 CFD 优化结果,可以看到,前伸量越大,升阻比越高;下沉量比较大,升阻比也比较高。但是如上所说,实际位置受到许多约束条件的限制。

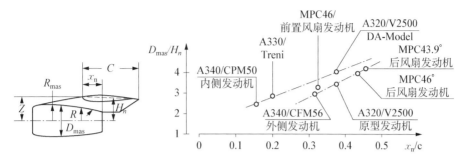

图 3.39　短舱与机翼的最佳间隙值

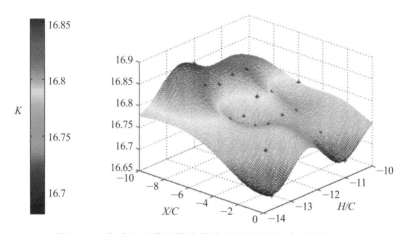

图 3.40　发动机安装位置优化的响应面图(见书后彩图 11)

4) 上仰角的选择

上仰(安装)角定义为发动机短舱中心线相对于飞机构造水平线的夹角(见图 3.41)。

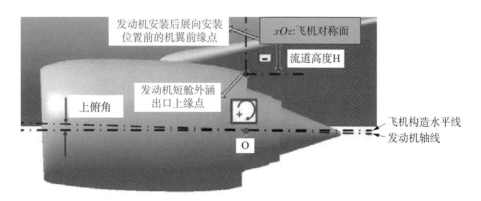

图 3.41　发动机上仰角定义

发动机短舱的上仰角需要考虑飞机的飞行迎角、机翼安装角和机翼前缘上洗角等因素,使得短舱进气道唇口的当地气流垂直于进口截面(见图 3.42),顺利通过进气道,获得发动机进口很好的流场品质。因此,上仰角的选择需要利用 CFD 手段进行流态分析。上仰角变化范围很小,$1°\sim2°$,对干扰阻力的影响也很小。

5) 内偏角的选择

内偏角定义为发动机短舱中心线相对于飞机对称面的夹角,如图 3.43 所示。

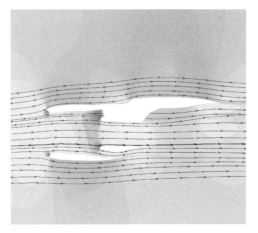

图 3.42　进气道唇口流线及当地迎角

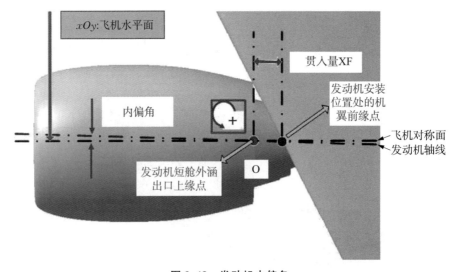

图 3.43　发动机内偏角

在发动机安装位置,机翼有展向流。为了使进气道唇口的当地气流垂直于进口截面,短舱需要内撇一个角度。选择方法与上仰角一样。

3.3.2　短舱吊挂外形设计

发动机短舱吊挂附近的流动受到机翼、短舱和吊挂的相互干扰,流态非常复杂(见图 3.44)。

受机翼展向流的影响,吊挂内侧的气流向外侧流。受机翼前缘上洗的影响,吊

图 3.44　发动机短舱吊挂附近表面流线

挂前缘的气流向上走,严重地影响了机翼原有的设计流态。因此,对吊挂设计有这几个要求:

(1) 减小吊挂附近的流动对机翼的干扰。

(2) 吊挂及其附近的流动没有激波,没有分离。

(3) 吊挂的阻力发散 Ma 数和抖振边界必须高于全机值。

(4) 一定的宽度,足够的结构和管道布置空间。

(5) 干扰阻力最小。表面积小,翼面光顺。

吊挂宽度是由总体和结构给定的。吊挂的气动设计主要是采用 CFD 手段进行流动状态和压力分布的计算分析。

1) 吊挂的平面形状

吊挂的平面形状是根据发动机相对于机翼的安装位置和连接方式确定的。从气动设计的角度,为避免挂架前缘吸力峰和短舱唇口吸力峰相叠加,两者应叉开配置(见图 3.45)。

2) 吊挂的剖面外形

(1) 头部形状。

挂架前缘是钝头的(见图 3.46),以适应飞机在不同迎角时气流方向的变化。但是不能太钝,以免前缘驻点区域压力过大。

(2) 剖面形状。

与常规翼型一样,吊挂剖面比较细长。挂架的中弧面尽量设计成与当地气流的流向一致,以减轻挂架引起的气流扰动。即挂架前段向内侧弯曲,后段向外侧弯曲(见图 3.47),达到吊挂表面无激波、无分离。

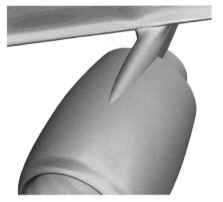

图 3.45　吊挂前缘与短舱唇口叉开

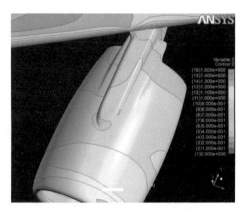

图 3.46　吊挂前缘修型设计

图 3.47　吊挂表面弯度

3) 内偏角的选择

与发动机安装一样,机翼有展向流,吊挂应有一个内偏角,使吊挂处的当地气流迎角比较小(见图 3.48)。一般内偏角在 $1°\sim2°$。

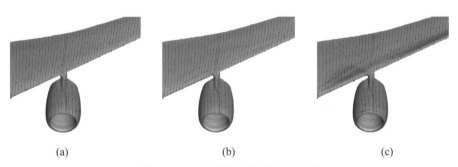

　　　　(a)　　　　　　　　　　　(b)　　　　　　　　　　　(c)

图 3.48　三种吊挂内偏的表面流线

(a) 内撇 $0.2°$　(b) 内撇 $1.2°$　(c) 内撇 $2.2°$

4) 吊挂与机翼间的整流

吊挂与机翼间的整流直接影响到流过吊挂表面的流场和机翼前缘上下方的流动,进而对机翼表面流速起到一定的控制作用。

内外表面流场经整流后,没有明显的分离现象。图 3.49 提供整流的形状参考。

经过以上的设计,阻力自然会减小。

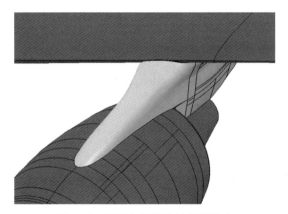

图 3.49　吊挂与机翼连接处的整流

3.3.3　机翼最后修形

上面说过,发动机短舱吊挂附近的流态非常复杂,影响了机翼原有的设计流态。图 3.50 显示了吊挂/发动机短舱安装前后,在其附近的机翼剖面压力分布。

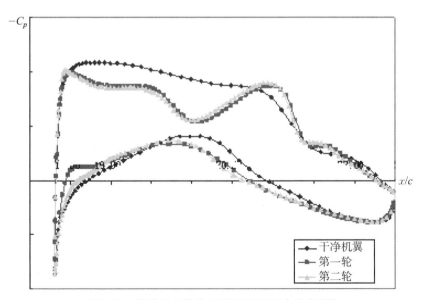

图 3.50　发动机安装前、后机翼剖面压力分布变化

一般地说,在选定了发动机短舱位置和吊挂的外形设计之后,吊挂附近的机翼翼段需要进行修形。

机翼修形的准则与单独机翼设计的准则是一样的。采用的手段主要也是以CFD进行流动状态和压力分布的计算分析,使得修形后的机翼尽可能保持未装发动机、吊挂之前的原有气动特性。

3.3.4 干扰阻力计算

评估机翼-吊挂/发动机短舱的一体化设计的最终结果是干扰阻力。

干扰阻力系数增量为

$$\Delta C_{D.\,\mathrm{WFNP}} = C_{D.\,\mathrm{WFNP}} - C_{D.\,\mathrm{WF}} - C_{D.\,\mathrm{NA}} - C_{D.\,\mathrm{PL}} \qquad (3.4)$$

式中,$C_{D.\,\mathrm{WFNP}}$ 为机翼(翼身组合体)、吊挂和发动机短舱一体化设计后总阻力系数;$C_{D.\,\mathrm{WF}}$ 为单独翼身组合体的阻力系数;$C_{D.\,\mathrm{NA}}$ 为单独发动机短舱的阻力系数;$C_{D.\,\mathrm{PL}}$ 为单独吊挂的阻力系数。

也有的设计人员认为,不应该把机翼的修形结果计在干扰阻力的收益之内。这样,式(3.4)中的总阻力就以机翼修形之前的阻力来计算。不过,从一体化设计的概念来说,这不是一个完整的一体化设计。

在干扰阻力的计算中,有时候会出现负值($\Delta C_{D.\,\mathrm{WFNP}} < 0$),认为这项一体化设计非常成功,得到有利干扰的结果,但这是不大可能的。实际上,仔细分析这个计算公式和翼身组合体、发动机短舱、吊挂三个分部件与组合一体后几何形状,两者是有差别的。组合一体后几何形状少了机翼下表面与吊挂上端面结合处的两个端面面积和吊挂下端面与发动机短舱结合处的两个端面面积。在式(3.4)中,三个单独分部件的阻力($C_{D.\,\mathrm{WF}} - C_{D.\,\mathrm{NA}} - C_{D.\,\mathrm{PL}}$)中包括了这4个端面的面积,而机翼(翼身组合体)-吊挂和发动机短舱一体化设计后总阻力($C_{D.\,\mathrm{WFNP}}$)不包括这4个端面的面积。所以,干扰阻力($\Delta C_{D.\,\mathrm{WFNP}}$)的计算中少了4个端面面积的摩擦阻力。但是,应该说这种设计还是比较成功,干扰阻力很小。

经过这一轮的修改、计算、分析、优化、迭代,机翼的高速设计才算最终完成。

第4章 增升装置设计

飞机机翼的气动设计，一方面需要考虑高速巡航和机动飞行性能；另一方面还要考虑低速起飞和着陆的要求。例如，缩短起落滑跑距离，提高起飞爬升梯度，降低着陆进场速度等，这都需要飞机获得最大的升力。于是人们设法在原有机翼的前、后缘安装可以偏转的活动面。高速飞行中不偏转，保持原有机翼的高速特性；起飞、爬升和下降、着陆时偏转活动面，能够增加飞机的升力，这就是"增升装置"。

所有的飞机，无论其飞行性能先进到什么程度，都必须从起飞开始，着陆结束。因此，增升装置的设计是飞机五大气动部件设计之一，得到广泛重视。

增升装置一般在低速时使用，属于低速空气动力学范畴，其设计状态取速度 $Ma = 0.15 \sim 0.20$，高度是海平面 $H = 0\ \text{km}$。

在第 1 章我们介绍了"飞机总体设计流程"，现在看一看"增升装置设计"在流程图（见图 1.6）中的位置。

本章主要介绍各种增升装置的形式，增升装置的增升机理，增升装置的设计方法，最后介绍动力增升。

4.1 各种增升装置的形式

增升装置根据其在机翼上的位置通常分为前缘增升装置和后缘增升装置。一般飞机的增升装置平面布置如图 4.1 所示。这里主要介绍当前常见到的几种机械式增升装置。

4.1.1 后缘增升装置的形式

1) 简单襟翼

简单襟翼（plain flap）就如一般的操纵面，结构比较简单。其剖面形状如图 4.2 所示。

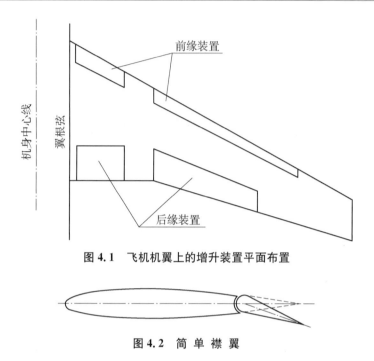

图 4.1   飞机机翼上的增升装置平面布置

图 4.2   简 单 襟 翼

这种襟翼偏转,增加了机翼的弯度,零升迎角(负)α_0增大,零迎角升力系数增加,与不偏襟翼相比,同样的迎角下得到更大的升力,从而获得更大的最大升力系数$C_{L\max}$。

但是,这种襟翼上的流动尾迹不稳定,在中等偏角下就发生分离,所以,最大升力系数并不很高,特别是在着陆状态(襟翼大偏角)不能提供足够的升力,而阻力却很大。

2) 开裂襟翼

开裂襟翼(split flap)有点像扰流片或减速板,结构非常简单。其剖面形状如图 4.3 所示。

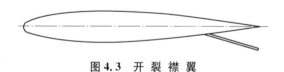

图 4.3   开 裂 襟 翼

开裂式襟翼偏转时,也增加了机翼的弯度。同时,襟翼前部下翼面的气流受到阻滞,流速减慢,压力增加;而襟翼与机翼固定部分之间形成低压区,并从后缘传到机翼上表面,使上表面产生吸力,增加了升力。而且,这部分吸力在翼型后上部造成顺压梯度,进而推迟了后缘分离,提高了最大升力系数 $C_{L\max}$。

这种襟翼的结构简单,而升力较高,在襟翼发展的初期,比简单襟翼使用得更多。

3) 单缝襟翼

单缝襟翼(single slotted flap)是当前最典型的后缘襟翼形式,其剖面形状如图 4.4 所示。

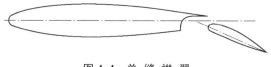

图 4.4 单 缝 襟 翼

这种襟翼铰链轴略低于基本翼的弦线,偏转后机翼弯度增大,襟翼上新生的边界层,使其附着流能够保持到很大的偏角,甚至 $\delta_f = 40°$ 才开始分离。它比简单襟翼能够产生大得多的最大升力,其运动机构也比开裂式襟翼要复杂。

4) 富勒襟翼

富勒襟翼(Fowler flap)是一种改进的单缝襟翼。其剖面形状如图 4.5 所示。

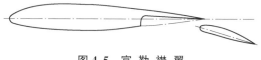

图 4.5 富 勒 襟 翼

这种襟翼在偏转的同时又后退,除了具有单缝襟翼的特点外,还增加了几何弦长,因此增加了机翼的有效面积,产生更大的升力。它是现代大型民用飞机广泛使用的一种后缘增升装置。

但是,这种襟翼带来较大的低头力矩,需要升降舵上偏的负升力产生抬头力矩来平衡。

5) 双缝襟翼

双缝襟翼(double slotted flap)是单缝襟翼的发展,主要有以下两种形式。

(1) 带有导流片和主襟翼的双缝襟翼(vane/main, double slotted flap)。

这种襟翼设计如图 4.6(a)所示,它相当于有两个缝道,比起单缝襟翼来,对控制主翼上表面的边界层与襟翼上的气流分离起更大的作用。这种双缝襟翼在实际应用中,起飞时通常利用双缝襟翼的单缝状态,导流片与襟翼之间固定无缝,此时它的升阻比较大;着陆时,双缝襟翼全打开,并偏到最大角度,此时它的阻力最大,对减少滑跑距离有利。

　　　　　　　　　　(a)　　　　　　　　　　　　　　　　　　(b)

图 4.6　双 缝 襟 翼

(a) 有导流片和主襟翼　　(b) 有主襟翼和后襟翼

　　(2) 带有主襟翼和后襟翼的双缝襟翼(main/aft double slotted flap)如图 4.6(b)所示。它的主襟翼后缘也有一个像主翼后缘一样的襟翼舱,其后又是一个常规形式的后襟翼。显然,这种双缝襟翼比上一种双缝襟翼在缝道控制与有效面积增加方面更为明显。但其结构相对复杂,力矩特性相对较差。

　　由于这两种双缝襟翼都能产生较大的增升效果,因此在现代大型民用客机上使用得较多。

6) 三缝襟翼

　　三缝襟翼(triple slotted flap)一般由主翼、导流片、主襟翼和后襟翼组成,它相当于在后一种双缝襟翼[见图 4.6(b)]之前又增设了一个导流片[见图 4.6(a)]。其剖面形状如图 4.7 所示。

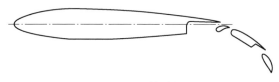

图 4.7　三 缝 襟 翼

　　这种襟翼由于缝道和机翼有效面积的增加,增升效果更好。但其结构和运动机构的复杂程度是可想而知的。因此,它的使用远不如单缝襟翼或双缝襟翼来得广泛。

4.1.2　前缘增升装置的形式

1) 前缘下垂

　　前缘下垂(dropped leading-edge)是从机翼前缘下垂修形(见图 4.8)而来的。

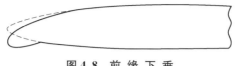

图 4.8 前 缘 下 垂

前缘下垂是固定的,不能随飞行状态的变化而改变其外形。因此,它要受到其他飞行状态(如高速巡航飞行)的限制,而且,只能做较小的外形修改。

2) 前缘襟翼

前缘襟翼(plain leading-edge flap)是指无缝道的简单式前缘襟翼(见图 4.9)。它与简单式后缘襟翼的形式有些相似。但前缘襟翼下偏时,除襟翼与主翼段外,还有一个上表面的过渡曲面(或称"关节段")。

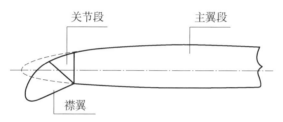

图 4.9 前 缘 襟 翼

前缘襟翼下偏时,由于增加了头部附近的弯度而降低了吸力峰,使得临界迎角有一个大的增加,因此增加了 C_{Lmax}。这种形式的增升装置是基于"紧靠前缘的压力分布决定了 C_{Lmax} 的增量"这一前提。前缘襟翼的最佳偏角大约是 25°,更大的偏角会因弯曲过渡区(关节段)的吸力峰而引起分离。

3) 前缘缝翼

前缘缝翼(slat)是前伸到翼型之前的辅助翼型,如图 4.10 所示。

图 4.10 前 缘 缝 翼

常用的前缘缝翼有两个偏角,可对应巡航、起飞和着陆三个位置,还有可变更多位置的前缘缝翼。

前缘缝翼偏转产生的 $\Delta C_{L\max}$ 较大,失速迎角大,失速特性好。结构受力形式合理,转动操纵系统也比较简单。

4) 克鲁格襟翼

克鲁格襟翼(Krueger flap)本身的机构比较简单,它可以有许多细节的变化。

(1) 不同的运动机构形式。

按其不同的运动机构的形式,有"上蒙皮延伸式克鲁格襟翼"和"沿前缘旋转式克鲁格襟翼",分别如图 4.11(a)和(b)所示。

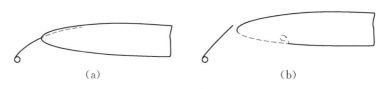

(a)　　　　　　　　　　　(b)

图 4.11　不同运动的克鲁格襟翼

(a) 上蒙皮延伸式　(b) 沿前缘旋转式

(2) 不同的襟翼本身外形。

按照不同的襟翼本身外形可以有平伸形克鲁格襟翼和弯曲形克鲁格襟翼,分别如图 4.12(a)和(b)所示。

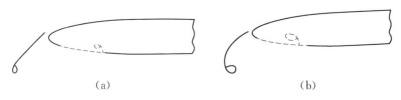

(a)　　　　　　　　　　　(b)

图 4.12　不同外形的克鲁格襟翼

(a) 平伸形式　(b) 弯曲形式

(3) 可变外形的克鲁格襟翼。

它可以有一套变形机构,做成头部折叠式的[见图 4.13(a)];或者可变弯度的克鲁格襟翼(variable camber Krueger flap)[见图 4.13(b)]。

而且,襟翼的前缘半径、襟翼与主翼段过渡曲面的曲率、襟翼与主翼段间的连接缝隙,都对 $C_{L\max}$ 有很大的影响,因此,克鲁格襟翼给设计者提供了更多、更自由的选择。

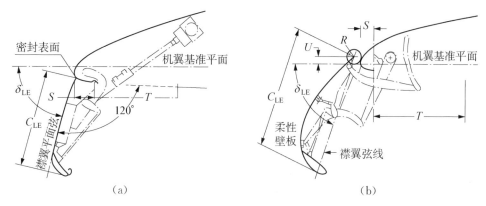

（a）　　　　　　　　　　　　　　　　　（b）

图 4.13　可变外形的克鲁格襟翼

（a）头部折叠式　（b）可变弯度式

4.1.3　增升装置形式的选择

根据飞机起飞、着陆的场域要求,选择合适的增升装置形式。

1）对于军用飞机

军用飞机在执行战斗任务的飞行过程中,除了巡航要消耗大量的燃料,还要投掷各种武器,军用运输机可能空投重型坦克、火炮。起飞和着陆这段时间里,重量发生很大的变化,比较紧张的是起飞阶段。因为起飞时机翼单位面积的载荷较大,要求的升力就很大,而着陆时的翼载要比起飞时小得多,升力较容易满足。

对于这种起落翼载变化较大的飞机,应该选择前、后缘较小偏度就有较高增升效率,而且升阻比较大的增升装置。

2）对于民用飞机

民用飞机通常是载客或运货,起飞和着陆这段时间里,重量的变化主要是燃料消耗。翼载变化较小,比较紧张的是着陆阶段,因为着陆时翼载还很大,起飞阶段在很大程度上因有相当大的动力而容易实施。

对于这种起落翼载变化较小的飞机,应该选择前、后缘大偏度增升效率较高,而且阻力比较大的增升装置。

3）增升装置的气动特性

（1）升力系数。

不同增升装置的增升效果不同。图 4.14 列出了各种形式襟翼的剖面升力特性,提供选择参考。请注意升力系数并不是越高越好,而是应该满足需要即可,增升装置形式越简单越好。

（2）阻力系数。

不同增升装置的阻力不同。图 4.15 列出了各种形式襟翼的剖面阻力特性，提供选择参考。起飞状态要求较小的阻力，以获得较大的升阻比，有利于起飞加速。对于起飞后的爬升，升阻比是更重要的选择参数。着陆状态则要较大的阻力，有利于着陆减速。

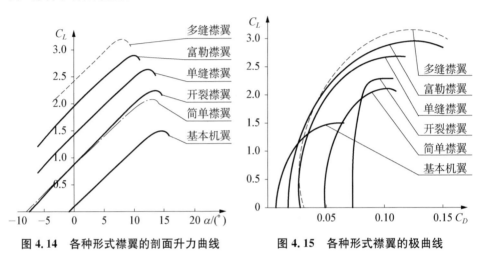

图 4.14　各种形式襟翼的剖面升力曲线　　　图 4.15　各种形式襟翼的极曲线

（3）俯仰力矩系数。

后缘襟翼偏转增加升力，同时产生俯仰力矩。图 4.16 列出了各种不同增升装置的俯仰力矩系数增量，这个低头力矩要靠水平尾翼（或升降舵）上偏产生的

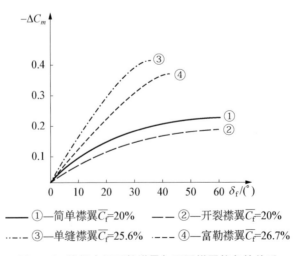

图 4.16　俯仰力矩系数增量与不同襟翼偏角的关系

抬头力矩来平衡。平尾向上偏转产生的负升力同时产生升致阻力,而此时机翼需要增加一点迎角,增加一点升力,以补偿平尾上偏的升力损失,由此,机翼还要增加一部分升致阻力。所以,选择增升装置必须十分重视俯仰力矩的匹配。

4) 前、后缘增升装置的配合使用

通常,前缘增升装置不单独使用。对于中、大型飞机,采用高效率的后缘增升装置,需要高效率的前缘增升装置的配合。

外侧前缘缝翼对改善后掠翼飞机的气动特性是一种很有效的手段,前缘缝翼增大机翼的无分离区域,同时使翼尖分离延迟到更大的迎角,增加了失速迎角 α_s 和最大升力系数 $C_{L\max}$ 值,并使 $C_m = f(\alpha)$ 曲线在更大迎角下具有有利的特征。

可以采用不同的前、后缘增升装置配合使用,甚至在一个机翼上,沿展向各段的形式都可以不同。例如前缘增升装置,波音 727 和波音 737 飞机内侧前缘是克鲁格襟翼(波音 727 是简单式克鲁格襟翼,波音 737 是头部折叠式克鲁格襟翼),外侧则是前缘缝翼。后缘增升装置,波音 767 飞机,其内侧是双缝襟翼,外侧则是单缝襟翼。

这里给出几种典型的民用飞机和军用飞机的前、后缘增升装置配合使用情况以及最大升力量级,分别如表 4.1 和表 4.2 所示。

4.1.4　增升装置的发展趋势

从两张表(见表 4.1 和表 4.2)中我们可以看到飞机增升装置的发展趋势。

表 4.1　一些民用飞机的增升装置

飞机型号	研制年份	前缘增升装置	后缘增升装置	$C_{L\max}$
波音 707	1958	内侧:克鲁格襟翼;外侧:前缘缝翼	双缝襟翼	2.20
波音 727	1963	内侧:克鲁格襟翼;外侧:前缘缝翼	三缝襟翼	2.79
波音 737	1967	内侧:克鲁格襟翼;外侧:前缘缝翼	三缝襟翼	3.20
波音 747	1970	内侧:圆头克鲁格;外侧:变弯度克鲁格	三缝襟翼	2.45
波音 757	—200, 1983;—300, 1999	前缘缝翼	双缝襟翼	
波音 767	1982	前缘缝翼	内侧:双缝襟翼外侧:单缝襟翼	2.45

（续表）

飞机型号	研制年份	前缘增升装置	后缘增升装置	C_{Lmax}
波音 777	1995	前缘缝翼	内侧：双缝襟翼外侧：单缝襟翼	2.50
波音 787	2008	前缘缝翼	单缝襟翼	2.66
空客 A300	1972	前缘缝翼	双缝襟翼	2.73
空客 A310	1983	前缘缝翼	内侧：双缝襟翼外侧：单缝襟翼	2.82
空客 A320	1989	前缘缝翼	单缝襟翼	2.57
空客 A321	1993	前缘缝翼	内侧：双缝襟翼外侧：单缝襟翼	2.82
空客 A330/340	1993	前缘缝翼	单缝襟翼	2.53
空客 A380	2007	内侧：下偏前缘；外侧：前缘缝翼	双缝襟翼	2.60

表 4.2　一些军用飞机的增升装置

飞机型号	研制年份	前缘增升装置	后缘增升装置	C_{Lmax}（估计）
F-5	1958	简单襟翼	单缝襟翼	1.40
F-14	1969	内前缘缝翼	简单吹气襟翼	1.50
F-15	1968	无。翼尖前缘下垂	简单襟翼	1.58
F-16	1972	前缘缝翼	简单襟翼	1.40
F-18	1978	前缘襟翼	简单襟翼	1.80
F-104	1952	前缘襟翼	简单襟翼着陆时吹气	1.03
F-22	1985	前缘襟翼	简单襟翼	1.83
MiG-21	1953	无	单缝襟翼	1.16
MiG-21MF	1993	无	吹气襟翼	1.20
MiG-23	1961	简单襟翼	单缝襟翼	1.23
MiG-25	1958	无	简单襟翼	1.35
Su-27	1969	克鲁格襟翼	襟副翼	1.85
Su-30	1986	前缘襟翼	襟副翼	2.0
Su-35	1987	前缘襟翼	双缝式襟副翼	

1) 军用、民用飞机的对比

军用飞机的代表为战斗机，民用飞机的代表是旅客机。军用飞机的增升装置要比民用飞机简单。无论是前缘增升装置，还是后缘增升装置都要简单得多。因为民用飞机在日常航线上飞行，起飞、降落比较频繁。而军用飞机的设计师不愿意背负复杂增升装置带来的结构重量。

军用飞机也要求有迅速起飞、降落的能力。所以,有的军用飞机采用动力增升,使用吹气襟翼。动力增升的最大升力更大,但是,需要从发动机提取一部分功率。对于军用飞机,主要功能是空中战斗机动飞行,推力比民用飞机大得多,在起飞、降落状态,提取一部分功率是可以承受的。

2) 气动与结构的协调

为了满足飞机场域性能的不断提高,要求增升装置的升力增量越来越大,选择的增升装置形式越来越复杂。例如,前缘增升装置:波音 707 飞机简单式克鲁格襟翼,波音 727 飞机内侧克鲁格襟翼,外侧前缘缝翼;波音 737 飞机内侧是可变弯度的克鲁格襟翼。后缘增升装置:波音 707 飞机是双缝襟翼,波音 727 和波音 737 飞机都是三缝襟翼。

然而,自 20 世纪 90 年代,随着气动设计水平的提高,增升装置形式往越来越向简单的趋势发展。例如,前缘增升装置:波音 747、波音 757、波音 767、波音 777 飞机,还有空客 A300、空客 A310、空客 A320、空客 A330、空客 A340 飞机都采用前缘缝翼;后缘增升装置:波音 757 飞机开始是双缝襟翼,波音 767 是内侧双缝襟翼,外侧单缝襟翼。空客飞机也是如此,空客 A320、空客 A330、空客 A340 全用单缝襟翼。

3) 机械式增升装置的发展

军用战斗机的增升装置结构比民用旅客机简单,最大升力系数也比民用旅客机小一些,现增升装置的增升越来越大(见图 4.17)。

民用旅客机的起落性能相对要求较高,增升装置结构比军用战斗机的复杂,

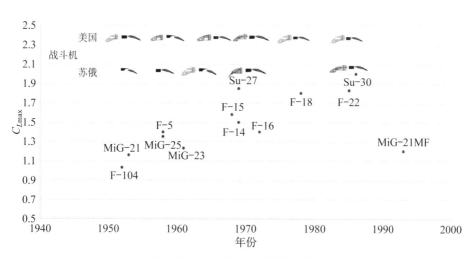

图 4.17　军用战机的增升装置发展

所以,增升效率越来越大,最大升力系数越来越大。但是,结构越来越复杂,机构的重量代价也越来越大。于是综合协调,在保证基本起落性能的条件下,考虑比较简单一些的结构,降低一定的升力(见图 4.18)。宏观来看,机械式增升装置发展的总趋势是增升效率越来越高,升力系数越来越大(见图 4.19)。

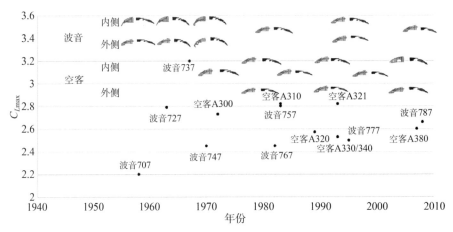

图 4.18　民用客机的增升装置发展

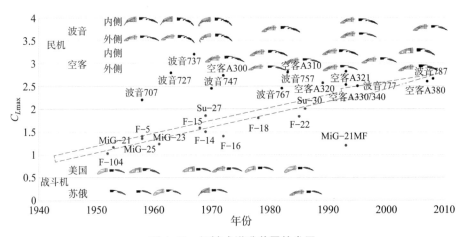

图 4.19　机械式增升装置的发展

4.2　增升装置的设计原理

4.2.1　增升装置的增升机理

增加机翼的升力系数可以采取四种措施,这些措施就是增升装置的增升机理。

1) 增加机翼的弯度效应

前、后缘增升装置的向下偏转,增加了机翼的弯度。弯度增加,环量增加,零升迎角前移,零迎角升力系数增大。在相同的飞行迎角下,可以获得更大的升力系数,也增大了最大升力系数。

2) 增大机翼的有效面积

前缘增升装置前伸,后缘增升装置后退,增加了机翼弦长,增大了机翼有效面积。产生升力的实际面积增大,实际的升力增大。但是,计算升力系数仍然使用原先的特征参考面积,所以,升力系数提高了,也增大了最大升力系数。

3) 改善缝道的流动品质

通过前、后翼段之间缝道的设计,利用流经缝道的气流来改善翼面上的边界层流动状态,增强翼面边界层承受逆压梯度的能力,延迟气流分离,提高失速迎角,增大最大升力系数。

4) 增加翼面气流的能量

从发动机出口引出部分高能气体,借助其喷射作用,增加翼面气流的能量,更有效地进行边界层控制或增加机翼的环量。从而在更大程度上提高最大升力系数。这就是所谓的"动力增升"。

4.2.2　增升装置的设计要求

增升装置的设计除了满足起飞、着陆所必需的升力系数的气动特性,还必须考虑总体、结构、系统等各方面的要求。

1) 总体设计要求

根据飞机的使用情况和气动布局特点,提出增升装置的设计要求:

(1) 选择前、后缘增升装置的形式。

(2) 确定前、后缘增升装置的位置和面积。

(3) 给出增升装置的气动设计指标。

(4) 良好的安全性、可靠性和维修性。

2) 气动设计要求

增升装置的气动设计需要满足飞机低速起落性能的要求:

(1) 飞机的起飞、降落满足场域性能求。

(2) 起飞后第二阶段爬升梯度和爬升角的要求。

(3) 要求包括全部发动机工作和单发停车状态。

（4）气动噪声和降噪要求。

3）结构设计要求

在满足总体、气动设计要求的前提下，结构设计要求：

（1）组成增升装置的独立构件数量比较少。

（2）增升装置运动的连接机构比较简单。

（3）具有足够的强度和刚度。

（4）整个结构和连接机构的重量比较轻。

4）操纵系统要求

在满足总体、气动、结构要求的前提下，系统设计要求：

（1）操纵系统比较简单。

（2）可靠性好，生存力强。

（3）维修性好，维修时间短，维修成本低。

（4）可接受的研制成本和生产成本。

4.2.3 增升装置设计的目标参数

增升装置的设计目标是根据飞机的设计重量和起落性能要求确定的，是增升装置开始设计就必须明确的设计依据。体现为几个主要的目标参数：

1）最大升力系数增量

增升装置最大偏度要有最大的最大升力系数增量（$\Delta C_{L\max}$）。

2）较大的失速迎角

增升装置设计，需要控制失速迎角（α_s）。

3）不同的升阻比匹配

飞机不同的飞行状态需要不同升阻比的匹配。

4）最小的零升力矩系数

使飞机的配平阻力较小，不增加平尾（或升降舵）的过大负担。

4.2.4 增升装置的设计流程

1）增升装置的设计步骤

增升装置的设计大体上分为以下 4 步。

（1）确定设计目标。

（2）选择装置的形式。

（3）多段翼型设计。

（4）二维向三维的转换。

2) 增升装置的设计流程

飞机增升装置的整个设计流程如图 4.20 所示,大致可分为 3 个阶段。

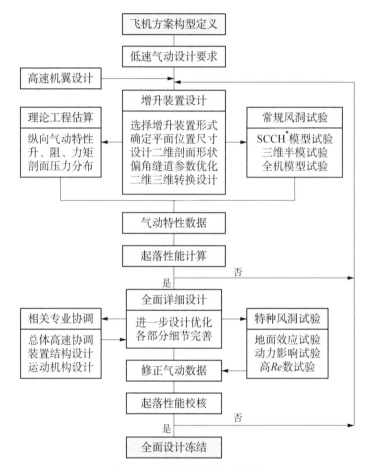

图 4.20　增升装置的设计流程

(1) 初步设计阶段。

增升装置的初步设计阶段是方案设计。上面的 4 个设计步骤基本完成,并有飞机起飞、着陆性能计算的初步结果。

(2) 详细设计阶段。

详细设计阶段是初步设计阶段的细化和完善。如偏角与缝道参数的进一步

---

* SCCH 是"等弦长后掠半模"的缩写,全名是"swept constant chord half-model"不用译中,气动人员都知道。

再优化,考虑地面效应和发动机喷流的影响,进行高雷诺数(Re)风洞试验,与总体、结构、机构的协调。在此基础上,修正上一轮气动特性数据,校核飞机起飞、着陆性能。

(3) 首飞准备阶段。

在首飞准备阶段,增升装置设计工作基本完成,主要进行全机大模型风洞试验,对气动力原始数据做最后的修正、校核。

以上的设计流程是比较理想的。实际上,由于增升装置的设计必须在基本机翼的高速设计之后,还由于型号设计单位网络接点总是非常紧张,给增升装置设计的时间不很充裕。因此,初步设计阶段的部分设计工作,尤其是风洞试验,经常会延缓到详细设计阶段去做。详细设计阶段的一些风洞试验,会在首飞准备阶段才能完成。

4.3 多段翼型设计

多段翼型是指增升装置打开的翼型剖面形状,多段翼型设计包括外形设计和偏角和缝道参数的优化设计。

4.3.1 多段翼型的流动特征

1) 流动特征

气流绕多段翼型的流动状态十分复杂,如图 4.21 所示。

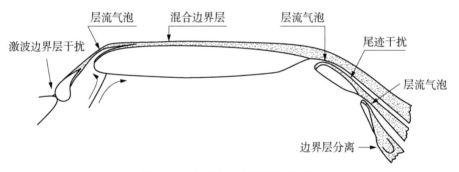

图 4.21 气流绕多段翼型的流动

一般来说,有如下几个特点:

(1) 前缘有局部超声速区。

后缘襟翼较大偏度时,即使来流速度不很大(Ma 数不太高),在多段翼型的前缘上表面也可能出现局部超声速流,存在激波和激波边界层干扰。

（2）上翼面是混合边界层。

多段翼型上游尾迹经常与下游的边界层混合，上表面形成混合边界层。

（3）相邻翼段间的分离气泡。

前、后缘增升装置偏转时，由于相邻翼段之间缝道中的流动，在主翼和襟翼的前缘都可能产生分离气泡。

（4）黏性流厚导致气流分离。

后缘襟翼上翼面的黏性流区域比较厚，尤其在襟翼大偏度的状态，即使升力系数不太大，也会导致气流分离。

2）压力分布

绕多段翼型复杂的流动状态，与之相对应的是复杂的压力分布（见图 4.22）。

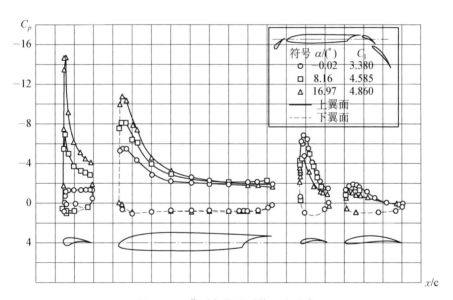

图 4.22　典型多段翼型的压力分布

多段翼型的这些流动特点，使得增升装置的计算、分析和设计优化十分复杂，也十分困难。

4.3.2　多段翼型的外形设计

前面介绍了"各种增升装置的形式"，不同的增升装置有不同的外形，这里简单说明后缘襟翼和前缘缝翼的外形设计。

1）后缘襟翼的外形

后缘襟翼的设计主要是襟翼的头部和襟翼舱的外形设计，如图 4.23 所示。

2）前缘缝翼的外形

前缘缝翼的设计主要是缝道形状的设计，也是固定翼头部形状的设计（见图 4.24）。这些控制曲线可以用椭圆方程、抛物线方程，或者更加复杂的样条曲线来确定。

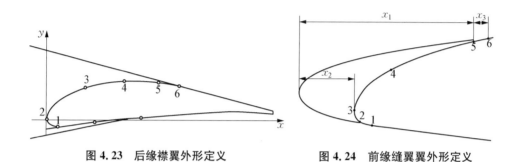

图 4.23　后缘襟翼外形定义　　　　　　图 4.24　前缘缝翼翼外形定义

4.3.3　多段翼型剖面参数的确定

多段翼型的剖面参数包括偏角、缝道参数。

1）剖面参数定义

（1）多段翼型的弦长。

多段翼型的弦长包括基本机翼的弦长，前、后缘增升装置的弦长以及增升装置偏转后的弦长（见图 4.25）。图中，c 为基本机翼的弦长；c_f 为后缘襟翼弦长；c' 为后缘襟翼伸展后的机翼总弦长；c_f' 为后缘襟翼伸展后的襟翼总弦长；C_{LE} 为前缘襟翼弦长。

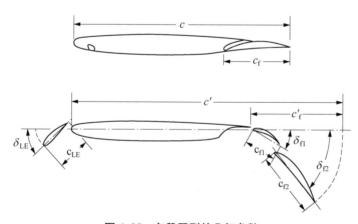

图 4.25　多段翼型的几何参数

（2）偏度与缝道参数。

多段翼型的偏度有前缘缝翼和后缘襟翼偏角（见图 4.26）。图中，δ_s 为前缘缝翼偏角（°）；δ_f 为后缘襟翼偏角（°）。

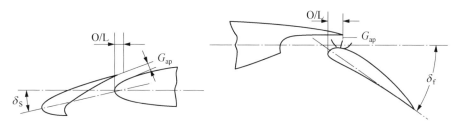

图 4.26　偏角和缝道参数

对于双缝或三缝的后缘襟翼，以主襟翼相对于基本翼的偏角作为该型襟翼的名义偏角，如图 4.27 所示。

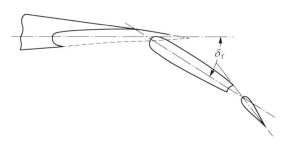

图 4.27　双缝或三缝襟翼的偏角

多段翼型的缝道参数包括缝道宽度和重叠量（见图 4.26）。图中，G_{ap} 为无量纲的缝道宽度；OL 为无量纲的重叠量（overlap，简写 O/L）。

缝道宽度（G_{ap}）：对于前缘缝翼，是指前缘缝翼后缘到主翼外形之间的最短距离与当地机翼弦长之比；对于后缘襟翼，是指主翼后缘到后缘襟翼外形之间的最短距离与当地机翼弦长之比。

重叠量（overlap）：它是指前缘缝翼或后缘襟翼偏转时前伸或后退的程度，重叠量一般都沿平行于基本翼弦线测量，重叠为正。对于前缘缝翼，是指前缘缝翼后缘到主翼前缘的距离与当地机翼弦长之比；对于后缘襟翼，是指主翼后缘到后缘襟翼前缘的距离与当地机翼弦长之比。

2）偏角的选择

（1）后缘增升装置的偏角。

后缘增升装置的偏转增加了主翼的环量,引起零升迎角 α_0 负值的增加。这时,保持升力线斜率不变,而增加升力。因此,偏度越大,弯度越大,增升效果越好,如图 4.28 所示。

(2) 前缘增升装置的偏角。

前缘增升装置的偏转降低了主翼头部的吸力峰,把流动分离推迟到更大的迎角,即增加了失速迎角 α_S(见图 4.29),因而增加了 $C_{L\max}$。

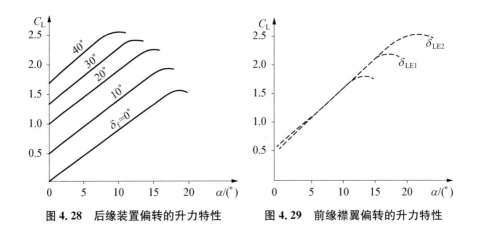

图 4.28 后缘装置偏转的升力特性   图 4.29 前缘襟翼偏转的升力特性

4.3.4 缝道参数的优化

各翼段收敛形状的缝道具有喷射、有效压力恢复和新生边界层的作用。它将增强承受逆压梯度的能力,延迟分离,提高失速迎角和最大升力系数。一型飞机的设计,缝道参数初步的选择不是最佳的。还要进行计算分析,进行缝道参数的优化设计,寻找最佳的匹配。

1) 后缘增升装置

在襟翼设计中,对于着陆状态,优化设计的直接目标是使最大升力系数达到最大。给定不同的襟翼偏角,计算不同 G_{ap} 和 O/L 位置的 $C_{L\max}$ 值,找出 $C_{L\max}$ 最大的偏角和 G_{ap} 与 O/L 的组合(一个点或一条等值线包罗的一个区域)。

开始优化是在一个比较大的参数范围(window)内,计算设计优化后,得到给出一个更小、更合理的窗口,在此窗口内进行风洞试验,最后确定最佳的缝道参数。图 4.30 表示出一个 30% 弦长的富勒襟翼,$\delta_f = 30°$ 的风洞试验优化窗口。为了模型设计、制造与风洞试验的方便,其中的缝道参数 G_{ap} 和 O/L 已转化为 x、z 的坐标值。

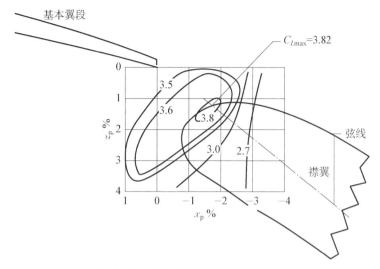

图 4.30　富勒襟翼缝道参数优化试验

图 4.31 给出了某型民用客机设计使用的襟翼偏度与缝道参数$(G_{ap}，O/L)$的关系曲线。对不同型号的飞机或者不同形式的增升装置会有一定差异,仅供参考。

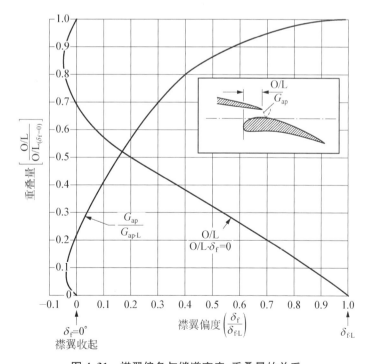

图 4.31　襟翼偏角与缝道宽度、重叠量的关系

2) 前缘增升装置

前缘增升装置与后缘增升装置缝道参数优化的方法是一样的。先是初步选择,然后计算、分析、优化、风洞试验并最后确定。

图 4.32 给出了优化试验得到的不同后缘襟翼偏角(δ_f)和不同前缘缝翼偏角(δ_s)下的最佳缝翼缝道宽度值。

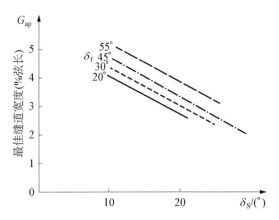

图 4.32　缝翼最佳缝道宽度与襟翼、缝翼偏角的关系

从图中曲线可见,缝翼的最佳缝道宽度随后缘襟翼偏角的增加而增加,随前缘缝翼偏度的增大而减小。

对有前、后缘增升装置的飞机,优化设计的顺序是:先前缘,后后缘;先偏角,后 G_{ap} 和 O/L。

3) 起飞与着陆的协调

一型飞机的起飞和着陆一般是使用一种形式的增升装置,因此,必须对起飞、着陆和巡航状态进行协调,也就是偏角和缝道参数的协调。

(1) 后缘增升装置。

飞机在偏襟翼时,襟翼由紧贴机翼的位置开始后退,偏角增加,其运动轨迹是一定的。通常对应着陆状态,襟翼在最后位置达到最大的偏角。起飞状态,襟翼处于其后退轨迹的中间位置以及在此位置上的对应偏角。

如果在襟翼的缝道参数优化设计中,着陆状态的设计指标满足了,襟翼的最大偏角与缝道参数得到了。此时还须校核起飞状态的设计指标。如果起飞升阻比未满足要求,则着陆状态应做出一定的牺牲,来满足起飞状态的要求。

在大多数情况下,巡航状态是不偏襟翼的干净构型。所以,襟翼巡航、起飞与着陆三个状态对应 2 个偏角。图 4.33 为一个三缝襟翼的巡航、起飞与着陆状态的襟翼偏角和缝道示意图。

图 4.34 是某型客机巡航、起飞和着陆襟翼状态。考虑到单缝襟翼在小偏角时的升阻比不低，飞机在起飞时把子翼和机翼后缘间的缝正好堵死。

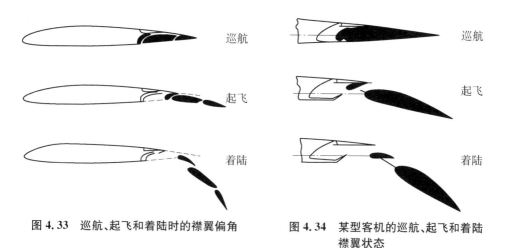

图 4.33　巡航、起飞和着陆时的襟翼偏角　　　　**图 4.34　某型客机的巡航、起飞和着陆襟翼状态**

（2）前缘增升装置。

前缘增升装置的最大偏角，一般对应着陆的最大升力状态，设计时也要校核起飞状态的设计指标，其思路与后缘增升装置是相同的。

目前常见的前缘增升装置是 2 个偏角。图 4.35 为前缘缝翼的巡航、起飞和着陆三个位置。

图 4.35　前缘缝翼的三个位置

4.4　动力增升

机械式增升装置的增升效果总有一定的限制。例如，过大的襟翼偏角，增加机翼的弯度，会引起气流分离；过大的后退量，增加机翼的有效面积，会产生较大的低头力矩，还受到结构强度、刚度的约束。所以，机械式增升装置的最大升力系数有一定的限制，一般 $C_{L\max}$ 为 2.8～3.2。

有些特殊用途的飞机需要短距起落(STOL)，要求 $C_{L\max}=7\sim9$，这是机械式增升装置无能为力的，只好借助动力增升了。

4.4.1　边界层控制

边界层控制(BLC)主要是利用吹气或吸气的方法，来增加机翼表面边界层的能量，改变表面压力分布，延迟分离的发生。

防止流动分离最早的方法是通过缝道从边界层将已减速的气流吸入机翼内。它使主流从边界层外向下贴近翼壁。这种方法的机理如图 4.36(a)和(b)所示。从图 4.36(b)可见，吸气以后，边界层状态即可改善，完全可以恢复正常，达到位流理论计算的升力值。必须找到一个最小的空气吸气量，它正好避免完全分离，这就是最小临界容量参数 C_Q。

吹气边界层控制，用一股高速稀薄喷流，从平行于壁面的窄缝中吹出进入边界层，使壁面已减速的气流加速，消除了反流，因而避免了分离，见图 4.36(c)。吹气可以在机翼的前缘，也可以在襟翼铰链轴处开缝吹气。

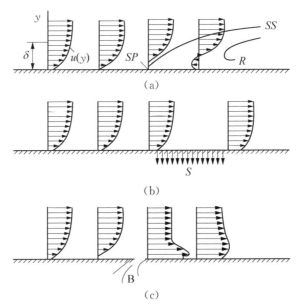

δ—边界层厚度；SP—分离点；SS—分离线；R—反流。

图 4.36　边界层吹、吸气控制

(a) 边界层分离　(b) 吸气防止边界层分离　(c) 吹气防止边界层分离

吹气喷流的强度用动量系数 C_μ 来表示：

$$C_\mu = \frac{m_j V_j}{q_\infty s} \tag{4.1}$$

式中，m_j 为每秒喷流的质量流量；V_j 为喷流速度；q_∞ 为主流动压；s 为吹气缝隙的宽度。

吹气边界层控制有内吹气式和外吹气式，后者又分为上蒙皮吹气式（USB，向下吹）和下蒙皮吹气式（LSB，向上吹），如图 4.37 所示。

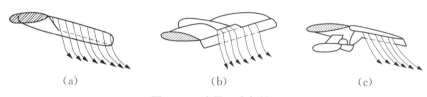

(a)　　　　　　　　　　(b)　　　　　　　　　(c)

图 4.37　边界层吹气控制

(a) 内吹气式　(b) 上蒙皮吹气　(c) 下蒙皮吹气

1) 内吹气式襟翼(IBF)

发动机的高速喷流从平行于壁面的窄缝中吹出进入上表面的边界层（见图 4.38），使气流加速，避免分离，气流在壁面再附着。

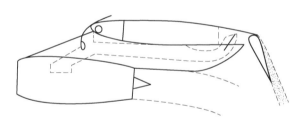

图 4.38　内吹气式襟翼

2) 外吹气式襟翼(EBF)

（1）下蒙皮吹气式襟翼。

具有翼下吊喷气发动机的飞机，喷口向上偏转（见图 4.39），喷流从机翼下表面流向襟翼。

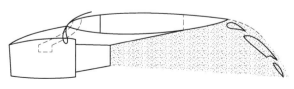

图 4.39　下蒙皮吹气式襟翼

（2）上蒙皮吹气式襟翼

喷气发动机安装在机翼上面的飞机，喷流沿机翼上表面流向襟翼（见图 4.40）。

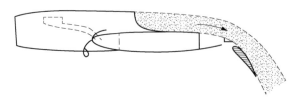

图 4.40 上蒙皮吹气式襟翼

3) 临界动量系数

吹气式襟翼，吹气量正好大到避免气流完全分离的最小动量系数，得到完全边界层控制的位流理论计算的升力，这个最小动量系数称为临界动量系数 $C_{\mu A}$。

图 4.41 给出了动量系数 C_μ 与增升效果的关系。从曲线可见，随着 C_μ 的增加，增升效果明显，然后增升效率就缓和下来。这条曲线的两个斜率的转折处就是吹气的最佳动量系数 $C_{\mu A}$。

图 4.42 给出了临界动量系数 $C_{\mu A}$ 与襟翼偏角 δ_f 的关系。

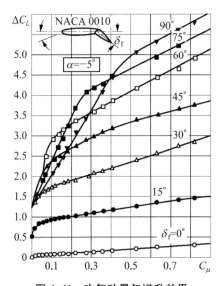

图 4.41 吹气动量与增升效果

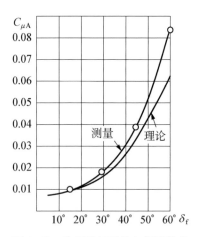

图 4.42 临界动量系数与襟翼偏角

4) 超环量吹气

偏后缘襟翼、吹气边界层控制以及升力系数随喷流动量增加的过程,如图 4.43 所示。

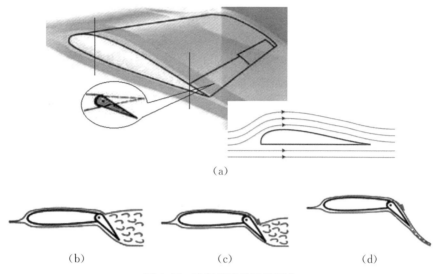

(a)

(b)   (c)   (d)

图 4.43 吹气襟翼的流动演化
(a) 附着流   (b) 襟翼大偏转   (c) 偏转+吹气   (d) 吹气超环量

(1) 襟翼不偏转。

襟翼不偏转,机翼上是附着流。

(2) 襟翼大偏转。

当襟翼偏转较大偏角($\delta_f = 60°$),由于襟翼上表面的气流分离,此时达不到位流理论预计的升力值。

(3) 偏转+吹气。

在襟翼上用一定的 C_μ 吹气能得到预计的升力曲线,此时避免完全分离的最小动量是 $C_\mu = 0.009$。 在这种情况下,动量系数继续增加,升力仍会增加,但对应的迎角减小了。因为很大的襟翼偏角已使翼剖面在低迎角下产生气流分离,吹气后使气流强迫在后面再附着。

(4) 吹气超环量。

随着喷气动量的增加,超过了气流完全附着所需的 C_μ 值,升力也还会增加,这种状态称为"超环量"或"喷气襟翼效应"。对于小动量系数值,升力增加是由边界层控制作用引起的,对较大的动量系数,则是通过超环量。

4.4.2　直接吹气技术

1) 喷气襟翼

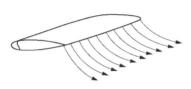

图 4.44　喷气襟翼示意图

如果吹气的动量系数高于临界值 $C_{\mu A}$ 的话,翼型升力系数能够超过位流理论的理论值而继续增加。这个比喷流反作用力高得多的附加升力增量是因为超环量的影响。剩余的动量相当于以"流体襟翼"的形式去伸延了机械式襟翼的弦长,如图 4.44 所示。

2) 展向吹气

展向喷气射流对周围流体的引射作用,使来流产生一个附加扰动速度场,这种扰动速度使大后掠、尖前缘机翼上形成的前缘集中涡比无射流时自然形成的集中涡具有更大的轴向速度和涡量,从而使前缘涡的强度增大,破裂得到延迟。图 4.45 是展向射流与前缘涡相互作用的示意图。

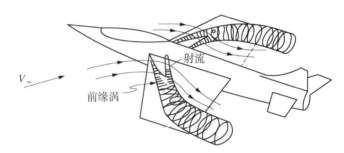

图 4.45　展向射流与前缘涡相互影响

3) 动力转向

装有喷气发动机的飞机,发动机喷口向下偏转,或者螺旋桨发动机的飞机,其桨盘面向下偏转,直接用推力的反作用产生升力,所以又称为"垂直推力装置"。图 4.46 中翼吊喷气发动机布局飞机喷口偏转。此种增升方法不是以上几种用气动原理的增升,是不经济的。

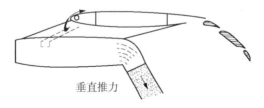

图 4.46　喷气发动机动力转向示意图

4.4.3　各种增升装置的升力量级

1) 机械式与动力增升的比较

动力增升有很高的升力收益,也要付出很多的推力。从总能量的角度是否合算呢? 举一个实际例子来比较。

两架飞机,翼载 $300\ \mathrm{kg/m^2}$,展弦比 $A=8$,都要飞越 $10.5\ \mathrm{m}$ 的障碍物。其中一架有常规的双缝后缘襟翼;另一架是简单或平面襟翼加吹气边界层控制(吹气动量相当于推力值 $T_B=0.5G$)。图 4.47 有吹气和无吹气的起落距离比较。

图 4.47 中以总推力 $(T+T_B)$ 与重力 (G) 之比为函数来反映起落距离的变化。原来,对于一架装有吹气襟翼的飞机,有一定要求的起飞和着陆距离要比常规飞机小得多的总推力就能达到。

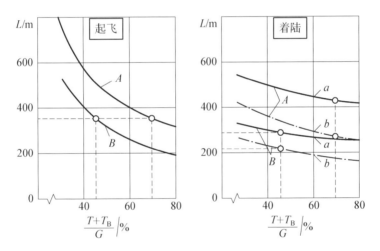

A—双缝襟翼,无吹气;B—简单襟翼,加吹气;a—着陆前拉平;b—着陆前无拉平段

C_j—喷气推力系数,且 $C_j=\dfrac{T}{qS}$(T 是推力,S 是参考面积,q 是动压)。

图 4.47　有吹气和无吹气的起落距离比较

2) 各种增升装置的增升量级

单从能量来比较,动力增升还是合算的。但考虑增升装置的实际使用还有许多其他的要求:重量轻,功率小,设计、生产简单,使用安全、可靠等。在这些方面,机械式增升装置有许多优越之处,使它们在现代民航机上得到独一无二的应用。而动力增升的方法只有在一些研究机和军用飞机中找到。

以上所涉及的几种动力增升装置,有的已由其升力曲线可以找到增升的大致量级(见图 4.48)。

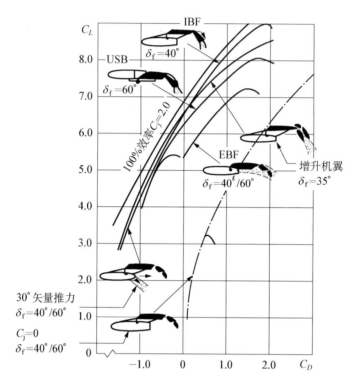

图 4.48　几种动力增升装置增升效果的比较

　　从图可以看到,比较复杂的机械式前、后缘增升装置的最大升力系数一般 $C_{L\max}=2.8\sim3.2$。如果是螺旋桨动力的飞机,滑流可以提高升力,$C_{L\max}=4.5\sim5.5$。动力增升的最大升力可达 $C_{L\max}=9.0$。这是机械式增升装置无法相比的。正由于此,对于短距起落(STOL)和垂直起落(VTOL)就不得不采用此了。

第 5 章　尾翼与操纵面设计

　　飞机在空中飞行,必须确保它的安全,也就是需要具备良好的稳定性和操纵性,对于常规布局的飞机就有安定面和操纵面。

　　一般地说,尾翼是保证飞机的稳定性,水平尾翼是飞机的纵向安定面,垂直尾翼是航向安定面。

　　操纵面是用来保证飞机对三个轴的平衡与操纵,满足飞机平衡与机动性要求。飞机操纵面有升降舵、方向舵、副翼和扰流板。纵向操纵用升降舵,航向操纵用方向舵,横向操纵用副翼和扰流板。有些超声速战斗机要求较高的机动能力,也就要有较高的操纵面效率,尾翼不但起稳定作用,还作为操纵面使用。纵向操纵由全动平尾来实施,航向操纵由全动垂尾来实施。

　　本章主要介绍常规布局飞机的尾翼和操纵面的设计,着重阐述设计思路和设计原理。

　　在第 1 章我们介绍了"飞机总体设计流程",现在看一看"尾翼和操纵面"设计在流程图(见图 1.6)中的位置。

5.1　尾翼的设计

5.1.1　尾翼的布局形式

　　尾翼包括水平尾翼和垂直尾翼,尾翼布局形式是由飞机气动布局确定的。当前可以看到的尾翼布局,除了许多常规的单垂尾布置,还有双垂尾,三垂尾,四垂尾。还有"T"形尾翼,"十"字形尾翼和"H"形尾翼,以及不常见的"V"形尾翼、"Y"形尾翼和环形尾翼。

1) 单垂尾翼布局

（1）亚声速运输机的尾翼。

　　常规布局飞机的单垂尾布置形式是很多的,绝大部分亚声速运输机的尾翼都是单垂尾,是最常见的机身中平尾与单垂尾的组合。例如,"波音"和"空客"系列的大型客机[图 5.1(a)为波音 737 的尾翼布局]。

　　对于发动机吊挂在后机身的飞机,为防止发动机的热喷流打在平尾上,采用"T"形尾翼布置[图 5.1(b)为 MD-80 的尾翼布置]。但是,与上面最常见单垂尾布置相比,平尾上 360°的突风载荷要传递到垂尾来承受,受力较大。

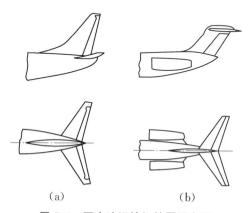

　　　　　　　(a)　　　　　　　　　　　(b)

图 5.1　亚声速运输机的尾翼布局

(a) 波音 737 的尾翼　　(b) MD-80 的尾翼

(2) 超声速战斗机的尾翼。

　　大部分军用战斗机也是单垂尾布置形式。对于超声速战斗机,为了提高航向稳定性,垂尾面积比较大,而且在机身下均增加了腹鳍[图 5.2(a)为米格-21 的尾翼布置],以弥补大迎角飞行的航向稳定性不足。有的飞机还设计使用了较大的背鳍[图 5.2(b)为米格-23 的尾翼布置]。

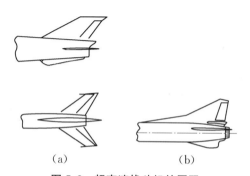

　　　　　　　(a)　　　　　　　　　　　(b)

图 5.2　超声速战斗机的尾翼

(a) 米格-21 的尾翼　　(b) 米格-23 的尾翼

（3）"十"字形尾翼布局。

上面介绍了两种常规的单垂尾形式,最常见的单垂尾和"T"形尾翼,还有介于两种之间的"十"字形尾翼[见图 5.3(c)]。其设计原因也介于这两者之间,是最常见单垂尾和"T"尾的(喷流和受载)折中方案。

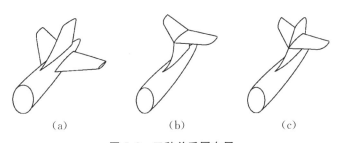

（a）　　　　　　　　（b）　　　　　　　　（c）

图 5.3　三种单垂尾布局

(a)最常见的布置　(b)"T"形尾翼　(c)"十"字形尾翼

2) 双垂尾布局

（1）常见的双垂尾。

双垂尾也有几种不同的形式。比较常见的是垂尾安装在平尾的两端,像两块大端板一样[见图 5.4(a)]。这种布置开始是用于双发螺旋桨动力的飞机,充分利用螺旋桨滑流的增速,提高垂尾和方向舵的效率。在第二次世界大战期间,大部分都是螺旋桨动力的飞机,采用这种布置的比较多,如苏联在卫国战争中建立大功的"Ty-2"轰炸机。

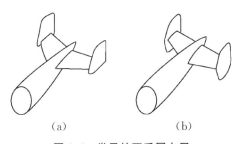

（a）　　　　　　　　（b）

图 5.4　常见的双垂尾布局

(a)常见的双垂尾　(b)"H"形尾翼

超声速飞行,垂尾效率将迅速降低,为了保持航向稳定性,垂尾面积可能要比亚声速飞行大 50% 以上,但这样会带来结构的困难。因此,对于现代超声速战斗机采用双垂尾的形式。

所谓"H"形尾翼基本上是上面的双垂尾,只是把两个垂尾向下延伸一段[见图5.4(b)],以改善不同迎角对航向稳定性的影响,改善平尾的受载情况,也能降低对横向稳定性的影响。水上飞机通常采用这种布局,如苏联的"Be-6"。

(2)"V"形尾翼。

"V"形尾翼是把两个垂尾向外撇一个角度,使其在垂直面内的投影面积起垂尾的作用,在水平面内的投影面积起平尾的作用。理论上,这个斜面的面积小于两个直面面积之和[见图5.5(a)],飞行阻力和结构重量都会小些。但是,其纵向、航向无干扰的操纵是非常困难的。这种布局实际极少看到,只有在个别无人机上使用过。

现代的先进战斗机,也是两个垂尾向外撇一个角度[见图5.5(b)],主要不是为增加航向稳定性,而是为了隐身,减小雷达反射面积。本身有平尾,例如美国的F-22战斗机。

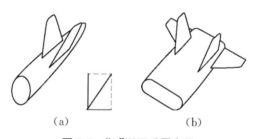

(a)   (b)

图5.5 "V"形双垂尾布局

(a)"V"形垂尾   (b)F-22的尾翼

3) 三、四垂尾布局

三垂尾、四垂尾的飞机可以见到(见图5.6),例如:美国早期改装的E1B、EC121都有三垂尾,其后研制的E2A是四垂尾。此三型飞机都是空中预警机,

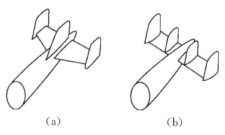

(a)   (b)

图5.6 三垂尾或四布局方案

(a)三垂尾   (b)四垂尾

在机身上方、垂尾之前安装了很大的雷达天线罩,高垂尾受到前面天线罩对来流的阻挡,甚至是天线罩后面分离气流的影响,效率很低。所以采用多个低垂尾以满足飞机航向稳定性的要求。

4) 布局形式的选择

尾翼布局形式是飞机总体气动布局形式的一部分。所以,尾翼布局形式的选择是气动布局设计的任务。

气动布局设计时选择尾翼布局形式主要考虑以下因素。

(1) 飞机用途。

根据飞机的用途选择尾翼布局形式。一般的旅客机和运输机大多采用单垂尾布局形式。最常见的翼吊发动机飞机是机身中平尾与单垂尾的组合。对于尾吊发动机的飞机采用"T"形尾翼布局。

大部分双发螺旋桨动力的飞机采用双垂尾布局形式。现代的先进战斗机为了隐身也选择双垂尾。特殊用途的飞机,例如空中预警机,选用三垂尾或四垂尾。

(2) 飞行速度。

尾翼的选择还与飞行速度有关。超声速飞行时垂尾效率将迅速降低,故采用双垂尾的形式。有的超声速战斗机也是单垂尾布局,增加腹鳍或者设计较大的背鳍以提高航向稳定性。

(3) 效率特性。

尾翼的选择归根到底是提高它的气动效率。不同用途的飞机、不同的飞行速度选择不同形式的尾翼布局都是为了得到比较高的气动效率。

5.1.2　尾翼设计要求与流程

1) 尾翼设计的基本要求

尾翼气动设计的主要任务是:选择尾容量,确定平面形状(与翼型厚度)和尾翼的相对位置,以增加尾翼的效率。

尾翼气动设计有以下基本要求:

(1) 基本的稳定性和操纵性。

要在飞机的飞行包线范围内,使所有构型,所有使用重量、重心均能保证其稳定性,包括满足在放宽静稳定性条件下的稳定性要求。如果使用全动平尾和全动垂尾,还应满足飞机操纵性的要求。

(2) 满意的失速与尾旋特性。

尾翼的操纵效率应使飞机有满意的失速特性,当驾驶飞机无意中超过临界迎角时,仍能有足够的操纵效能。

对高机动性的飞机,飞机进入尾旋后仍能有改出、转入俯冲状态的能力。对后机身吊挂发动机的"T"形尾布局,要具有从深失速改出的能力。

(3) 良好的超临界飞行特性。

尾翼的激波失速要迟于机翼。在机翼超过临界马赫数飞行时,保证尾翼还有满意的效率。

(4) 较低的配平阻力特性。

尾翼的配平阻力较低。在巡航时配平阻力不超过总阻力的 10%;对长航程飞行的飞机,配平阻力不得超过总阻力的 5%。

2) 尾翼设计的一般流程

尾翼设计的一般步骤(见图 5.7)如下所述:

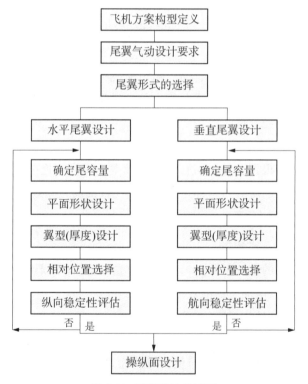

图 5.7　尾翼设计的流程

(1) 设计依据。

根据飞机总体技术要求、气动布局提出的设计指标和约束条件(飞机总体构型定义)和尾翼气动设计的基本要求,作为设计依据,开始尾翼的设计。

（2）形式选择。

首先选择尾翼的布局形式,例如:单垂尾、双垂尾还是多垂尾。如果采用单垂尾的形式,是上平尾、下平尾还是"T"形尾。

（3）尾容量选择。

尾翼设计最重要的是提高尾翼效率。决定效率的最主要因素是尾翼的尾容量,所以,根据飞机纵、航向的稳定性要求,选择尾容量。

（4）平面参数设计。

尾翼的平面形状是影响效率的重要因素。平面参数包括后掠角、展弦比和梢根比,而后掠角必须与翼型的相对厚度同时组合考虑。

（5）相对位置的选择。

尾翼与机身、平尾与垂尾间的相对位置对尾翼效率也有较大影响。尾翼位置在选择形式时已经有所考虑,在确定尾容量和平面参数之前基本选定。三者还需配合、调整。

（6）稳定性评估。

然后对纵、航向稳定性做初步的评估。如果基本满足要求,则进行操纵面的设计;若没有满足要求,进行再一次循环的设计。

5.1.3 水平尾翼的设计

1）纵向静稳定性

在第 1 章"3.4 飞机的重心前、后限"中已经交代过"飞机重心与焦点的关系"。对于纵向自然静稳定的飞机,飞机的重心一定要在焦点之前。俯仰力矩曲线的斜率为负的飞机才稳定。飞机的重心后限是由其纵向静稳定性决定的,纵向静稳定性是由其平尾效率决定的。

2）水平尾翼效率

飞机的静稳定度是由它的焦点位置确定的。对于常规(有尾)布局的飞机,焦点可表示为

$$\bar{x}_F = \bar{x}_{F.WF} + k_q C_{L\alpha,H}(1 - \varepsilon_\alpha)\frac{S_H l_H}{S c_A} \tag{5.1}$$

式中,$\bar{x}_{F.WF}$ 为翼身组合体的焦点(相对)位置;k_q 为平尾处的速度阻滞系数;$C_{L\alpha,H}$ 为平尾的升力线斜率;ε_α 为平尾处下洗率;S_H 为平尾的面积;l_H 为平尾的力臂;S 为机翼参考面积;c_A 为机翼的平均气动弦长;下标 H 表示平尾。

平尾效率——许多飞机的水平尾翼是不能偏转的。所以,这里说的"平尾效率"是单位迎角变化时平尾产生的全机俯仰力矩系数。

$$C_{m\alpha H} = \frac{dC_{m.H}}{d\alpha} = k_q C_{L\alpha, H}(1-\varepsilon_\alpha)\alpha \frac{S_H l_H}{Sc_A} \tag{5.2}$$

式中,α 为飞机迎角(°)。比较式(5.1)和式(5.2)可以看到,在翼身组合体焦点位置一定的条件下,水平尾翼的效率越高,飞机焦点位置越靠后,飞机静稳定度越大。而决定平尾效率有三个主要因素:

(1) 平尾的尾容量 $V_H = \dfrac{S_H l_H}{Sc_A}$。

(2) 平尾的升力线斜率 $C_{L\alpha, H}$。

(3) 平尾处的当地下洗率 $(1-\varepsilon_\alpha)$。

3) 尾容量的选择

平尾尾容量 V_H 与平尾效率成正比。所以,平尾面积越大,尾臂越长,平尾效率越高,飞机的纵向静稳定性越好。

在飞机的初步(方案)设计阶段,可以用统计方法估算。在方案设计比较深入的时候,可以由总体布局初步确定的后重心来校核尾容量的选择,并进行飞机后重心与其焦点位置的调整。

国外民用运输机平尾尾容量的统计见表 5.1,军用战斗机平尾尾容量的统计如表 5.2 所示。

保证飞机的纵向静稳定性是确定水平尾翼尾容量的重要依据,但不是唯一依据。还有操纵期望参数 CAP 以及地面滑跑稳定性等。对于可调平尾安装角的现代大型亚声速运输机,平尾还作为操纵面使用,所以其尾容量还与飞机的前重心有关。尾容量选择可以采用绘制如图 5.8 所示的"剪刀图"的方法来选择。("剪刀图"的具体构成和使用请参考《飞机设计手册:第 6 册 气动设计》第 1 章 1.4.1 水平尾翼,这里不做详细介绍。)

在平尾尾容量和飞机重心位置的参数平面上,根据各种稳定性和操纵性要求绘制不同的左、右边界线,从图 5.8 中可以看到,平尾尾容量越大,飞机的前、后重心范围也越大。

超声速战斗机,从亚声速到超声速飞行时,飞机焦点迅速后移(理论上,机翼压心由 $25\%c_A$ 后移至 $50\%c_A$),重心距焦点的距离迅速增大,要求平衡的力矩也迅速增大,而升降舵本身的效率随 Ma 的增加不断下降,因此,仅靠升降舵很难平衡飞机,要采用全动平尾。

选定了平尾尾容量便可确定平尾的面积和尾臂。对于现代战斗机,一般尾容量 V_H 在 $0.2\sim0.3$ 之间,相对面积(S_H/S_m)为 $18\%\sim25\%$。大型运输机一般尾臂都比较长,尾容量 V_H 比战斗机的大很多,甚至在 1.0 以上,相对面积也稍大一些,(S_H/S_m)为 $20\%\sim30\%$。

表 5.1　国外民用旅客机平尾尾容量的统计

型号	尾容量	相对面积
空客 A300	1.068	0.267
空客 A320	1.062	0.253
空客 A340	0.787	0.20
空客 A380	0.633	0.24
波音 707-320	0.571	0.205
波音 727-200	0.814	0.221
波音 737-300	1.363	0.344
波音 747-200	0.887	0.267
波音 767	0.799	0.274
波音 787	0.73	0.21

注:相对面积为平尾相对机翼的面积;表中数据的是估算数据。

表 5.2　国外军用战斗机平尾尾容量的统计

型号	尾容量	相对面积
MiG-21	0.237	0.170
MiG-23	0.483	0.203
MiG-25	0.220	0.180
Su-27	0.220	0.200
F-4	0.258	0.174
F-5E	0.291	0.178
F-15	0.232	0.186
F-16	0.203	0.145
F-22	0.197	0.171
Mirage* 2000	0.358	0.250

* Mirage 即"幻影"。

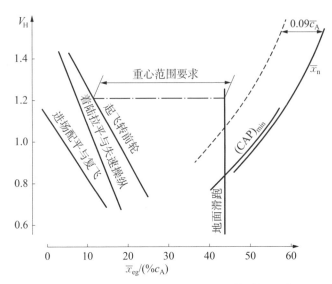

图 5.8 平尾尾容量和飞机重心位置的"剪刀图"

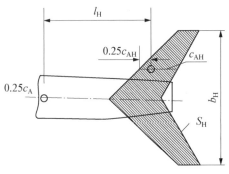

图 5.9 平尾面积和尾臂

根据国家标准 GB/T 16638.3 的定义：如果水平尾翼穿越机身，平尾面积 S_H 包括其穿越机身部分（见图 5.9 的阴影线）。不包括穿越机身部分的平尾称为"外露平尾"，在计算尾容量和平尾效率时使用外露平尾面积比较合理。

尾臂 l_H 为平尾平均气动弦 1/4 弦点至机翼平均气动弦 1/4 弦点之间的距离。

4) 平尾平面参数的设计

影响平尾升力线斜率 C_{LaH} 的因素是平尾的平面形状和翼型。单独平尾几何参数对其气动特性的影响实际上与机翼是类似的，这里讨论后掠角、展弦比、梢根比和相对厚度的选择。

（1）后掠角与相对厚度。

翼型平均相对厚度通常与后掠角组合一起选择，使平尾临界 Ma 数大于机翼的临界 Ma 数。并在设计俯冲 Ma 数时，尾翼上不产生强的激波。

对亚声速飞机平尾后掠角应大于机翼后掠角，以免压缩性影响过早出现。在高亚声速民机的初步设计阶段，可根据设计俯冲 Ma 数使用如图 5.10 所示选择外露平尾平均相对厚度与后掠角的组合。

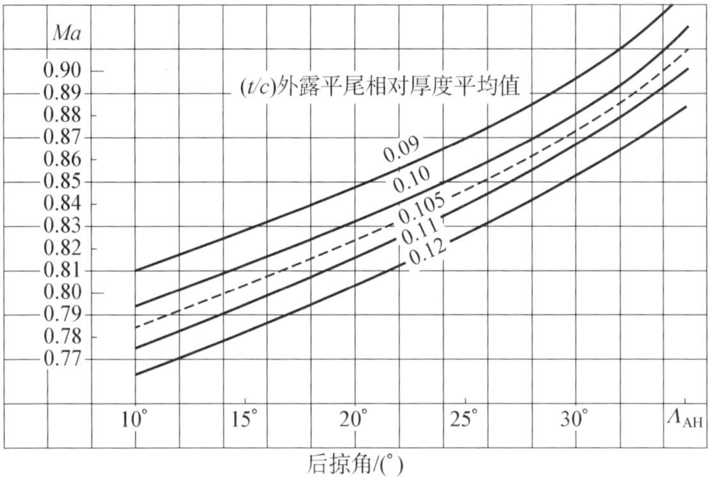

图 5.10　平尾相对厚度和后掠角与 Ma 数的关系

亚声速运输机,尾翼后掠角应大于机翼后掠角($2°\sim3°$),相对厚度为 $9\%\sim$
12%。超声速战斗机,通常力求获得亚声速前缘尾翼,即尾翼的前缘处于扰动锥
内,实际上尾翼的后掠角比机翼的后掠角大 $3°\sim5°$,相对厚度为 $4\%\sim6\%$,甚至
更小,为 $3\%\sim4\%$(图 5.10 中的相对厚度最小 9% 是针对大型民用飞机的,再薄
的翼型只能使用外插法得到其大致趋势)。

（2）展弦比。

展弦比对平尾的升力线斜率有明显影响,增加展弦比可提高平尾的气动效
率,减少所需的平尾面积,并可降低巡航配平阻力,特别是高平尾布局。但是,展
弦比过大会降低平尾失速迎角,并且增加平尾的结构重量。一般平尾展弦比要
小于机翼,对高亚声速民用飞机,平尾展弦比为 $3\sim5$。

（3）梢根比。

梢根比对平尾气动效率影响较小,但若梢根比太小,失速特性不好。对低平
尾布局,机身对平尾的屏蔽作用较大。从结构重量考虑,选择小的梢根比可降低
结构重量。所以,一般取中等的梢根比 $0.3\sim0.5$ 是比较合适的。水平尾翼平面
参数(后掠角、展弦比和梢根比)对升力线斜率的综合影响如图 5.11 所示。

（4）统计数据。

国内、外民用运输机平尾平面参数的统计如表 5.3 所示,军用战斗机的统计
如表 5.4 所示。

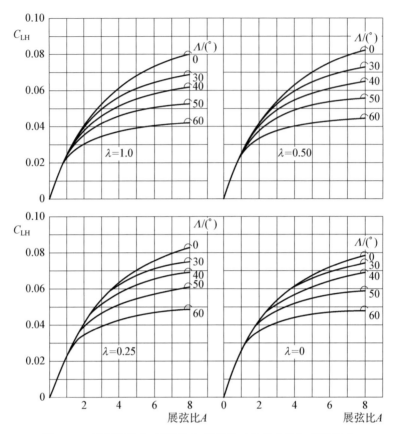

图 5.11　平尾后掠角、展弦比和梢根比对其升力线斜率的影响

表 5.3　国外民用运输机平尾平面参数的统计

型号	展弦比	后掠角/(°)	梢根比
空客 A300	3.81	34	0.42
空客 A320	5.00	28	0.33
空客 A340	5.27	30	0.38
空客 A380	4.48	34	0.38
波音 707 - 320	3.37	35	0.42
波音 727 - 200	3.40	36	0.38
波音 737 - 300	5.15	30	0.26
波音 747 - 200	3.57	32	0.265
波音 767	4.46	32	0.20
波音 787	5.05	37	0.24

注：表中后掠角为平尾 1/4 弦线的后掠角；表中均为估算数据。

表 5.4　国外军用战斗机平尾平面参数的统计

型号	展弦比	后掠角/(°)	梢根比
Mir - 21	1.72	59	0.420
Mir - 23	1.84	56	0.308
Mir - 25	2.67	48	0.429
Su - 27	2.45	45	0.294
F - 4	3.30	47	0.202
F - 5E	2.98	33	0.342
F - 15	2.88	50	0.333
F - 16	2.60	40	0.300
F - 22	2.01	48	0.179
Mirage 2000	2.28	50	0.323

注：表中后掠角为平尾的前缘后掠角。

5) 平尾位置的选择

水平尾翼处于机翼的下洗和速度阻滞区内,对平尾效率影响较大,所以,其位置的选择要避开翼身组合体的强洗流区。平尾位置主要是相对机翼弦平面的上、下位置和相对机翼后缘的前、后位置,另外,要尽量减小与垂尾的相互干扰。

小迎角飞行,机翼弦平面位置的下洗和速度阻滞最强,离开弦平面越远,影响越小。迎角增大,机翼的环量增大,下洗角也增大,最强区上移。因此,采用中、下平尾,在大迎角时效率较高,并可消除力矩上仰趋势。

机翼尾迹的高低位置与离机翼后缘的前后距离有密切关系。平尾离机翼越远,尾迹对高平尾影响越小,平尾避开强洗流区的高度可以增大。

除此之外,机翼的平面形状,前、后缘增升装置的偏转,发动机的尾喷流,还有空气压缩性,静气动弹性,都对平尾效率有不同程度的影响。当然没有前述的因素影响明显,这里不再赘述。

5.1.4　垂直尾翼的设计

1) 航向静稳定性

垂直尾翼设计最基本的要求是必须保证飞机有足够的航向稳定性。垂尾上还有方向舵,甚至是全动垂尾,所以,还要考虑操纵性。

(1) 满足良好的横航向稳定性与操纵性品质。

(2) 多发动机飞机在临界发动机失效后的操纵。

(3) 侧风着陆稳定与操纵。

（4）满足机动要求和改出尾旋的操纵。

2) 垂直尾翼效率

垂尾效率与平尾效率相似。对于常规（有尾）布局的飞机，一般垂直尾翼是不能偏转的。所以，"垂尾效率"是单位侧滑角变化时垂尾所产生的全机偏航力矩系数。

公式为

$$C_{n\beta V} = \frac{\mathrm{d}C_{nV}}{\mathrm{d}\beta} = k_q C_{c\beta V}(1-\sigma_\beta)\beta\frac{S_V l_V}{Sb} \tag{5.3}$$

式中，β 为侧滑角（°）；k_q 为垂尾处的速度阻滞系数；$C_{c\beta V}$ 为垂尾侧力系数随侧滑角（°）的变化率；σ_β 为垂尾处侧洗率，为侧洗角 σ 随侧滑角 β 的斜率；S_V 为垂尾的面积；l_V 为垂尾的力臂；S 为机翼参考面积；b 为机翼的展长；下标 V 表示垂尾。

与平尾相似，决定垂尾效率也是三个主要因素：

（1）垂尾的尾容量 $V_V = \dfrac{S_V l_V}{Sb}$。

（2）垂尾的升力线斜率 $C_{La V}$。

（3）垂尾的位置：当地的速度阻滞、侧洗和三维效应。

飞机侧滑飞行时，侧滑角相当于垂尾的迎角，垂尾的升力就是飞机的侧向力。在小或中等侧滑角范围内，侧向力随侧滑角的增大而增加。但是，在大侧滑角范围时，侧向力不但不增加反而会降低。为了能保持在大侧滑角时的垂尾效率，通常使用垂尾的腹鳍或称背鳍［见图 5.2(b)］。

垂尾效率还与迎角有关，垂直尾翼装在机身上，小迎角时机身与垂尾的相互干扰是有利的。有侧滑时机身影响引起的垂尾的气动力增加，这是由于机身上、下侧向流速的增加。在中等和大迎角对垂尾效率有显著影响的还有在垂尾区的气流阻滞，它是由飞机的某些部件、装在机身上的附加物以及机身本身的形状造成的。一般来说，大迎角时其他部件对垂尾的干扰使航向稳定性 C_{n_β} 降低，甚至使航向变成不稳定。在飞机飞行速度进入超声速后，垂尾效率将迅速降低，可能出现航向不稳定。为了保持航向稳定性，高速飞机采用腹鳍［见图 5.2(a) 和(b)］。此外，垂尾效率还应考虑静气动弹性影响。

3) 尾容量的选择

垂直尾翼的尾容量的定义为

$$V_V = \frac{S_V l_V}{Sb} \tag{5.4}$$

式中各量如前所述。

　　对于有曲线形机身尾段的飞机,一般以当量垂尾面积来折算其几何特性。垂尾根弦为平行于机身构造水平线的直线,根弦前部埋在机身里的面积 ΔS_1 等于根弦后部露出机身外的面积 ΔS_2。垂尾面积如图 5.12 的阴影线所示,尾力臂为垂尾平均气动弦 1/4 弦点至机翼平均气动弦 1/4 弦点之距离。

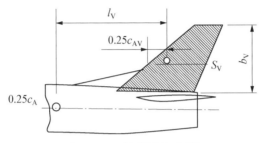

图 5.12　垂尾面积与尾臂

　　在飞机的初步(方案)设计阶段,可以用统计方法(见表 5.5 和表 5.6)估算。在方案设计比较深入的时候,以评估飞机操稳品质,以此校核尾容量的选择,并进行面积和尾臂的调整。

　　国内、外民用运输机和军用战斗机垂尾尾容量的统计表中的相对面积为垂尾相对机翼的面积(见表 5.5 和表 5.6)。

表 5.5　国外民用旅客机垂尾尾容量的统计

型号	尾容量	相对面积
空客 A300	0.097	0.174
空客 A320	0.087	0.18
空客 A340	0.057	0.13
空客 A380	0.049	0.13
波音 707 - 320	0.051	0.108
波音 727 - 200	0.090	0.209
波音 737 - 300	0.12	0.254
波音 747 - 200	0.076	0.151
波音 767	0.068	0.163
波音 787	0.047	0.11

注:表中是估算数据;相对面积为垂尾相对机翼的面积。

表 5.6 国外军用战斗机垂尾尾容量的统计

型号	尾容量	相对面积
MiG - 21	0.26	0.21
MiG - 29	0.19	0.21
F - 4	0.13	0.13
F - 5E	0.17	0.20
F - 15	0.16	0.19
F - 16	0.20	0.20
Jaguar*	0.23	0.17

* Jaguar 即"美洲虎"。

选定了垂尾尾容量便可确定垂尾的面积和尾臂。平尾尾容量的特征长度是机翼的平均气动弦长 c_A,垂尾尾容量的特征长度是机翼的展长 b,所以,垂尾尾容量要比平尾尾容量小一个机翼展弦比的量级。

对于大型运输机展弦比较大,垂尾尾容量 V_V 一般在 0.1 的量级。相对面积比平尾小一些,S_V/S 为 $18\%\sim24\%$。现代战斗机的展弦比较小,一般尾容量比大型运输机的要大,V_V 在 0.2 的量级。相对面积 S_V/S 为 $16\%\sim22\%$。

4) 垂尾平面参数设计

(1) 后掠角与相对厚度。

与平尾设计相似,垂尾的后掠角与相对厚度也要组合在一起选择,以满足在设计俯冲马赫数时,垂尾上不产生强的激波。在初步设计阶段,可根据设计俯冲马赫数,使用图 5.13 选择垂尾暴露部分的平均相对厚度与后掠角的组合。

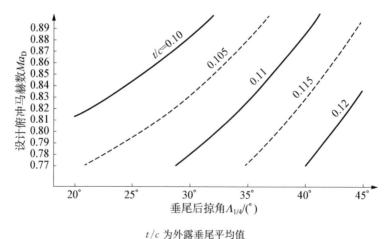

t/c 为外露垂尾平均值

图 5.13 垂尾的平均相对厚度与后掠角的组合

对于平尾布置在垂尾顶部的高平尾布局,增大垂尾后掠角可以同时增大垂尾与平尾的尾力臂,但此时不必降低相对厚度,因为对高平尾布局,提高垂尾刚度是很重要的。

（2）展弦比。

垂尾展弦比对偏航力矩的贡献有直接影响,偏航力矩系数 C_n 近似正比于垂尾展弦比（A_v）的 1/3,但过高的展弦比会降低失速迎角,对高平尾布局,要取较小的展弦比,以提高垂尾本身刚度和降低重量。

（3）梢根比。

梢根比对航向稳定性影响很小,它的选取主要从结构重量和刚度考虑。对高平尾布局的飞机要选取较大的梢根比。

（4）统计数据。

国内、外民用运输机垂尾平面参数的统计如表 5.7 所示,军用战斗机的统计如表 5.8 所示。

表 5.7　国外民用旅客机垂尾尾容量的统计

型号	展弦比	后掠角/(°)	梢根比
空客 A300	1.64	40	0.365
空客 A320	1.6	35	0.35
空客 A340	1.52	41	0.47
空客 A380	1.65	40	0.41
波音 707 - 320	1.70	30	0.41
波音 727 - 200	0.64	53	0.78
波音 737 - 300	1.56	35	0.31
波音 747 - 200	1.34	45	0.33
波音 767 - 200	1.76	39	0.306
波音 787 - B	1.74	40	0.32

注：表中后掠角为垂尾 1/4 弦线的后掠角,是估算数据。

表 5.8　国外军用战斗机垂尾平面参数的统计

型号	展弦比	后掠角/(°)	备注
MiG - 21	0.26	48	
MiG - 29	0.19	51.5	双垂尾
F - 4	0.13	65	
F - 5E	0.17	35.5	

（续表）

型号	展弦比	后掠角/(°)	备注
F-15	0.16	37	双垂尾
F-16	0.20	48	
Mirage 2000			

注：表中后掠角为垂尾的前缘后掠角。

5）垂尾位置的选择

（1）垂尾与平尾的相对位置。

根据"机身尾段一体化设计"的概念，平尾和垂尾的纵向位置应该错开排列。飞机纵向面积分布变化平缓，可以降低高速巡航阻力。还可防止大迎角尾旋时平尾的分离气流对垂尾和方向舵的遮挡，改善低速失速特性，对高机动性飞机，易于从尾旋中改出。

垂尾与平尾的相对位置对垂尾效率有很大影响。平尾安装在垂尾上时，平尾位置愈靠近垂尾顶端，愈能增强平尾对垂尾的端板效应。

（2）垂尾与机身的相对位置。

垂直尾翼安装在机身上，机身对垂尾的端板效应增加了有效展弦比 A_{eff}。垂尾的展弦比要计入机身和平尾的端板效应。

5.2　操纵面的设计

5.2.1　操纵面的布局形式

飞机有纵向、航向和横向三个方向的操纵，这里简单介绍这三个方向的、各种不同气动布局形式的操纵面。

1）纵向操纵面

（1）升降舵。

对于常规布局的飞机（见图 2.29 中的常规气动布局飞机），都有水平尾翼，纵向操纵面主要是升降舵。

（2）全动平尾。

对于军用战斗机，只用升降舵不能满足作战高机动的要求，（法向过载大于8），故采用全动平尾。尤其在跨、超声速飞行时，升降舵效率下降了 50%，而且，从亚声速过渡到超声速时，焦点大幅度后移，纵向稳定力矩剧增，需要相当大的操纵力矩来满足飞机机动要求。所以只能采用全动平尾。

对于现代大型客机,单靠升降舵不足以平衡较大的低头力矩,通常采用带升降舵的可调水平安定面。飞机平衡靠水平安定面,操纵使用升降舵。特别是在飞机处于前重心位置时,起飞前将水平安定面预先上调一定的偏度,滑跑至抬前轮的速度,再用升降舵操纵,就可以顺利地抬起前轮,达到起飞姿态。这种带升降舵的可调水平安定面也可视为全动平尾。

(3) 鸭翼。

"鸭式"布局的飞机,在机翼前安装鸭翼作为全动平尾实现纵向操纵[见图 2.30(a)]。在大迎角下,"鸭式"能提供较大的纵向力矩增量。三面翼布局的飞机[见图 2.30(c)],鸭翼和全动平尾同时操纵,力矩增量更大,对于高机动性战斗机非常有利。

(4) 升降副翼。

对于无尾三角翼布局[见图 2.30(b)]和飞翼布局[见图 2.31(a)]的飞机,没有水平尾翼,利用安装在机翼后缘的副翼作为升降舵使用,副翼上、下对称偏转实现纵向操纵。所以,这种副翼称谓"升降副翼"。

2) 航向操纵面

(1) 方向舵。

常规布局的飞机都有垂直尾翼,航向操纵面主要是方向舵。对特种用途的大型飞机,例如机背上有圆环形天线的预警机,或者机背驮运大尺寸货物的运输机采用双垂尾或多垂尾(见图 5.4 和图 5.6),操纵面也是两个或多个方向舵。

(2) 全动垂尾。

军用作战飞机在超声速飞行时方向舵效率大大下降,故应采用全动垂尾,甚至是双全动垂尾。

3) 横向操纵面

(1) 副翼。

最常见的横向操纵面是副翼。但是,副翼的展长受到后缘襟翼的限制,尤其对于大后掠角机翼,副翼效率比较低。在大速度飞行时还可能出现副翼反效。因此,扰流板成为又一种横向辅助操纵面。

(2) 扰流板。

扰流板原本是一种减速装置。它的不对称偏转会在机翼上产生不对称升力而形成滚转力矩,实现横向操纵。在飞机着陆时,需修正航向或平衡侧风,经常可以看到扰流板的偏转。但是,扰流板过分小的偏转角度几乎不起作用。

（3）差动平尾。

差动平尾是通过全动平尾的不对称偏转产生滚转力矩，从而实现横向操纵。可以想到，由于它相对于重心的力臂很短，效率不会太大。但是，机翼上没有副翼，采用差动平尾可以布置全翼展襟翼，从而改善飞机的起落性能。

4) 布局形式的选择

所谓"操纵面布局形式的选择"是不确切的，其实操纵面形式没有多大的选择空间。飞机的总体气动布局选定之后，尾翼的形式也已基本选定。机翼与尾翼选定之后，操纵面就在已定的机翼、尾翼上布置，所以，几乎不能有什么选择。

5.2.2　操纵面设计的要求与流程

首先介绍纵、横、航向操纵面设计的基本要求。

1) 纵向操纵面的设计要求

纵向操纵面有升降舵、全动平尾或升降副翼。设计要求主要考虑下述几方面：

（1）起飞和着陆的操纵。

飞机起飞时，在地面滑跑阶段，要求在最前重心位置，纵向操纵面能产生足够的抬头力矩，使飞机在给定的滑跑（起飞抬前轮）速度下抬起前轮，达到起飞姿态（迎角）。在着陆时，满足着陆配平的要求，并留有一定的操纵余量。

（2）一定的机动能力。

在飞行包线范围内，纵向操纵能够达到一定过载要求，特别是超声速机动能力。

（3）大迎角低头控制。

飞机在低速大迎角飞行时，纵向操纵要求有大迎角时的俯仰操纵控制能力。尤其是对于现代放宽静稳定度的飞机。

2) 航向操纵面的设计要求

航向操纵面是指方向舵或全动垂尾。设计要求主要考虑下述几方面：

（1）侧风起飞着陆。

起飞着陆过程中，航向操纵面应具有平衡侧风，保持航向的能力。这是航向操纵最常应用的判据。

（2）临界发动机停车。

起飞滑跑过程中，如果临界发动机突然停车，因非对称推力产生的偏航力矩，要求仅使用航向操纵面操纵，有能力使飞机保持直线轨迹，继续起飞或中断起飞。

（3）协调机动飞行。

在飞机做绕速度轴滚转时，因副翼偏转而产生的偏航力矩，航向操纵面必须具有平衡偏航力矩的能力。这一要求在低速大迎角状态尤其重要。

（4）尾旋改出要求。

要求飞机在失速或进入尾旋时，航向操纵面应具有从失速或尾旋中改出的航向操纵能力。

（5）非对称外挂。

对于军用战斗机，要求在所有飞行条件下，航向操纵面都应具有平衡由机翼非对称外挂引起的偏航力矩的能力。特殊情况下，还要考虑平衡非对称武器在机上发射时产生的偏航力矩。

（6）超声速操纵效率。

由于在超声速飞行时方向舵（或全动垂尾）效率总是下降的，因此应仔细选择它的几何形状和尺寸，以保证飞机在超声速飞行的航向操纵面效率。

3）横向操纵面的设计要求

横向操纵面有副翼、扰流板和差动平尾。设计要求主要考虑下述几方面：

（1）任务要求的滚转速率。

飞机在做滚转机动时，以给定时间内的滚转角的变化来表示滚转能力。对于不同类别飞机，滚转速率的需要是不同的。军、民机的要求差别较大。

（2）起飞与着陆的滚转。

在飞机起飞着陆时，为了保证操纵能力和飞行安全，飞机应有一定的滚转机动能力。

（3）非对称飞行的操纵。

非对称飞行状态主要有双发飞机的单发停车和侧风着陆以及由军用战斗机不对称外挂装载而产生滚转力矩，横向操纵面必须具有平衡此滚转力矩的能力。

（4）失速和尾旋的改出。

飞机在失速或进入尾旋时要求有一定的横向操纵能力，以便从失速或尾旋中改出。

4）操纵面设计的一般流程

图 5.14 给出了操纵面设计的一般流程。操纵面设计的步骤通常是：

（1）操纵面设计要求。

根据飞机气动布局方案构型定义以及机翼、尾翼的设计结果，明确各个操纵

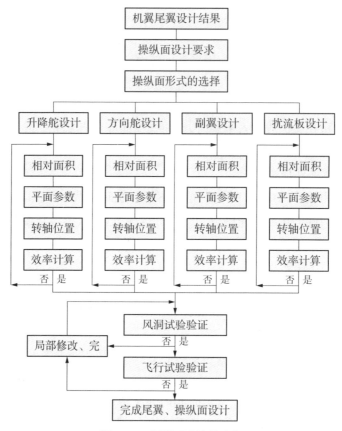

图 5.14　操纵面设计的流程

面的设计要求。

（2）选择操纵面形式。

根据操纵面设计要求，参考机的操纵面的统计分析，选择操纵面的形式。

（3）进行操纵面设计。

a. 确定相对面积：与飞机尾翼设计类似，操纵面设计首先是确定其尾容量。操纵面都是在机翼或尾翼上布置，其位置基本确定，故尾臂大致已定，所以需要确定操纵面（升降舵、方向舵）相对于尾翼或副翼、扰流板相对于机翼的面积。

b. 选择平面参数：操纵面的平面和剖面形状是由尾翼或机翼的设计已经决定，所以不需要平面和剖面的设计。操纵面的平面参数是指其在尾翼或者机翼上的展向位置和相对弦长。

c. 选择转轴位置：操纵面偏转有个转动轴，转轴位置靠前，操纵效率高，但铰链力矩大;转轴位置偏后,影响操纵面的效率。

d. 计算操纵面效率:操纵面初步设计后进行效率计算,使其必须满足设计指标的要求。

e. 风洞试验验证:以上仅为理论计算设计,是否正确、可靠还需要进行风洞试验得到验证。

f. 原型机飞行试验:尾翼和操纵面的设计至此还没有最后完成,在以上工作的基础上进行飞行试验。根据飞行记录数据、驾驶员评语再做局部设计修改,最终达到良好的飞行品质和驾驶员满意的感觉为止。

5.2.3　操纵面的气动设计

根据操纵面的设计要求、飞行条件(速度、高度)和选定形式,进行操纵面的气动力设计。确定相对面积、平面参数及头部形状、操纵面偏角和铰链轴位置。

现代高速飞机采用助力操纵系统,主要应考虑舵面效率。对于人工飞行操纵系统的飞机,在注重舵面效率的同时还需注意铰链力矩及其补偿形式。

本节将介绍纵、航、横向最常见的操纵面气动设计:升降舵、方向舵、副翼和扰流板。在飞机气动布局的初始设计阶段,往往以经验统计来选择操纵面形式和确定几何尺寸,因此推荐早期飞机操纵面的一些统计数据。

1) 升降舵的设计

最常见的纵向操纵面是升降舵。通过升降舵偏角的改变,使飞机在不同迎角下取得纵向力矩的平衡,同时也可实现在纵向对称面内的机动飞行。

(1) 升降舵效率。

升降舵的气动设计首先从升降舵效率的分析开始。

升降舵效率可简写为

$$C_{m\delta e} = -k_q C_{LaH} \frac{S_H I_H}{S c_A} \eta_e \tag{5.5}$$

式中,k_q 为平尾处的速度阻滞系数;C_{LaH} 为平尾的升力线斜率;S_H 为平尾面积;l_H 为平尾尾臂;S 为机翼面积;c_A 为机翼平均气动弦长;η_e 为升降舵面积的转换因子,对于无后掠的直平尾 $\eta_e = \sqrt{S_e/S_H}$,对于有后掠的斜平尾 $\eta_e = \sqrt{S_e/S_H} \cos \Lambda_e$。式中,$S_e$ 为升降舵面积;Λ_e 为升降舵前缘后掠角。

可见升降舵效率 $C_{m\delta e}$ 与平尾的尾容量 $V_H = \dfrac{S_H l_H}{S c_A}$、平尾的升力线斜率 C_{LaH} 有直接关系,还与升降舵相对于平尾的面积、升降舵前缘后掠角 Λ_e 有关。

前两者 V_H 和 $C_{m\delta e}$，在第 1.3 节"水平尾翼的设计"中已经做了介绍，所以升降舵的气动设计是平面参数、舵面偏角和铰链轴位置的设计。

（2）平面参数设计。

a. 相对面积：升降舵相对于平尾的面积 S_e/S_H 与飞机总体大小（以机翼面积体现）和重心前限密切相关。在初步设计阶段，可以参照图 5.15 来选取。从图中的变化趋势看到，大型飞机的升降舵面积要比小型飞机的小一些。

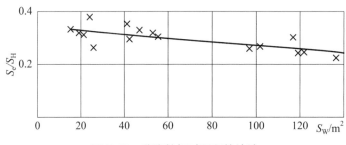

图 5.15　升降舵相对面积的统计

b. 前缘后掠角：升降舵的前缘后掠角取决于水平尾翼的前缘后掠角（见第 5.1.3 节"水平尾翼的设计"）。升降舵一般在平尾上是全翼展布置，相对面积选定之后，相对弦长随之确定。等百分比弦长的升降舵前缘后掠角也就基本确定，只是内、外弦长有些较小的调整。特殊情况下，选择不等百分比弦长的升降舵，根据特殊要求做特殊处理。

c. 统计数据：表 5.9 给出了国外民用旅客机的升降舵平面参数，升降舵相对面积和内、外弦长。

对于现代军用战斗飞机，大多是全动平尾，没有升降舵，也就没有可参考的统计数据。

表 5.9　国外民用旅客机的升降舵平面参数

飞机型号	相对面积	相对弦长
波音 727 - 200	0.25	0.29/0.31
波音 737 - 300	0.24	0.24/0.34
波音 747 - 200	0.24	0.29
波音 757 - 200	0.25	0.29/0.38
波音 767 - 200	0.23	0.30/0.25
波音 787	0.28	0.33/0.30

（续表）

飞机型号	相对面积	相对弦长
空客 A300	0.26	0.35
空客 A310	0.26	0.33/0.30
空客 A320	0.24	0.30/0.30
空客 A340	0.29	0.36/0.34
空客 A380	0.25	0.30/0.30
Ty - 154	0.18	0.27/0.25
BAE 146 - 200	0.39	0.42/0.44

（3）最大偏度的选择。

升降舵偏角也受其失速特性的限制,除上节所提到的平尾诸多因素影响外,还与所在的平尾参数有关,图 5.16 可以大致了解升降舵偏度与纵向力矩的关系。通常升降舵最大上偏 25°~30°,最大下偏 15°~20°。

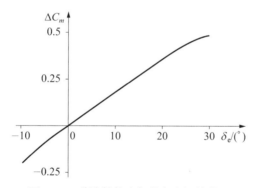

图 5.16　升降舵偏度与纵向力矩的关系

（4）铰链轴位置的选择。

升降舵转轴位置的前、后,是操纵效率和铰链力矩的协调和权衡的结果。对于人工操纵的小型飞机,铰链力矩相当重要,转轴位置比较偏后。现代大型运输类飞机和军用战斗飞机都采用助力操纵系统,也不希望铰链力矩过大,但是,主要考虑操纵效率,故转轴位置比较靠前。

2) 方向舵的设计

常见的航向操纵面是方向舵。通过方向舵偏角的改变,使飞机在不同侧滑角下取得航向力矩的平衡,同时也为侧风起落、发动机停车、协调机动和尾旋改出等提供平衡偏航力矩。

（1）方向舵效率。

方向舵的气动设计首先也从其效率的分析开始。方向舵效率可简写为

$$C_{n\delta r} = KC_{La,\,v} \frac{C_{l\delta r}}{C_{la,\,v}} \frac{S_V}{S} \frac{(l_v\cos\alpha + z_v\sin\alpha)}{b} \qquad (5.6)$$

式中，K 为各种因素的修正因子，包括理论升力线斜率的修正、二维与三维的迎角效应修正、舵偏度修正和压缩性修正以及垂尾处的速度阻滞；$C_{La,\,v}$ 为垂尾的升力线斜率；$C_{la,\,v}$ 为垂尾翼剖面的升力线斜率；$C_{l\delta r}$ 为二维升力系数对舵面偏角的导数；S_V 为垂尾面积；l_v 为垂尾尾臂，即垂尾气动中心至力矩参考点（飞机重心）的水平距离；z_v 为垂尾气动中心至力矩参考点（飞机重心）的垂直距离。

可见方向舵效率 $C_{n\delta r}$ 与垂尾的尾容量 $V_V = \dfrac{S_V l_V}{Sb}$、垂尾的升力线斜率 $C_{La,\,v}$ 有直接关系。至于升力线斜率，当然与垂尾的平面形状（展弦比、后掠角）有关。V_V 和 $C_{La,\,v}$ 在第 1.4 节"垂直尾翼的设计"中已经做了介绍，所以方向舵的气动设计也是平面参数、舵面偏角和铰链轴位置的设计。

（2）平面参数设计。

a. 相对面积：由式（5.6）看到，方向舵效率 $C_{n\delta r}$ 与二维升力系数对舵面偏角的导数 $C_{l\delta r}$ 成正比。如果方向舵相对于垂尾的弦长越大，$C_{l\delta r}$ 越大。所以，方向舵效率与其相对面积有直接关系。

对于高亚声速飞机，方向舵相对面积一般为 $S_r/S_v = 0.35 \sim 0.4$。对超声速飞机为 $S_r/S_v = 0.2 \sim 0.3$。方向舵的相对弦长一般为 $c_r/c_v = 0.25 \sim 0.5$。方向舵相对展长为 $0.85 \sim 0.90$。图 5.17 给出了方向舵相对面积与飞机机翼总面积关系的统计曲线。由前文得知，大型飞机的垂尾尾容量并不小；而由此图可见，方向舵的相对面积却可减小。

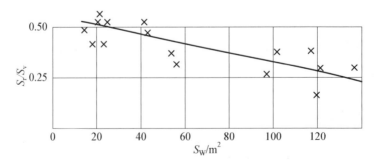

图 5.17　方向舵相对面积与飞机机翼总面积

b. 前缘后掠角：与升降舵相似，方向舵的前缘后掠角取决于垂直尾翼的前缘后掠角（见第 1.4 节），一般等百分比弦长基本确定了方向舵的前缘后掠角。只是上、下弦长有些较小的调整。

c. 统计数据：表 5.10 给出了国外民用旅客机的方向舵平面参数。

表 5.11 给出了国外军用战斗机的方向舵平面参数。

表 5.10　国外民用旅客机的方向舵平面参数

飞机型号	相对面积	相对弦长
波音 727 - 200	0.16	0.29/0.28
波音 737 - 300	0.24	0.25/0.22
波音 747 - 200	0.30	0.30
波音 757 - 200	0.34	0.35/0.33
波音 767 - 200	0.35	0.33/0.36
波音 787	0.36	0.33/0.37
空客 A300	0.30	0.35/0.36
空客 A310	0.35	0.33/0.35
空客 A320	0.30	0.30/0.30
空客 A340	0.30	0.30/0.30
空客 A380	0.30	0.31/0.27
Ty - 154	0.27	0.37
BAE 146 - 200	0.44	0.29

表 5.11　国外军用战斗机的方向舵平面参数

飞机型号	相对面积	相对弦长
A - 10	0.29	0.29/0.33
F - 4E	0.20	0.20/0.29
F - 5E	0.15	0.26/0.30
F - 14E	0.29	0.29/0.33
F - 15	0.25	0.30/0.50
F - 16	0.25	0.34/0.33
FB - 111	0.21	0.25/0.26
MiG - 25	0.15	0.24
Su - 7	0.26	0.28/0.25
Mirage 2000	0.16	0.21/0.34

（3）最大偏度的选择。

方向舵偏角也受其失速特性的限制，一般方向舵最大偏角为 $\pm 20° \sim \pm 25°$。

（4）铰链轴位置的选择。

方向舵铰链轴位置的选择方法与升降舵一样，转轴位置的前、后，是操纵效率和铰链力矩协调和权衡的结果。

3）副翼的设计

（1）副翼效率。

飞机从亚声速飞行过渡到超声速，由于产生激波和压心的后移，使得偏转舵面的机翼绕流特性发生很大的变化。因此，副翼效率的计算公式是不同的。

亚声速：

$$C_{l\delta a} = k\bar{b}_a \sqrt{\bar{c}_a} \cos^2 \Lambda_{ah} \tag{5.7}$$

超声速：

$$C_{l\delta a} = k\bar{b}_a \bar{c}_a \cos^2 \Lambda_{ah} \tag{5.8}$$

式中，$\bar{b}_a$ 为副翼相对展长；$\bar{c}_a$ 为副翼相对弦长；Λ_{ah} 副翼转轴后掠角；k 为展向位置修正因子。

可以看到，亚声速的副翼效率与其相对弦长的平方根成正比，而超声速的副翼效率直接与相对弦长成正比。

（2）平面参数设计。

a. 相对面积：副翼相对于机翼的展长 $\bar{b}_a$ 和相对弦长 $\bar{c}_a$ 确定其相对面积。图 5.18 给出了副翼相对面积随机翼总面积的变化趋势。

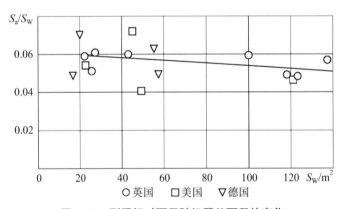

图 5.18　副翼相对面积随机翼总面积的变化

一些典型的取值为：

副翼的相对展长 $\bar{b}_a = 0.3 \sim 0.4$；

副翼展向位置 $0.5b_w \sim 0.9b_w$；

副翼的相对弦长 $\bar{c}_a = 0.2 \sim 0.5$；

副翼相对（机翼）的面积为 $S_a/S = 0.05 \sim 0.07$。

看来，大型飞机的副翼面积相对也要小一些。

b. 转轴后掠角：副翼的铰链轴后掠角主要取决于机翼的平面形状。图 5.19 示出了它对副翼效率的影响。可以看到，副翼的铰链轴后掠角越小，偏舵面的升力增量越大，效率越高。而且相对展长越长，这种影响越明显。这从气动概念上很好理解。

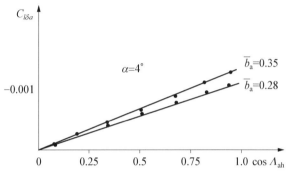

图 5.19　副翼转轴后掠角对效率的影响

c. 统计数据：表 5.12 给出了国外民用旅客机的副翼平面参数。表 5.13 给出了国外军用战斗机的副翼平面参数。

表 5.12　国外民用旅客机的副翼平面参数

飞机型号	相对面积	相对展长（内侧/外侧）	相对弦长（内侧/外侧）	有无内侧副翼
波音 727 - 200	0.034	0.76/0.93	0.23/0.30	有
波音 737 - 300	0.021	0.72/0.91	0.23/0.30	
波音 747 - 200	0.040	0.70/0.95	0.11/0.17	有
波音 757 - 200	0.027	0.76/0.97	0.22/0.36	
波音 767 - 200	0.041	0.76/0.98	0.16/0.15	有
波音 787	0.029	0.71/0.83	0.27/0.21	有
空客 A300	0.049	0.83/0.99	0.32/0.30	有
空客 A310	0.027	无	无	有
空客 A320	0.028	0.79/0.96	0.32/0.30	无
空客 A340	0.048	0.65/0.94	0.29/0.27	无

（续表）

飞机型号	相对面积	相对展长（内侧/外侧）	相对弦长（内侧/外侧）	有无内侧副翼
空客 A380	0.028	0.64/0.85	0.20/0.22	无
Tu - 154	0.036	0.76/0.98	0.34/0.27	
BAE 146 - 200	0.046	0.78/1.0	0.33/0.31	

表 5.13　国外军用战斗机的副翼平面参数

飞机型号	相对面积	相对展长（内侧/外侧）	相对弦长（内侧/外侧）
A - 10	0.094	0.58/0.91	0.42/0.40
F - 4E	0.040	0.63/0.98	0.23/0.28
F - 5E	0.050	0.76/0.99	0.34/0.33
F - 15	0.053	0.60/0.86	0.25/0.27
F - 16	0.13	0.30/0.73	0.21/0.23
MiG - 25	0.053	0.54/0.79	0.22/0.21
Su - 7	0.11	0.62/0.97	0.29/0.35
Mirage 2000	0.13	0.19/1.0	0.13/1.0

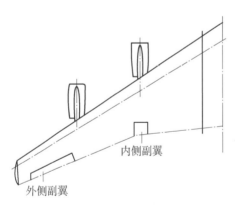

图 5.20　内外侧副翼在机翼上的布置

（3）最大偏度的选择。

副翼的偏角要受到翼面上气流分离的限制，偏角范围一般为后缘上偏 20°～25°，后缘下偏 15°～20°。

在副翼设计中，气动弹性的影响是必须考虑的，正常布局的飞机，副翼布置在机翼外侧靠近翼尖的部位，副翼偏转后，机翼的扭转变形使效率减小。因此，随着飞行速度（速压）的增大，副翼效率急剧下降，在严重情况下引起"副翼反效"。由于上述原因，有些大型民用客机上布置了内侧副翼（见图 5.20），主要用作巡航飞行时的横向操纵。内侧副翼臂长较短，效率比外侧副翼小很多，但大速压下使用是足够的。

（4）铰链轴位置的选择。

一般地说，副翼的展向位置受到增升装置布置的限制，其效率不高。为此，比较重视副翼效率而不采用较多的补偿,这样使铰链力矩都相当大。即使是助力操纵系统的现代大型运输类飞机和军用战斗飞机,舵机的体积过大而露出机翼表面,这种情况在飞机设计中并不少见。所以,副翼转轴位置的前、后,也需要在操纵效率和铰链力矩之间做适当的协调和权衡。

5.2.4　调整片和补偿设计

飞机的操纵面的操纵铰链力矩不能过大,需要采取某些补偿措施。本节简单介绍这些补偿的形式及其原理。

1) 舵面调整片的设计

人们可以看到,在早期研制的飞机操纵舵面后缘部分装有一个可动的小翼面,称为“调整片”或“补偿片”。对于现代的大型飞机,采用电传操纵系统(flight by wire)也有这些装置。图 5.21 示出了垂尾方向舵上的调整片。

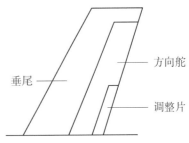

图 5.21　垂尾方向舵上的调整片

从其外形和布置来看,各种调整片的形式都差不多,但其功能和原理是各不相同的。典型的有操纵调整片、随动补偿片、弹簧补偿片和配平调整片。其中随动补偿片的作用与配平调整片相似,弹簧补偿片可以视为一种“操纵调整片”,也是随动补偿片。下面介绍操纵调整片和配平调整片。

（1）操纵调整片。

驾驶员需要改变飞机姿态时,不直接操纵舵面,而是操纵调整片,舵面是随调整片反向偏转,如图 5.22 所示,这种调整片称为“操纵调整片”。

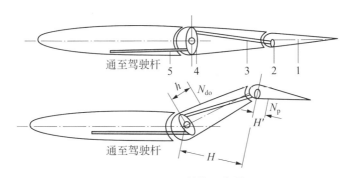

图 5.22　操纵调整片工作原理

固定在操纵调整片 1 上的固定摇臂 2 是用传动杆 3 与双摇臂 4 相连。双摇臂 4 可以绕固定在主舵面的转轴转动而不受主舵面的限制，它也不限制主舵面转动。传动杆 5 通往驾驶杆。当驾驶员拉杆时传动杆 5 向后移动使操纵调整片 1 向下偏转。产生法向力 N_p 和力矩 N_pH，N_p 使主舵面向上偏转，主舵面偏转时产生相反的铰链力矩 $N_{do}h$，当 $N_{do}h = N_{do}H$ 时，舵面就不再转动，停止在所需要的偏度上。这时驾驶员所要克服的铰链力矩不是 $N_{do}h$，而是 N_pH，这个铰链力矩比主舵面的铰链力矩要小得多。有时仅为主舵面铰链力矩的 1/25。

（2）配平调整片。

飞机长时间巡航飞行时，为了减轻驾驶员疲劳，要求飞机在定常直线平飞状态下驾驶杆力（或脚蹬力）为零，即要求三个舵面（升降舵、方向舵和副翼）的铰链力矩都可以各自调整到零。配平调整片的结构和工作原理与随动补偿片是相似的。区别在于安定面上没有接头 4 和连杆 3，没有四连杆机构 $abcd$，而是一个可以伸缩的杆 a，通常为螺杆机构。其伸长和缩短由驾驶舱的转盘或按钮（如电动的）来操纵（见图 5.23）。

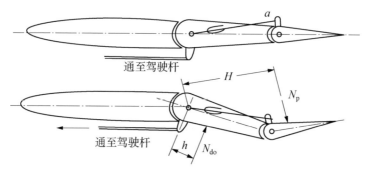

图 5.23　配平调整片工作原理

驾驶员需要改变飞机姿态时操纵舵面，调整片随主舵面同时一起偏转。之后，驾驶员通过杆 a 的伸缩操纵调整片，使它向主舵面的反方向偏转，产生与主舵面相反的铰链力矩，一直调整到零为止。这时铰链力矩为零，这种操作称为"配平"，所以称它为"配平调整片"。

2）操纵面的补偿设计

操纵面的补偿设计是减小操纵面偏转时产生绕铰链轴的力矩。铰链力矩的大小影响驾驶员的杆力（或脚蹬力）特性，对采用人工飞行操纵系统的飞机，它受人的体力限制；对采用助力操纵系统的飞机，它受助力器功率与速率的限制。

　　但是,现代飞机大多采用电传操纵系统,操纵面的补偿措施已不是一个十分关键的问题,这里只是简单介绍几种补偿的形式。

　　(1) 移轴补偿。

　　移轴补偿的原理是将铰链轴后移,轴前的面积即补偿面积,如图 5.24 所示。

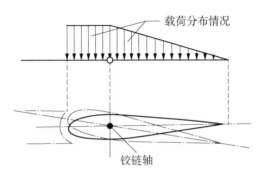

图 5.24　移轴补偿原理

　　作用在补偿面积上的气动力与轴后面积上的气动力形成方向相反的力矩,因而降低铰链力矩。其优点是直观、简单,是早期飞机最常见的一种气动补偿形式。缺点是,如果移轴过后,轴前的舵面头部会露出主翼面,便会增加一部分阻力。

　　(2) 角式补偿。

　　角式补偿是把一小部分的舵面伸出于铰链前面,形状像"角",故称为角式补偿,其原理与移轴补偿相同。

　　角式补偿分为无屏蔽和有屏蔽两种形式(见图 5.25),其中无屏蔽角式补偿的铰链力矩补偿量较有屏蔽的要大些,但产生的扰流也严重一些。

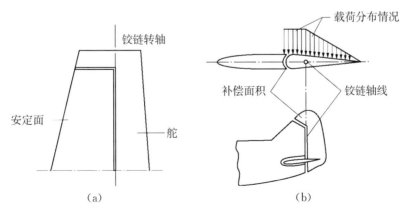

图 5.25　两种角式补偿形式

(a) 无屏蔽式　(b) 有屏蔽式

角式补偿构造简单易于调整,一般应用于低速飞机上。但是,补偿面位于舵面端部,当舵偏转时必然形成裂缝而产生扰流,增加了阻力。

参考文献

［1］顾诵芬.飞机总体设计[M].北京：北京航空航天大学出版社,2001.

［2］奥波特.运输类飞机的空气动力设计[M].顾诵芬,吴兴世,杨新军,译.上海：上海交通大学出版社,2010.

［3］方宝瑞.飞机气动布局设计[M].北京：北京航空工业出版社,1997.

［4］张锡金.飞机设计手册：第6册　气动设计[M].北京：北京航空工业出版社,2002.

第6章 机身与短舱设计

飞机作为一种空中运输工具用来装载人员或货物,而实际装载人员、货物的是飞机的机身。其他部件,如机翼、尾翼、操纵面、起落架等重要部件,都是为了使机身能够安全、快速地实施装载运输。从这个功能来说,飞机的机身是绝对不可缺少的。飞翼布局的飞机,外观看不到机身,实际的机身在机翼里面。对于常规布局的飞机,机身的另一个作用是把机翼、尾翼、发动机、起落架等部件连接起来,使飞机组成一个整体。因此,机身设计也是飞机气动设计的一个重要部分。

与机翼设计的尖端和复杂相比,机身的气动设计比较常规和简单。然而,现代飞机的机身设计,也是比较讲究和精细的,还有一些特殊的问题。例如:驾驶员视野与座舱外形,机身尾段的一体化设计等,所以,这一章除了阐述常规的机身、机头、机尾设计,还把这些特殊问题做重点介绍,最后,说一说面积律的概念。

发动机短舱设计与机身设计有些类似,但也有一些区别,因此,放在这一章介绍。

在第1章我们介绍了"飞机总体设计流程",现在看一看"机身设计"在流程图(见图6.1)中的位置。

6.1 机身设计要求与流程

在开始机身设计之前,首先必须从飞机机身的总体上了解机身设计的要求和设计的步骤。

6.1.1 机身的设计要求

机身的设计有许多方面的要求,尤其是有些特殊用途的飞机会有些特殊的要求。但是,对于常规布局的飞机,主要是如下四个方面:

1) 机载人员、货物

无论是民用运输机还是军用战斗机,机身都是主要的装载部件,包括机组人员、乘客、商载货物,飞机的设备、装备、武器、弹药,动力装置和燃料等。

2) 连接各个部件

对于常规布局的飞机,机身是把飞机各部件连成整体的重要部件,包括机翼、尾翼、发动机、起落架等。所以,机身除了承受它自身的载荷外,还承受其他与之连接的部件传递到机身上的载荷。

3) 气动阻力最小

机身产生的升力很小,但产生的阻力却很大。亚声速飞行时,它的阻力占全机零升阻力的 $40\%\sim50\%$;超声速时,在 $50\%\sim60\%$ 。有的战斗机还大,可能占到全机阻力的 60% 以上。

4) 稳定性影响最小

一般的机身对飞机的纵向和航向都是不稳定贡献,应尽量减小这种贡献。

6.1.2　机身的设计流程

机身设计流程如图 6.1 所示。由此看到机身设计的几个步骤。

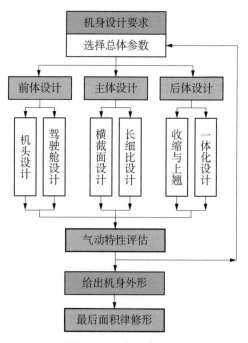

图 6.1　机身设计流程

1) 机身的设计要求

明确机身的设计要求：需要装载的机组人员和乘客的数量；装载的货物、设备、装备、武器、弹药的重量、体积和种类。还要考虑机翼、尾翼、发动机、起落架等各个部件的相对位置和连接形式。

2) 机身的主体设计

根据机身的设计要求，选择机身的总长度和最大横截面积。总体上确定机身主要几何参数：机身长细比、中机身等直段、头部长细比和尾部长细比。

3) 机身的前体设计

前体设计主要是机头外形和驾驶舱外形的设计，包括机头要流线型；驾驶舱要考虑驾驶员的视野。

4) 机身的后体设计

后体设计是选择后体的收缩角和上翘角，还有机身尾段（安装尾翼后）的一体化设计。

5) 气动特性评估

在主体、前体和后体设计时，已经考虑了阻力最小的准则，在设计初步完成后，需要进行整个机身的气动特性评估。

6) 给出机身理论外形

达到了预想的气动特性后，输出机身理论外形的数模。

7) 最后的面积律修形

给出的机身理论外形只是单独机身部件设计的结果，对于高速飞机，等到全机各大部件设计完成后，还需要修削机身，进行跨声速、超声速面积律的修形。

6.2　机身主体的设计

6.2.1　几何参数对阻力的影响

机身的主体设计是在满足装载要求的条件下，使得机身有良好的气动特性，主要是阻力尽可能小，因此，首先必须了解其几何参数对阻力的影响。

1) 机身主体几何参数

机身主体的几何形状如图 6.2 所示。主要参数有：机身的长度(l_F)、直径(d_F)、最大横截面积(A_F)、头部长度(l_N)和尾部长度(l_r)。

在飞机设计中，经常使用长细比来表示部件的几何特性：

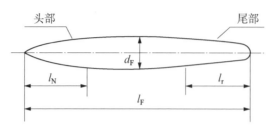

图6.2 机身的主要几何参数

例如：

$$机身长细比 \lambda_F = l_F/d_F,$$
$$头部长细比 \lambda_N = l_N/d_F,$$
$$尾部长细比 \lambda_r = l_r/d_F.$$

对截面不是圆形的机身，它的特征尺寸是最大宽度（b_F）和最大高度（h_F）。还常用机身最大截面积决定的当量（等效）直径（$d_F = \sqrt{4A_F/\pi}$）作为重要参数。

2) 机身的减阻设计

在机身设计中，减小气动阻力的设计原则是：

（1）尽量小的机身最大横截面积（A_F）。

机身的横截面积，尤其最大横截面积是压差阻力的主要来源。例如，飞机超声速飞行时，机身阻力取决于 A_F/S。

（2）表面浸润面积也应尽量小。

因为，机身零升阻力的很大部分是摩擦阻力，是摩擦系数与浸润面积的乘积。

（3）外形有光顺的表面，凸出物少。

机身表面不光顺，摩擦阻力会增大。较大或者较多的凸出物，会有较大的黏性压差阻力。

（4）全机平缓变化的机身截面积分布。

全机面积分布不平缓，是高亚声速、跨声速、超声速阻力迅速增长的主要因素。

3) 机身阻力的计算

亚声速飞机的机身阻力包括两部分：

$$C_{DF} = C_{D0F} + C_{DiF} \tag{6.1}$$

式中，C_{D0F} 表示机身零升阻力系数；C_{DiF} 表示机身升致阻力系数。

对于跨、超声速飞行，还有激波阻力系数（C_{DwF}）。

飞机机身的升力贡献很小，升致阻力也不大，所以主要考虑零升阻力。亚声速机身的零升阻力系数可以用工程估算方法得到：

$$C_{D0F}=R_{WF} \cdot C_{fF}[1+60/(l_F/d_F)^3+0.0025(l_F/d_F)]S_{wetF}/S+C_{D,bF}$$

$$(6.2)$$

式中，R_{WF} 为翼身干扰因子，单独机身 $R_{WF}=1.0$；C_{fF} 为机身的湍流平板表面摩擦系数，是 Ma 数和 Re 数的函数，还与其表面粗糙度有关，可由图 6.3 查得；S_{wetF} 为机身的浸润面积；S 为机翼参考面积；$C_{D,bF}$ 为机身的底部阻力系数。

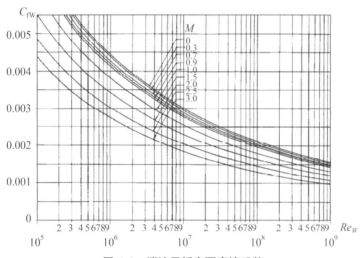

图 6.3　湍流平板表面摩擦系数

从亚声速机身的零升阻力系数的计算公式中，知道机身的几何参数对其阻力的影响，以指导机身的气动设计。

6.2.2　机身几何参数设计

1）机身横截面的选择

机身横截面的选择涉及如下内容：

（1）横截面面积的选择。

机身的最大横截面及其面积是根据具体的装载要求确定的。但从气动要求则阻力应尽量小。

对于亚声速飞行，摩擦阻力是零升阻力的主要部分。由式（6.2）可以看到，

摩擦阻力系数为

$$C_{DfF} = R_{WF} \cdot C_{fF} \cdot S_{wetF}/S \qquad (6.3)$$

所以,要尽量减小机身的表面浸润面积(S_{wetF})。

对于超声速飞行还有波阻,最大横截面的影响更大,而且还与该截面的位置有关。风洞试验结果表明,最大横截面位置在 60% 机身长度左右处其波阻最小。

(2) 横截面形状的选择。

机身横截面形状以圆形为最有利。圆形保证在容积一定时机身表面积最小,因而摩擦阻力最小。所以,横截面形状大部分以圆截面为主。如果布置条件不允许用圆形截面或者出于某些考虑用圆形截面不利时,也要尽量取近似于圆的截面或者采用圆弧来形成所要求的截面。对于不同高度和宽度的机身,以椭圆截面形状代表(见图 6.4)。

图 6.4　典型机身截面(圆,立椭圆,横椭圆)

从飞机的静稳定性看,以同样的面积做比较,立椭圆的俯视投影面积比圆小,比横椭圆更小,所以,它对纵向不稳定的贡献比圆的小,比横椭圆的更小。横椭圆的侧视投影面积比圆的小,比立椭圆的更小,所以,它的航向不稳定贡献比圆的小,比立椭圆的更小。至于大小的量值要看椭圆长径与短径的比例,即不同的高度和宽度,也就是投影面积的大小。

2) 机身长细比的选择

对于亚声速飞行,零升阻力的另一部分是黏性压差阻力。由式(6.2)得到机身的黏性压差阻力系数为

$$C_{DPF} = R_{WF} \cdot C_{fF}[60/(l_F/d_F)^3 + 0.0025(l_F/d_F)]S_{wetF}/S \qquad (6.4)$$

可以看到,影响机身黏性压差阻力的主要因素是它的长细比。长细比愈大,黏性压差阻力愈小。当长细比 $\lambda_F = l_F/d_F < 6 \sim 8$ 之后,黏性压差阻力会明显增高。对于长细比 $\lambda_F < 4$ 的粗机身,黏性压差阻力将超过摩擦阻力。因此,一般的机身

设计,长细比应该控制在 $\lambda_F \geqslant 8$。

对超声速飞机则应更大些。例如,$\lambda_F = 9 \sim 12$ 的机身波阻要比 $\lambda_F = 6$ 的机身减小 $40\% \sim 70\%$。

6.3　机身前体的设计

前体设计包括机头外形和驾驶舱外形的设计。所以,机身的前体设计是要求在满足内部装载和驾驶员良好的工作条件下,使得前体的阻力尽可能小。

6.3.1　机头几何形状的设计

1) 机头几何形状的选择

机身头部的几何参数有:头部长度(l_N),头部直径(d_N),机头直径为头部底面的直径,如图 6.2 中的机身直径(d_F)。对于非圆截面机头,是最大宽度(b_N)和最大高度(h_N)。也常用机头最大截面积决定的当量直径(d_N)来表示。

机头外形首先满足内部装载的要求,例如雷达及其天线,需要一定的容积。然后考虑减小阻力,取尽可能小的表面浸润面积,尽可能大的长细比。

机头外形成形可用几种方法:

(1) 圆锥线形。

圆锥线形的定义如下:

$$r/R = (x/l_N)^m \tag{6.5}$$

式中,R 是机头底部半径 $\left(R = \dfrac{1}{2}d_N\right)$;$x$ 是机头的纵向坐标位置;r 是机身在 x 站位截面的半径;m 是锥形线的控制参数,其中,$m = 1$ 是锥形,$m = 1/2$ 和 $m = 3/4$ 是类锥形(见图 6.5)。

图 6.5　圆锥线形机头曲线

(2) 抛物线形。

抛物线形的定义如下:

$$r/R = 2x/l_N - (x/l_N)^m \tag{6.6}$$

式中,m 是抛物线的控制参数,$m=2$ 对应抛物线形,$m=1/2$ 和 $m=3/4$ 对应类抛物线形(见图 6.6)。

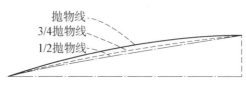

图 6.6　抛物线形机头曲线

（3）最小阻力外形。

冯·卡门(von Kármán)根据线性理论设计出最小低超声速阻力的机头外形,形状类似于 $m=3/4$ 类锥形,其后面比较丰满。

哈克(Haack)在此基础上又设计了一种理论最小阻力的机头外形,形状更为丰满。这两种机头外形如图 6.7 所示。

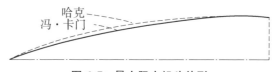

图 6.7　最小阻力机头外形

（4）机头截面形状。

机头截面形状很大程度决定于机身主体中段的截面形状。主体中段横截面的形状大部分以圆截面为主,而机头截面形状比较常见的是横椭圆。因此,前机身截面形状从机头驾驶舱到机身中段渐渐过渡。

2) 几何参数对气动特性的影响

（1）机头形状对阻力的影响。

机头长细比对气动阻力的影响是明显的,尤其对于超声速飞机,这在前面"机身主体的设计"中已经阐述。对于机身长细比 $\lambda_F > 8$ 的飞机,其机头长细比 $\lambda_N = l_N/d_F > 3 \sim 4$。对于长细比 $\lambda_F < 6 \sim 8$ 的机身,机头长细比 $\lambda_N > 2 \sim 3$。再粗的机身,λ_N 也不可小于 2,否则机头阻力会非常大。

图 6.8 给出了两种理论最小阻力机头外形的比较。可见,冯·卡门的理论机头外形阻力最小。它是为最小低超声速阻力设计的机头,而因在 $Ma < 0.95$ 的区域,阻力也最小。这对于高亚声速飞行的运输类飞机也有参考作用。

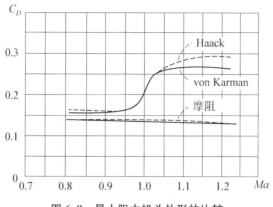

图 6.8　最小阻力机头外形的比较

图 6.9 给出了四种不同曲线形状机头阻力的比较。可见,在相当大的马赫范围内,冯·卡门的理论机头外形阻力都比较小。

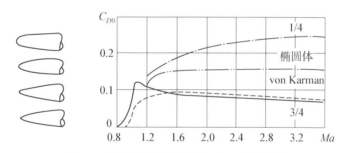

图 6.9　四种不同曲线形状机头阻力的比较

（2）截面形状对稳定性的影响。

对于机身的稳定性,前机身起不稳定作用,后机身起稳定作用。所以,机身对飞机的不稳定贡献主要产生于机头,从稳定性考虑,机头的截面形状比机身主体更重要。至于采用立椭圆、圆还是横椭圆,由总体气动布局按照飞机不同的稳定性要求来选择。

6.3.2　驾驶舱外形的设计

1) 驾驶员的视野要求

驾驶舱必须保证飞机在各种状态驾驶员具有足够的前视界。现代飞机,包括各种大小的民用运输机或军用战斗机,机身侧视图都是一个特点——机头的下部前伸。如果取其中心线则有个向下的倾角或向下弯曲(见图 6.10)。

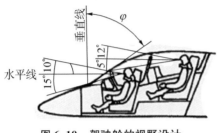

图 6.10　驾驶舱的视野设计

适航条例（FAR25.773）对民用运输机的驾驶舱前视角有明确的规定。一般以驾驶员眼位为参考点，根据进场速度和进场中的飞机迎角算出前视角的近似值：

$$\alpha_{FV} \approx \alpha_{app} + 0.07V_{app} \quad (6.7)$$

式中，α_{app} 为着陆进场迎角；V_{app} 为着陆进场速度（海里/小时，kn）。

民用运输机常需要较大的前视角，例如：L-1011 飞机的 $\alpha_{FV}=21°$。军用规范对运输机和轰炸机前视界标准的要求是 17°，对战斗机和攻击机的要求是 11°～15°，在军用教练机上，教员坐在学员之后（见图 6.10），要求后座越过前座椅顶上有 5°视界。

2) 外形对阻力的影响

飞机驾驶舱的外形设计主要是前部的倾斜角 γ 和后部的收缩角 β 的选择，如图 6.11 所示。

现代飞机的设计，倾斜角 γ 和收缩角 β 都比较小，采用圆弧形风挡，外形流线光顺，应尽量减小座舱处的最大横截面积，以减小阻力。

图 6.11　驾驶舱侧视图

尤其对于高亚声速飞机，利用 CFD 手段，做精心细致的机头设计，提高临界马赫数，降低跨声速波阻。有关这方面的内容，在第 2 章飞机总体气动布局设计的"4 发挥 CFD 在气动设计中的作用"中作为一个实例，做了比较详细的介绍。

对于超声速战斗机，作战视线要求使驾驶员的肩高出舱口，$\gamma=25°～30°$，$\beta=5°～10°$，因此舱盖横截面积很难减小。舱盖阻力比较大，将占全机零升阻力的约 10%。

前体设计中另一个重要问题——大迎角不对称机头涡。

现代战斗机要求高机动,往往飞行迎角 $\alpha > 45°$,并采用细长机头,在无侧滑情况下出现大迎角不对称机头涡。此涡产生很大的侧向力,由于此侧力距飞机重心较远,所以会形成很大的偏航力矩,这个偏航力矩甚至会超过飞机可能提供的操纵修正能力。如此专门的机头设计问题,就不在这里深究了。

6.4　机身后体的设计

后体设计包括单独机身的后体外形设计和其安装尾翼后的机身尾段一体化设计。机身的后体设计是在满足内部装载和足够的尾容量条件下,使得后体的阻力尽可能小。

6.4.1　后体几何形状的设计

单独机身的后体设计主要是选择后体收缩角和上翘角。

1) 后体收缩角的选择

影响后体阻力最重要的参数是后体的收缩角(或称船体角) β_F,如图 6.12 所示。

后体收缩角过大,容易引起气流分离,阻力增大,还会引起跨声速抖振。所以,收缩角应尽可能小,一般 β_F 要在 $12°$ 以内。

2) 后体上翘角的选择

一般地说,为了降低飞机的起落架高度,保证在起飞和着陆过程中达到一定的迎角时防止机尾擦地,后体应上翘一个角度,即所谓的后体上翘角 ϕ(见图 6.13)。

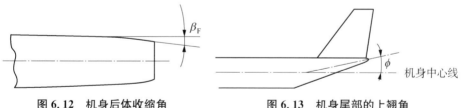

图 6.12　机身后体收缩角　　　　　　　图 6.13　机身尾部的上翘角

特殊地说,很多货机和军用运输机,需要在机身尾部布置很大的舱门,带有可以下降到地面的货桥,能自动装卸货物和技术装备而不需要使用地面设施。这些飞机的机身尾部都有较大的上翘角。

飞机后体上翘与不上翘的问题,如果上翘角差别不大,对亚声速的阻力影响比较小,但是,在跨声速、超声速的情况下,上翘将引起相当大的阻力增量(见图 6.14)。

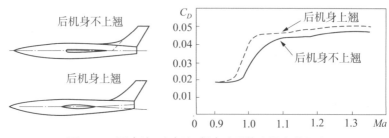

图 6.14 亚声速、跨声速、超声速后体上翘角的阻力

上翘角的选择有两种发展趋向：原来的解决方法是使机身平的底部急剧地向上倾斜，以便在开口长度最小的情况下保证装卸货物所要求的开口尺寸，并且利用舱口盖的主要结构作为装卸货桥。如美国洛克希德公司的军用运输机 C-130($\phi=23°$)、法国与德国联合研制的"协同"C-160 等飞机的机身尾部的形状都属此类。大多数近代飞机加长了机身尾部并使其弯曲。结果它的下表面以最小角度向上倾斜，如伊尔-76($\phi=17°$)、C-141A($\phi=16°$)和 C-5A($\phi=18.8°$)。这样的后体上翘会引起较大的阻力，有的飞机因此增加的阻力约为全机零升阻力的 30%～50%。而且，这两种上翘角的设计使阻力的差别也较大。前一种增大了机身的阻力约 15%，而后一种的阻力增量则比较小。

6.4.2 机身尾段的一体化设计

在机翼、平尾、垂尾和机身作为单独部件初步设计、有了几何外形后，还要综合考虑它们的相互影响，调整、修形——进行尾段的一体化设计。其目的是：①降低高速巡航阻力；②改善低速失速特性；③减轻尾段结构重量。

1) 设计概念

(1) 部件的相互干扰。

一个单独旋成体机身和它装配了机翼、平尾、垂尾后，两者的压力分布是完全不同的(见图 6.15)。无论是压力峰值和压力梯度都发生了很大的变化。

平尾、垂尾和后机身组合后，在此接合区的干扰以及由此产生的压力分布是很不理想的。

(2) 一体化设计准则。

进行机身尾段的一体化设计，使组合部件调整、修形后，在接合区得到"平衡等压线分布"(balanced isobar pattern)，使组合后的部件压力分布形态有尽可能低的峰值和尽可能平缓的压力梯度。

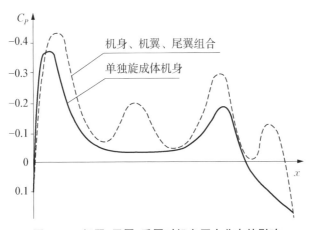

图 6.15　机翼、平尾、垂尾对机身压力分布的影响

2) 分部件设计

除了"平衡等压线分布"这一准则外,后段一体化设计要根据具体布局进行具体处理。现以一个常规布局的机身尾段,后机身、平尾、垂尾组合体(见图 6.16),进行分部件设计并组合优化。其步骤如下:

（1）机身的修形。

首先,由理论分析初步确定一个具有最低后机身阻力的目标压力分布,相应地有一个目标面积分布(见图 6.17)。

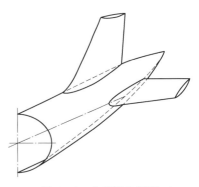

图 6.16　典型机身尾段

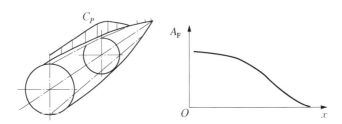

图 6.17　后机身目标压力分布和目标面积分布

然后对于弯曲机身,在平尾、垂尾的接合部位采取收腰等修形措施,得到新的后机身外形,用数值计算方法(如简单的亚声速面元法、组合边界层修正),分析与目标压力分布的差别。精心细修、逐次逼近目标压力分布(见图 6.18)。

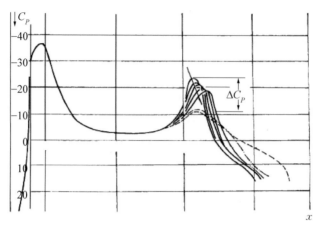

图 6.18　向目标压力分布的逼近

　　最后修改平尾和垂尾的根剖面形状,使后机身面积分布趋于目标面积分布(见图 6.19)。最后使整个后机身具有平衡等压线分布。图 6.20 是一架大型客机后机身修形前后的几何外形。经过这样的修形,使机身干扰阻力和黏性阻力都降低了。

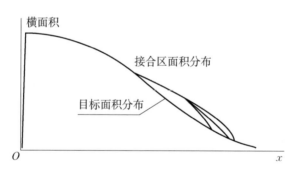

图 6.19　机身后段的目标面积分布

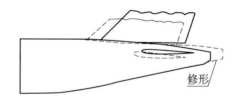

图 6.20　一架大型客机后机身修形前后的几何外形

　　(2) 平尾再设计。

　　平尾与机身、垂尾组合后,其前缘有较高的压力峰值。采取后加载形式以改善压力分布。

该处理可以带来不少优点：

　　a. 增长了有效尾臂，气动中心后移，因而减小了配平阻力。

　　b. 在干扰区压力水平降低，减小了干扰阻力。

　　c. 增加了 α_{max} 和 C_{Lmax}，改善了低速的平尾失速特性。

　　d. 由于翼剖面厚度的增加，可能减轻结构重量。

　　平尾进行再设计后，展向压力分布，无论是压力峰值还是压力梯度，都有明显改善。例如，图 6.21 给出了一架大型客机升力系数随翼面上流动分离点位置的变化和失速迎角的变化。

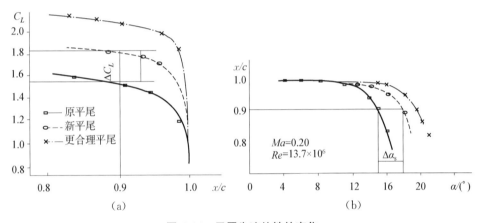

图 6.21　平尾失速特性的变化

(a) 失速升力的变化　　(b) 失速迎角的变化

　　由图可见，平尾剖面再设计后（分离点在 $x/c = 0.9$ 的情况下），最大升力系数增加 $\Delta C_{Lmax} = 0.29$。还看到，同样条件下，失速迎角增加 $3°$。

　　(3) 垂尾再设计。

　　垂尾对机身压力分布影响相当大，一般情况下，垂尾与后机身接合区会产生不希望的速度增量，因此，需要对垂尾进行再设计。

　　再设计的目标是：

　　a. 正常（对称）飞行，降低剖面局部速度。

　　b. 加载（偏航）飞行，改善剖面压力分布，使其处于无激波状态。

　　c. 尽可能保持较长的层流段，以减小黏性阻力。

　　例如，图 6.22 给出了一架大型客机垂尾再设计前、后典型的二元压力分布。

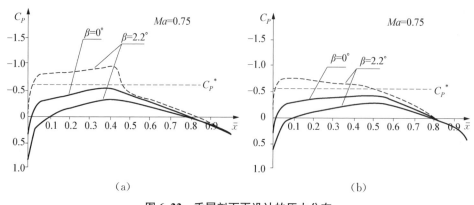

图 6.22　垂尾剖面再设计的压力分布

(a) 原来的剖面压力分布　(b) 再设计后的剖面压力分布

再设计前[见图 6.22(a)]，在对称飞行时最大局部速度接近临界($M_{cr}=1.0$)；偏航飞行时，剖面上出现激波。再设计后[见图 6.22(b)]可以看到，对称飞行时最大局部速度降低了，偏航飞行时激波消失了。与原来相比情况均大为改善。

3) 组合收益的评估

经过以上机身尾段的一体化设计，最后的各部件几何外形及其压力分布如图 6.23 所示。

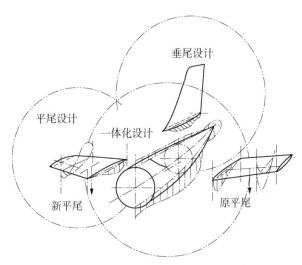

图 6.23　机身尾段的一体化设计结果

各部件调整、修形后，各个方面都有不同程度的收获。平尾最大升力系数和失速迎角都增大。垂尾在对称飞行时最大局部速度降低，偏航飞行时激波消失。当然最主要的评估是阻力水平降低。表 6.1 列出了尾段一体化设计的减阻情况。

表 6.1　尾段一体化设计的减阻情况(%)

部件＼减阻	压差阻力	黏性阻力	配平阻力	总阻力
机身	0.08	1.25	—	2.05
平尾	—	0.12	1.08	1.20
垂尾	—	0.22	—	0.22

总阻力的降低占全机阻力的 3.47%。其中机身的减阻最多,面积分布更合理,干扰阻力引起的压差阻力和面积产生的黏性阻力都减小了;其次是由于平尾尾臂的增大,其配平阻力也减小了。

后体设计中另一个重要问题——后体与喷管的综合设计。

许多现代战斗机的发动机布置在机身内,外露喷管与飞机后体的相互干扰和气流分离会造成很大的阻力,可能占全机总零升阻力的 45%～55%,甚至会更高。不同的喷管形式,不同后体与喷管的组合,双喷管的不同间距及其不同的整流形状,水平尾翼和垂直尾翼的不同位置等都会有不同的阻力增量,而且它们之间的影响是相互交错的,因此需要进行"后体与喷管综合设计",设法减少阻力,获得尽量大的可用推力。如此专门的后体设计问题,也不在这里深究了。

6.5　发动机的短舱设计

6.5.1　喷气发动机的短舱设计

所谓"短舱设计"是发动机进气道的设计和短舱的外罩设计。

1) 设计要求

短舱的功能主要是为发动机提供足够且良好的气流。所以,短舱设计的基本要求是流场品质好,推力损失少,外部阻力小。具体要求如下:

(1) 提供发动机所需的进气量。

进气道的进口与喉道必须提供在飞机飞行包线范围内、发动机各种不同工作状态下所需的进气流量。

(2) 保证发动机进口处均匀的流场。

进气道提供发动机的气流均匀程度(所谓"畸变")会影响发动机的性能。所以要求流场畸变小。并在飞机飞行包线范围内不能发生发动机的喘振。

比较简单的畸变指数为 IDC,正常起飞时一般要求进气道流场畸变指数

$IDC \leqslant 5\%$；高速巡航时 $IDC < 1\%$。

最大正侧风和最大起飞推力状态下起飞，随着飞机加速滑跑，进气道（上、下、侧）唇口和扩散段内没有气流分离（飞机静止状态可能存在），以满足飞机侧风起飞的要求。

（3）进气道内较高的总压恢复。

正常起飞和巡航时进气道总压损失小，总压损失以总压恢复系数（σ）来衡量。一般要求起飞滑跑状态的进气道总压恢复系数 $\sigma \geqslant 0.97$；高速巡航时总压恢复系数 $\sigma > 0.99$。

（4）尽可能小的外部阻力。

进气道外罩流线光顺，气动阻力小。起飞爬升第二阶段发动机停车（风车状态）时，发动机短舱外罩不能有严重的气流分离，以免阻力急剧增加，影响飞机达到规定的爬升梯度。发动机最大巡航推力和风车状态时的溢流阻力低。短舱外罩的阻力发散马赫数 $Ma_{\mathrm{dd,N}}$ 应高于飞机的阻力发散马赫数 $Ma_{\mathrm{dd,A/C}}$。

2）设计流程

发动机短舱的气动设计是逐步逼近的过程，如图 6.24 所示。

（1）明确设计要求。

首先根据设计指标和总体约束提出明确的设计要求。

（2）选择总体几何参数。

选择短舱总体几何参数的合理范围，进行初步设计。

（3）进气道的设计。

根据发动机工作状态所需的流量，确定进口、喉道面积。

（4）短舱外罩的设计。

前段——厚度比的设计，后段——收缩比的设计。

（5）进行计算分析。

检查流量、流场畸变、总压恢复和阻力是否达到要求。

（6）最后试验验证。

设计、计算的结果需要进行风洞试验和飞行试验的验证。

完成了以上各个步骤后发动机短舱设计冻结。

3）流场品质

进气道的气流品质包括总压损失和流场畸变两个方面。

（1）总压损失。

在第 1 章 1.2 飞机总体气动设计流程（8）发动机特性数据中曾经提到：发

动机安置到飞机上,由于进入发动机气流流经进气道以及飞机机体的干扰,有一个损失,称为"总压损失"。

总压损失用"总压恢复系数"(σ)来度量:

$$\sigma = p_{0,\text{ex}} / p_{0,\infty} \tag{6.8}$$

式中,$p_{0,\text{ex}}$ 是进气道出口(发动机进口平面)气流的平均总压;$p_{0,\infty}$ 是自由流总压。例如:$\sigma = 0.98 \sim 0.99$,也就是总压损失为 1%~2%。$\sigma = 0.99$ 即总压损失为 1%,折算到发动机的安装推力下降 1.25%~1.50%。飞机的起飞与巡航时,对总压恢复系数都有一定的要求。

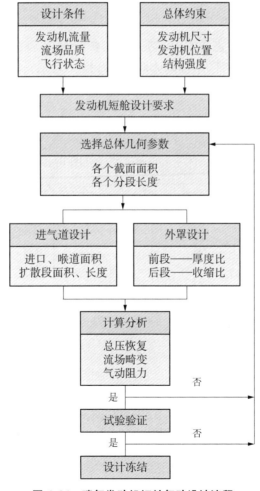

图 6.24　喷气发动机短舱气动设计流程

(2) 流场畸变。

流场畸变是指进气道内气流压力、速度、流向的不均匀程度。流场畸变有许多定量指标,判定标准很复杂,有静态的、动静态的。各个国家的发动机厂商判定标准不同,同一国家的各个发动机厂商判定标准不同,同一发动机厂商不同型号发动机的判定标准也不同。以比较简单的静态畸变指数是(IDC)或(DC60)来表示。

以总压畸变指数(IDC)为例:

$$IDC = (p_{0, en} - p_{0, min})/p_{0, en} \qquad (6.9)$$

式中,$p_{0, en}$ 是发动机进口平面处的平均总压;$p_{0, min}$ 是发动机进口平面处的最小总压。

飞机不同的飞行状态或发动机不同的工作状态,对流场畸变指数的要求是不同的。有了这两个概念,下面阐述发动机短舱的气动设计。

4) 气动设计

(1) 总体主要几何参数。

喷气发动机短舱的气动设计是确定进气道和短舱外罩的总体主要几何特征参数。因此必须首先介绍总体主要几何参数(见图 6.25)。

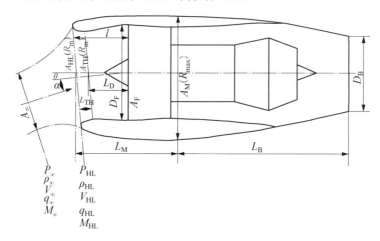

L_M—外罩前段长度;L_B—外罩后段长度;A_M—外罩最大横截面面积;D_{max} (R_{max})—外罩最大横截面直径(半径);A_B(D_B)—外罩底部截面面积(直径);A_{HL}(D_{HL})—进气道进气截面面积(直径);A_{TH}(D_{TH})—进气道喉道截面面积(直径);L_{TH}—进气道收缩段长度;L_D—进气道扩散段长度;A_F(D_F)—扩散段截面面积(直径)。

图 6.25　喷气发动机短舱的总体主要几何参数

（2）进气面积的选择。

为了兼顾高低速飞行时发动机不同工作状态的流量要求，一般取高速巡航时的流量比 $=A_\infty/A_{HL}=0.65\sim0.70$。流量与进气面积（$A_{HL}$）的关系为

$$A_{HL}=m\sqrt{RT_{0,\infty}}(A/A^*)_\infty[2/(\gamma+1)]^{-(\gamma+1)/[2(\gamma-1)]}/p_{0,\infty} \qquad (6.10)$$

式中，$T_{0,\infty}$ 为无穷远前方的自由流总温；$P_{0,\infty}$ 为无穷远前方的自由流总压；$(A/A^*)_\infty$ 为自由流声速面积比，其计算公式为

$$(A/A^*)_\infty=\{2[1+0.5(\gamma-1)Ma^2]/(\gamma+1)\}^{(\gamma+1)/[2(\gamma-1)]}/Ma \qquad (6.11)$$

式中，R 为气体常数；γ 为空气比热比。

（3）喉道面积的选择。

根据发动机不同推力状态下所需的流量，可以求得必需的最小喉道面积（A_{TH}）。流量与面积的一维等熵管流关系式为

$$m=\sqrt{\gamma/RT_0}\,p_0MaA_{TH}[1+1.5(\gamma-1)Ma^2]^{-(\gamma+1)/[2(\gamma-1)]} \qquad (6.12)$$

式中，m、T_0、p_0、Ma 分别是截面 A 处的流量、总温、总压和马赫数。

发动机所需流量、喉道面积和 Ma 数三者是相互匹配的关系。为了降低进气道的总压损失，要求喉道 Ma 数 $M_{TH}<0.77$。根据发动机所需流量，可由上式得到喉道面积 A_{TH}。

进气道进口截面至喉道截面是一个收缩段。在选择喉道面积（A_{TH}）和进气面积（A_{HL}）的时候，需要注意两者之间的关系，即进气道的收缩比

$$C_R=A_{HL}/A_{TH} \qquad (6.13)$$

收缩比增大，进气道唇口附近的总压损失可以降低，但使外部阻力稍为增加，推荐值取 $C_R=1.08\sim1.12$。

（4）扩散段的面积与长度。

进气道的喉道截面至出口截面是一个扩散段。扩散段的设计是在确定的发动机进口面积条件下，选择两个参数：

a. 扩散面积比 $PR=A_F/A_{TH}$。

b. 长度直径比 $PL=L_D/D_F$。

扩散段面积比大，长度直径比小，扩散段内的 Ma 数递降梯度增加，扩散效率高。但是气流分离会严重一些。图 6.26 给出了低速情况气流分离边界随这两个参数的变化曲线，由图可选择其容许值。

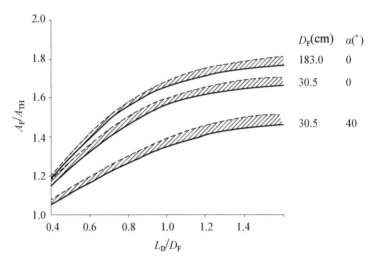

图 6.26　扩散段气流分离边界随这两个参数的变化(喉道 $Ma_{TH} = 0.6$,
自由流 $Ma_\infty = 0.12$)

一般情况是高速巡航时扩散段气流的分离情况比低速情况缓和。

(5) 短舱外罩的设计。

发动机短舱的外罩设计首先是根据发动机的大小确定短舱的最大截面面积(A_M)和长度(L_N)。如果外罩最大横截面不是圆,则以其当量直径(D_{max})来表示。短舱外罩的长度是外罩前段长度(L_M)与外罩后段长度(L_B)之和。然后进行前段与后段的气动设计。

a. 前段设计——厚度比:当进口处气流迎角为零以及流量比 $\phi < 1$ 时,短舱前段的阻力发散马赫数 Ma_{dd} 与短舱前段厚度比(t/l)有关。经验关系为

$$Ma_{dd} = 1 - 0.5(t/l) \tag{6.14}$$

式中,

$$t/l = \sqrt{1 - (R_{HL}/R_{max})^2} / (L_M/R_{max}) \tag{6.15}$$

式中,R_{HL}/R_{max} 为进气道进口面积比;L_M/R_{max} 为短舱前段长径比。

由式(6.15)可见,短舱前段厚度比(t/l)是与其唇口厚度有关的一个组合参数。涡扇发动机短舱典型的 $R_{HL}/R_{max} = 0.8 \sim 0.9$,则其 L_M/R_{max} 应大于 $0.55 \sim 0.75$,否则 M_{dd} 太低了。而且,M_{dd} 随迎角 α 的增加而减小,每增加迎角 $1°$,M_{dd} 大致下降 0.003。

b. 后段设计——收缩比：发动机短舱的后段设计主要是确定后段收缩比。后段收缩的程度不但与收缩面积比(D_{max}/D_B)有关，还与后段长径比(L_B/D_B)有关。其实是一个收缩角的大小：

$$\theta = \arctan \frac{D_{max} - D_B}{2L_B} \tag{6.16}$$

收缩面积比大，后段长径比小，收缩角也大，收缩度高。若收缩度高，外罩的浸润面积小，表面摩擦阻力小，但是，容易引起气流分离。在不产生气流分离的前提下，尽量减小摩擦阻力，这是短舱外罩设计的准则。此问题没有现成的经验公式或数据，应该采用 CFD 手段进行优化设计。一般 $\theta < 8°$ 也可作为优化的初值。

6.5.2　螺旋桨发动机的短舱设计

1) 短舱设计的复杂性

螺旋桨以及进气道的几何形状很复杂，所以螺旋桨发动机短舱的气动设计是很复杂的。以 Fokker50 螺旋桨飞机的发动机短舱为例（见图 6.27），看一下它的进气道。

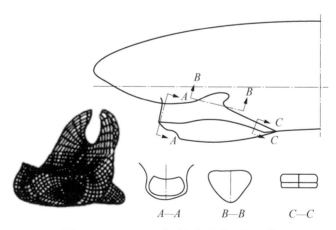

图 6.27　Fokker50 发动机短舱的几何形状

在图 6.27 中，$A—A$ 是进气喉道截面，$B—B$ 是发动机进气截面。为了使发动机不受外来物的侵袭，还有旁通管，$C—C$ 是旁通管的截面。

螺旋桨转动对进气道喉道截面的流场影响较大，这就更增加了短舱设计的复杂程度。

2) 短舱的设计要求

螺旋桨发动机短舱的一般设计要求与喷气发动机是相同的：①提供发动机所需的进气量；②保证发动机进口处均匀的流场；③要求进气道内较高的总压恢复；④尽可能小的短舱的外部阻力。

螺旋桨发动机短舱有它的特殊设计要求：

（1）进气道唇口型面。

进气道唇口的外部型面按设计条件下速度常值分布规律进行设计。

（2）有效横截面积分布。

保持进气道有效横截面积分布基本不变，为计入边界层效应扩散角一般取 2°。

（3）螺旋桨转动的影响。

需考虑螺旋桨转动对进气道喉道截面处流场畸变的影响。

（4）散热器进气管的流量。

散热器进气管的设计条件是海平面以最大连续功率爬升（$ISA+35°$）时所需的流量。为便于散热器的维护，把它安装于发动机进气道下面较好。为降低阻力，改变出口处的折流板角度以改变排气面积（见图 6.28）。

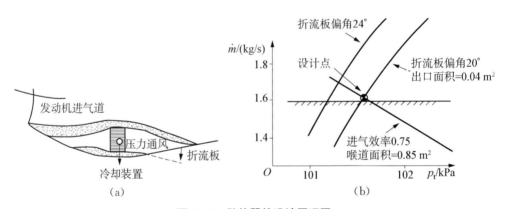

图 6.28 散热器的设计原理图

（a）散热器的折流板　（b）散热器的设计点

螺旋桨发动机短舱的气动设计与喷气发动机短舱设计大致相同，有些特殊的设计问题不在此细说。

关于"发动机短舱挂架的设计"在第 3 章超临界机翼设计的"3 机翼-吊挂/短舱一体化设计"中做了比较详细的介绍，这里不再重复。

6.5.3　机身进气道的设计

机翼下吊或者机身尾吊的外露发动机短舱,带来较大的阻力。一般地说,喷气式战斗机的飞行速度较大,短舱阻力更大。为了减小飞机的迎风面积,减小阻力,需把发动机安装在机身内。

早期的喷气式战斗机,大多是单发布局,发动机安装在机身内,不产生不对称力或力矩。现代的喷气式战斗机,为了隐身需要把发动机安装在机身内,在机翼、机身下可以外挂武器。

1) 进气口位置的选择

机身进气道的设计首先是确定进气布局,进气口位置的选择有机身头部进气、机身两侧进气、机身腹部进气、机翼根部进气和机身或机翼背部进气几种。

(1) 机身头部进气。

早期的喷气式飞机普遍采用头部进气形式(见图 6.29)。它的优点是可以避免机体对进气的干扰,进口前没有损失。内管道弯曲度小,流场畸变小。迎风面积小,外部阻力小。缺点是机身头部安装雷达困难。内管道长,内流损失大,增加了结构重量,还占据了一大部分机身的宝贵空间。这种形式的典型例子是苏联的 MiG - 15、MiG - 17、MiG - 19 和 MiG - 21 飞机。

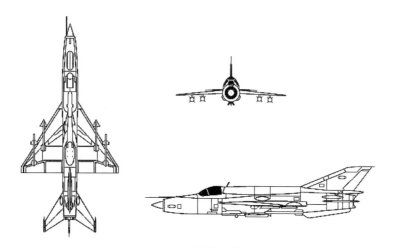

图 6.29　头部进气的飞机

(2) 机身两侧进气。

现在更常见的是两侧的进气形式(见图 6.30)。对于双发飞机,各侧进气道只对一个发动机供气,没有相互干扰。它的优点是进气道比头部进气的短,内流损失小。机身头部便于安装雷达,前机身的空间可以充分利用。缺点是侧滑飞行时,受前机身的影响,造成两侧进气不对称。大迎角飞行时,前机身流场的不利干扰可能引起唇口气流分离,也增大了流场畸变。这种形式的例子很多,苏联的 MiG-23、MiG-25、MiG-31 飞机和美国的 F-4、F-14、F-15 等飞机。

图 6.30 两侧进气的飞机

(3) 机身腹部进气。

腹部进气(见图 6.31)是一种比较先进的进气布局形式。它避免了侧滑飞行时机身侧壁阻挡,又具有机身两侧进气的其他优点。而且大迎角飞行时,机体的遮蔽作用使进口的当地迎角低于来流迎角,唇口气流分离和流场畸变都得到改善。但是,不利于对地攻击武器在机身下的安装和投放。而且容易被地面雷达搜索到。这种形式的例子有美国的 F-16 和 F-18 等飞机。

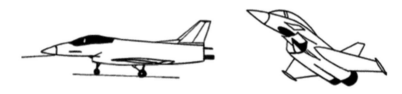

图 6.31 腹部进气的飞机

2) 进气道形式的选择

对于亚声速飞机,机身进气道形式比较简单,就是一般的皮托管式进气道。来流从进气道入口,在内管道经过收缩和扩散,到达进气道出口截面,满足发动机进口速度要求。对于超声速飞机,情况要复杂得多。因为,发动机进口的流速一般要求在 Ma 为 0.5 左右,飞机前方的超声速流进入进气道,必须经过激波的压缩后下降到亚声速,才能达到发动机进口速度的要求。于是,压缩形式的不同就有不同形式的进气道。

(1) 正激波进气道。

对于 Ma 数不大的超声速飞机,一般采用正激波(皮托管式)进气道[见图 6.32(a)]。超声速来流进入进气道,经过喉道的一道正激波,下降到亚声速,总压损失不大。这种进气道结构简单,进口按巡航状态设计,不需要激波调节和附面层抽吸系统。

(2) 外压缩进气道。

飞行 $Ma=1.5$ 以后,正激波进气道的总压损失太大。例如 $Ma_\infty=2.0$,正激波进气道的总压损失接近 30%。所以,采用外压缩进气道[见图 6.32(b)]。超声速来流进入进气道进口之前,先经过几道斜激波的预压缩,使气流下降到稍大于声速,然后通过喉道的一道正激波,达到亚声速。因为经过几道斜激波后气流的压缩缓和,使总压损失比较小。

这种进气道结构比较复杂,需要一套激波调节系统,二维进气道的压缩斜板,三维进气道的中心调节锥。还有附面层抽吸系统。

(3) 混合压缩进气道。

当飞行 $Ma=3.0$ 以后,外压缩进气道的唇口外罩角过大,波阻剧增,原进气道已不适用,需要采用混合压缩进气道[见图 6.32(c)]。超声速来流进入进口之前,也经过几道斜激波的压缩,然后利用其一系列反射激波,使气流压缩一部分在进气管道内完成,最后通过喉道的一道正激波,达到同样的压缩效率。

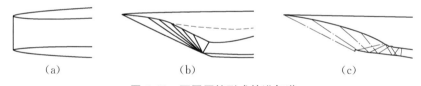

(a) 　　　　　　　　　(b) 　　　　　　　　　(c)

图 6.32　不同压缩形式的进气道

(a) 正激波进气道　 (b) 外压缩进气道　 (c) 混合压缩进气道

为了达到较高的效率,这种进气道必须在接近临界状态下工作,最终的激波正好在喉道之后。因此,必须对喉道流场有精确的了解,还要有一套快速反应的控制系统。

6.6　面积律设计

飞机设计中的所谓"面积律"是指飞机的纵向面积分布规律。它是跨声速、超声速飞机设计的一项重要的减阻技术。

6.6.1　跨声速面积律

1) 跨声速面积律概念

飞行器跨声速飞行时,它的零升波阻与其横截面积分布相同的旋成体的零升波阻是相同的,这个规律称为"跨声速面积律"。这就是说,在飞机给定的纵向位置上,飞机的横截面积和实际形状如何对激波阻力没有影响,有影响的只是各纵向位置的横截面积及横截面面积的纵向分布方式。

一个(尖头、尖尾)细长旋成体的零升波阻表达式为

$$C_{D0,\,w} = -\frac{1}{\pi A_{\max}} \int_0^L A''(x)\,\mathrm{d}x \int_0^L A''(x_1)\ln(x - x_1)\,\mathrm{d}x_1 \qquad (6.17)$$

式中,$A(x)$ 为细长旋成体在沿纵轴 x 站位的横截面积;$A''(x)$ 为横截面积分布的二阶导数;$A_{\max}$ 为细长旋成体的最大横截面积,也是计算零升波阻系数 $C_{D0,\,w}$ 的特征面积;L 为旋成体的总长度。

如果细长翼身组合体符合细长旋成体的条件,即小展弦比机翼,细长机身,它的零升波阻表达式是一样的。

2) 西亚斯-哈克旋成体

旋成体的横截面积分布不同,其零升阻力也不同。那么,什么样的面积分布能使零升波阻最小? 又能满足我们对容积的要求。这样的旋成体就是著名的西亚斯-哈克(Sears-Hack)旋成体。最小零升波阻的西亚斯-哈克旋成体有三种类型:

类型Ⅰ给定长度 L 和容积 V 的零升波阻最小;

类型Ⅱ给定长度 L 和直径 $d_{\max}$ 的零升波阻最小;

类型Ⅲ给定直径 $d_{\max}$ 和容积 V 的零升波阻最小。

这三种类型的面积分布如图 6.33 所示。

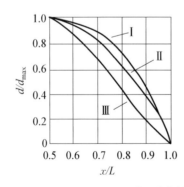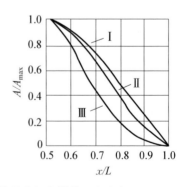

图 6.33　西亚斯-哈克旋成体的直径和横截面积分布

三种西亚斯-哈克旋成体的零升波阻系数和其容积如表 6.2 所示。

表 6.2 西亚斯-哈克旋成体阻力系数和容积

类型	给定条件	最小压差阻力(C_D)	容积比例常数(C_{pi})
Ⅰ	长度和容积	$\dfrac{9}{8}\pi^2\left(\dfrac{d}{L}\right)^2$	0.59
Ⅱ	长度和直径	$\pi^2\left(\dfrac{d}{L}\right)^2$	0.519
Ⅲ	直径和容积	$\dfrac{3}{2}\pi^2\left(\dfrac{d}{L}\right)^2$	0.392

注：表中实际容积由容积比例常数求得：$V = C_{pi}A_{max}L$。

这三种类型都有实际意义。对长度的限制，例如舰载飞机；对容积的限制，例如油箱、净载重、固定装置、起落架、发动机等都必须提供最小的容积，否则就无法安排；要提供必要的最小直径，例如驾驶舱必须给驾驶员提供必要高度；对长度、容积、直径的要求，需要在设计中进行优化布置、协调折中。

如果我们设计的飞机，其横截面积分布与西亚斯-哈克旋成体横截面积分布相同，则这个飞机的零升波阻将为最小。但实际上没有任何一架飞机能做到这点，只是尽力去做。

6.6.2 超声速面积律

1) 超声速面积律概念

飞机超声速飞行时的零升波阻与它所有子午角 θ 方向积分的当量旋成体零升波阻的平均值相等。这个规律称"超声速面积律"。当量旋成体为该马赫数下，用马赫锥面截取的组合体面积在垂直气流方向的正投影之轴向面积分布。

马赫锥面与飞机轴线的夹角：$\mu = \arcsin\dfrac{1}{Ma}$。

马赫锥面和子午角表示如图 6.34 所示。

对每个子午角 θ，当量细长旋成体的零升波阻力 $D_{0w}(\theta)$。

波阻系数为

$$C_{D0,w}(\theta) = \frac{1}{2\pi A_{max}}\int_0^l\int_0^l A''(x,\theta)A''(x_1,\theta)\ln|x-x_1|\,\mathrm{d}x\mathrm{d}x_1 \quad (6.18)$$

式中，θ 为旋成体子午面的角度；$A(x,\theta)$ 为站位 x 处，子午角为 θ 的马赫斜面所切割的飞机截面在垂直于 x 轴方向上的投影面积。与这个投影面积相同的旋成体称为当量旋成体。$A''(x,\theta)$ 为 $A(x,\theta)$ 的二阶导数。

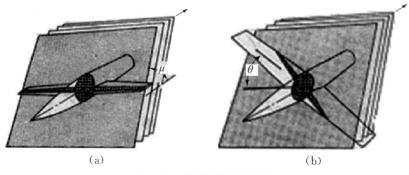

图 6.34 马赫锥面和子午角

(a) 马赫锥面 (b) 子午角(θ)

在超声速飞行时,对给定的来流马赫数 Ma_∞,由于不同的子午角 θ 的马赫数斜面所切割的飞机截面不同,其正投影所形成的当量旋成体也不同。对给定的 θ_i 角,飞机组合体就有一个当量细长旋成体,对另一个 θ_j 角,会有完全不同的另一个当量旋成体,因此,当 θ 从 0 连续变到 2π 时,则会有无穷多个当量旋成体,因而可计算无穷多个零升波阻值。取这无穷多个不同的零升波阻的平均值作为飞机组合体零升波阻值。

2) 两种面积律的区别

跨声速面积律只要求飞机横截面积分布平缓就会收到预期的效果,可以很直观地通过修削机身横截面积来实现。例如,纵向某一 x 站位处的横截面积高出多少,在同一站位处将机身横截面积减少多少即可。与机身横截面的形状无关。

超声速面积律的应用比跨声速面积律应用要复杂一些。

(1) 马赫锥的不同。

对不同的马赫数(Ma_∞),其马赫锥角(μ)不同,切割飞机所得到的当量旋成体也不同。因此,减阻的效果也不同,对某个马赫数理想,可能对另一马赫数更糟,需要通过计算来确定。

(2) 子午角的不同。

在给定的 Ma_∞,子午角(θ)不同,对某一个 θ 角,对应的当量旋成体的面积分布可能是理想的,从而使零升波阻减小。而对另一个 θ 角,其当量旋成体的面积分布可能更糟,从而使零升波阻增大。不如跨声速时那么单一和直观。

(3) 机身修形不同。

修削机身时,x 站位处当量旋成体的面积并不是该处机身或机翼的横截面积,而是在该站位处马赫斜面切割出斜面积的正投影面积。所以,要调整 x 站位处当量旋体的面积,只能调整被马赫斜面切割的那部分机身,使得斜切面积在 x 处的正投影发生变化,只在 x 站位增加或减小机身的横截面是不起作用。不同 θ 角下切割的正投影面积也不同,因此,要修削机身,不仅要考虑纵向的多大区域对 x 站位的正投影面积有影响,还要考虑这个区域内机身沿 θ 方向修削的影响。

6.6.3　面积律的应用

1) 面积律修形的原则

在获得全机气动布局草图之后即可进行全机横截面积调整。调整的原则是:

(1) 机翼、尾翼固定不变。

(2) 机身最大横截面积不增大,只修削机身的横截面积。

(3) 横截面积分布尽量达到或接近西亚斯-哈克旋成体。

(4) 至少使全机横截面积分布平缓、光滑,曲率变化小。

2) 面积律修形的步骤

首先介绍跨声速面积律的修形步骤:

(1) 确定临界长度和容积。

确定被机身蒙皮包容的所有物件,包括驾驶舱、客舱、货舱、发动机、起落架、油箱、雷达罩、设备、装备和各系统等物件占有的最小空间尺寸,并列出清单。所谓这些物件的“临界”长度和容积。

(2) 绘制部件横截面积分布图。

按全机气动布局三面图,给出机身、机翼、尾翼等的横截面积分布,叠加在一个全机面积分布图上。

(3) 扣除进气面积和喷气面积。

确定进气道的进气捕获面积和尾喷口的喷气面积,并在全机面积分布图中扣除。

(4) 靠向西亚斯-哈克旋成体。

按给定的飞机长度和容积,进行机身横截面积的修削,使全机达到或接近西亚斯-哈克旋成体的面积分布。

(5) 最后检查与验证。

检查修削后的机身与其包容物的相容性。

进行全机零升阻力的计算,检查减阻效果,最后进行风洞试验验证。

图 6.35 给出了全机面积调整的示例。

超声速面积律的修形步骤与跨声速情况大致相同,注意上节“(2)两种面积

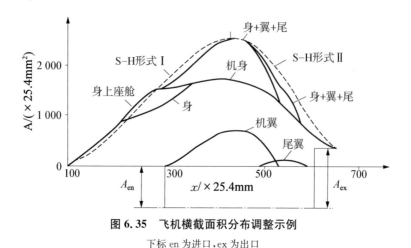

图 6.35 飞机横截面积分布调整示例

下标 en 为进口，ex 为出口

律的区别"中超声速面积律的(1)(2)(3)三个特点。调整步骤相对复杂一些。

3) 所谓"蜂腰"机身

根据面积律的修形原则：机翼、尾翼固定不变；只修削机身的横截面积，使其分布尽量接近西亚斯-哈克旋成体。这样，就生成所谓的"蜂腰"机身。

(1) 跨声速面积律修形。

由图 6.36 可以看到修削机身减小零升波阻的效果。这是早在 20 世纪 50 年代，惠特科姆(Whitcomb)通过试验证实的。

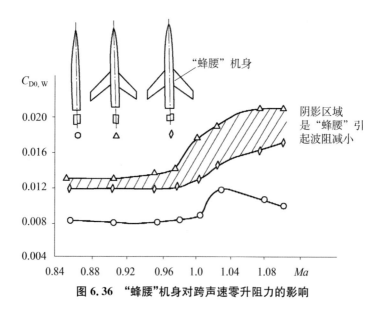

图 6.36 "蜂腰"机身对跨声速零升阻力的影响

应用面积律可使跨声速的零升波阻降低 25%～30%。随着速度的进一步增大,面积律的影响逐渐减小。当马赫数为 1.8～2.0 时,面积律实际已不起作用。

飞机在跨声速飞行时,如果使用面积律进行设计,可以推迟零升阻力到更大的马赫数才急剧上升,上升的量值也减小。飞机横截面积分布越是接近西亚斯-哈克旋成体,零升阻力急剧上升的马赫数越大,零升阻力增量越小。

(2) 超声速面积律修形。

图 6.37 是一个超声速面积律修形的例子。设计马赫数为 1.4,机翼等效旋成体是用 $Ma=1.4$ 的马赫斜面切割机翼所得正投影面积对子午角 θ 取平均值,减阻效果最佳。其他 Ma 数减阻就差些,到高 Ma 数减阻就很小了。

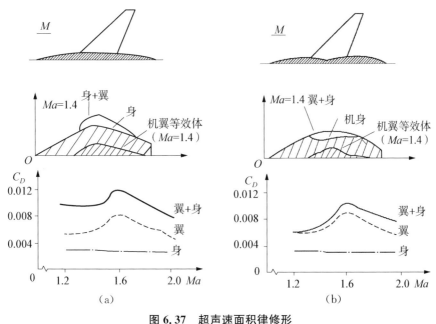

图 6.37　超声速面积律修形

(a) 修形前　(b) 修形后

参考文献

[1] 顾诵芬.飞机总体设计[M].北京:北京航空航天大学出版社,2001.

[2] 奥波特.运输类飞机的空气动力设计[M].顾诵芬,吴兴世,杨新军译.上海:上海交通大学出版社,2010.

[3] 方宝瑞.飞机气动布局设计[M].北京:北京航空工业出版社,1997.

[4] 张锡金.飞机设计手册:第 6 册　气动设计[M].北京:北京航空工业出版社,2002.

第7章 飞机的改装设计

　　有许多特殊用途的飞机,往往是由已成熟使用的飞机改装设计、生产而成。例如:当前常见的侦察机、预警指挥机,新研制发动机的飞行试验飞机,民用旅客机改为军用运输机,飞机某项主动控制技术的飞行试验验证,飞机的某个大系统和某个武器的更新,等等。一型新研制的飞机,在它走完整个研制过程、完成了飞行试验考核之后,需要扩展其使用功能或者继续发展,也会不断进行改进、改型。所以,国内、外飞机的改装设计是屡见不鲜的(见第2章"气动布局设计"中2.5节飞机型号的系列发展)。

　　飞机的改装设计与新飞机的研制大体相同,如飞机设计考虑的内容和设计流程。但是,改装设计与新飞机研制有两点不同之处。

　　(1) 改装设计都有被改装的原型机,局部的改装比全部重新设计要简单、方便。

　　(2) 原型机给改装设计带来许多约束条件,限制了设计师们能力的发挥。

　　因此,改装设计也需要科学的理论和态度,还需要有一种搞艺术的悟性,一种清晰的设计思路,卓越的综合能力。善于在多种矛盾的复杂情况中做出分析、判断、取舍和优选,得到飞机改装最佳的综合性能。

　　本章介绍飞机总体气动改装设计的思路、方法、流程和内容,最后选择一个改装设计的实例。

7.1 改装设计的特点与流程

7.1.1 飞机改装设计的特点

在前文中已经说过:改装设计与新飞机研制有两点不同之处。

为什么有这两点不同之处? 原因在于因为改装设计有其以下特点:

1) 批量较小

改装设计的飞机大多是特殊用途的飞机,需要的数量比较少,生产的批量比较小。一般是几架,多则十几架,甚至只有一两架。改装设计的特点大多与批量较少有关。

2) 要求较低

在保证安全,满足基本使用性能的条件下,一些其他性能和稳定、操纵要求可以适当降低。必要时对飞行条件做一定的限制。

3) 时间较短

改装设计大多是短期的紧急任务,需要迅速完成设计和生产的改装。在满足基本的、较低的要求条件下,也有可能迅速完成设计和生产。

4) 经费较少

改装设计的经费投入一般比较少,因为要求较低,时间较短,经费较少。如果改装设计需要花费与新研制飞机差不多的时间和代价,就不会考虑改装设计了。

基于这些特点,改装设计需要尽可能地利用原型机已有的条件,当然也带来了许多原型机已有条件的约束。

7.1.2　飞机改装设计的流程

飞机的改装设计大体可分为四个阶段,或者是四大步骤(见图 7.1)。

1) 选择原型机

根据需要改装飞机的用途,选择一型布局、重量和发动机合适的原型机。摸透原型机的气动特性、飞行性能和结构、系统。

2) 建立科学思路

在摸透原型机的基础上,建立科学的改装设计思路,需要总体规划,确定改装原则,并由此制订具体措施。

3) 论证总体方案

具体措施的第一项工作就是总体方案设计。包括气动布局设计、气动特性计算与试验、重量和发动机数据,进行初步的、主要的性能、操稳和载荷计算,论证改装设计方案的可行性。

4) 全面详细设计

如果总体方案论证结果满足使用指标要求,可以进行全面的详细改装设计。如果不满足使用指标要求,需要重新考虑总体设计方案,再做几轮设计工作。如果再几轮设计工作的论证结果还不满足使用指标要求,那改装设计的思路、规划或原则都可能有问题,则需要重新考虑改装思路。

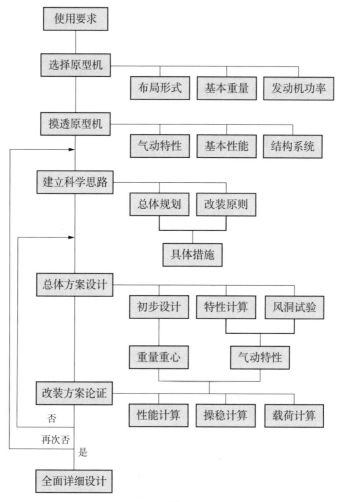

图 7.1　飞机改装总体设计流程

7.2　改装设计的基本条件

7.2.1　原型机选择的要点

根据使用功能需要,选择一型现成的、适合改装的飞机进行局部修改,以满足使用要求。原型机的选择主要考虑三个方面的因素。

1) 总体布局形式

首先选择总体布局形式适合改装的原型机，一般都是选择常规布局的飞机。原因如下：

（1）选择空间较大。

常规布局的飞机非常多，选择的空间比较大，容易选到合适的原型机。

（2）气动特性熟悉。

常规布局的飞机气动特性比较常规，容易掌握、分析和比较。

（3）结构系统易改装。

常规布局的飞机机体结构、各个系统也常规，便于进行结构和系统的改装设计和改装生产。

对于有些特殊使用需要的飞机也可能选择某种特殊布局的飞机，但是很少见。

2) 飞机基本重量

选择飞机基本重量，能够使改装后的飞机达到使用要求的原型机。主要重量指标如下：

（1）最大起飞重量。

从宏观上把握原型机的总吨位是否在可以满足改装使用的量级范围。

（2）制造空机重量。

从制造空机重量，了解原型机的机体结构重量、各个系统重量和动力装置重量。由此可以预计改装之后，飞机的制造空机重量。

（3）最大燃油重量。

了解飞机最多可以装载的燃油，可以预计改装之后飞机的最大航程与续航时间，是否可以满足使用要求。

3) 发动机功率

选择发动机功率(或推力)能够使改装后的飞机达到使用要求的原型机。

（1）最大起飞功率。

最关键的是发动机的最大起飞功率(或推力)。首先预计这样的发动机能否使改装后的飞机飞起来。

（2）选择新发动机。

如果发动机的功率(或推力)不够，需要选择合适的新发动机换装。

选择原型机的三个条件是必不可少的。但是，如果找到了合适的总体气动布局和合适的重量吨位的原型机，在这些原型机中却找不到合适的发动机，可以考虑发动机的改装设计。对于有些特殊使用需要的飞机,有一些特殊的改装项目,需要在结构、系统方面有特殊的选择。但是,以上三个基本条件是原型机选择都需要首先考虑落实的。

7.2.2　对原型机的深透了解

对原型机的了解不需要非常全面,只需了解有关方面的最主要的问题。但是,对主要问题必须了解得深入和透彻,不能一知半解。

1) 基本气动特性

基本气动特性包括以下几项。

(1) 纵向气动特性。

升力、阻力、俯仰力矩和纵向静稳定度。

(2) 横、航气动特性。

横向静稳定导数,航向静稳定导数。

(3) 操纵面效率。

升降舵(或平尾)、方向舵和副翼效率。

2) 主要飞行性能

(1) 基本飞行性能。

高速巡航性能、低速起落性能和飞行速度包线。

(2) 基本飞行品质。

纵向稳定性需要考虑焦点位置和重心后限;纵向操纵性需要考虑起飞、着陆的操纵能力和重心前限;横向、航向稳定性需要考虑横向静稳定性、航向静稳定性和协调匹配关系;横向、航向操纵性:飞机机动飞行和最大侧风的操纵要求满足的情况。

(3) 飞行载荷情况。

大致了解飞机的最大设计载荷情况、安全系数和剩余载荷系数。

3) 结构与系统

(1) 机体结构。

改装设计最后落实在某一部分机体结构的改装设计。要搞清是否能够改装? 是否容易改装? 哪一部分需要改变? 必须了解机体结构。

(2) 系统设备。

某些使用功能,对系统设备就有特殊的要求。如涉及飞行控制系统的飞行试验,需要了解机上的可用电量;涉及飞行座舱空调系统的飞行试验,需要了解机上的可用气量。这些项目很多,也不属于总体气动专业的范畴,本章不多介绍。

7.2.3　科学合理的设计思路

在选择合适的原型机并对此进行深入、透彻的了解之后,在着手进行改装设计之前,必须要有一个科学的改装设计思路。

1) 总体规划

科学的改装设计思路首先是要有总体规划。

(1) 确定改装设计目标。

根据改装设计飞机的使用功能和对原型机的了解,确定改装设计的目标。或者说是确定改装设计之后飞机的技术指标。

(2) 确定改装设计内容。

根据改装设计技术指标确定改装设计的内容,包括设计、计算、试验等一切改装设计必需包括的项目。

(3) 确定改装设计步骤。

统一规划,分步实施。根据改装设计的工作内容,确定几个实施步骤,或者分为几个阶段实施。最后,根据改装工作和时间要求,编制一个改装设计网络图。

2) 改装原则

改装设计的人员来自各个方面,对改装设计的理解各不相同,因此,需要明确该项改装设计的原则。

(1) 技术指标。

对于技术指标,应该分为必须确保的、尽量争取的和可以放弃的。

(2) 改装部位。

对于改装部位,应该分为可以改装的、尽量不改的和绝对不能变动的。

(3) 选用规范。

选用合适的设计规范。而且不能所有规范的条款都必须严格执行。应该分为必须执行的、可以降低要求的和不必采纳的。

3) 具体措施

在总体规划和改装原则确定的基础上,需要采取一些具体的措施,以保证改装设计的顺利进行。

(1) 组织人员。

需要选用与所涉及这项改装设计任务有关的专业技术人员。其中,每个专业都要有一两位飞机设计经验比较丰富的人员,最好是改装设计经验比较丰富的老技术员。因为这些老技术员知道哪些工作需要做细,哪些工作可以放松。这样可以节省设计的精力和缩短设计的时间。

(2) 创造条件。

创造改装设计的条件。对于改装设计与一般新型号设计不同在于改装设计都有原型机。需要有:①原型机的气动特性数据;②原型机的技术文件资料;③原型机的机体结构图纸;④原型机的一架飞机实物。

如果可能,搞一架原型机放在设计现场附近,设计人员可以方便地去参观、了解。

(3) 解决问题。

确定改装设计目标、内容和步骤之后,还需要预计这些目标、内容和步骤可能产生的问题。设想、准备好弥补和解决问题的措施。否则,一旦问题出现,就可能没有较好的解决措施,做不完确定的工作,达不到预定的目标。

7.3　改装的总体方案设计

飞机的改装设计主要是总体方案的设计。至于具体任务的具体改装内容,千差万别,不是本书所能够全部涵盖的。本章是从总体气动专业介绍飞机的改装设计。

7.3.1　气动布局方案设计

1) 气动布局设计

在第1章"空气动力学在飞机设计中的作用"中介绍了"飞机总体设计流程"(见图1.6)。改装设计与新型号设计一样,框图中左边的"气动布局设计"的各个方面都需考虑。与新型号设计不同的是不需要下面的各个方框都开展工作。最后,绘制飞机总体气动布局三面图,确定飞机改装后的总体及主要部件的几何参数。

2) 主要部件设计

部件气动力设计的项目和方法前面都做过介绍,对于改装设计,一般大部分部件不需要重新设计,有可能只是局部的改动。

3) 气动特性估算

为配合改装方案设计,做初步的气动特性工程估算。主要内容包括高、低速,飞机的不同构型,升力、阻力、俯仰力矩,横向、航向静稳定导数和三个舵面效率。计算的结果与原型机已有的气动数据进行比较,分析两机的差别是否合理,是否可以接受。

4) 风洞试验验证

采用模型风洞试验,验证改装设计的气动布局方案,验证部件改装设计的结果。最后提供一轮全机主要的风洞试验数据。

5) 总体布置改变

气动部件和机体结构的改装设计,总体布置有所改变。从总体气动的角度,主要关心飞机改装后的重量和重心的变化。

7.3.2　改装设计方案论证

至此,第一轮气动布局改装设计工作初步完成,有了改装飞机的气动特性数据以及重量和重心数据,加上发动机特性数据,就可以进行飞行性能、飞行品质和飞行载荷的估算,以此评估改装设计方案的初步结果,进行改装设计方案的论证。

1) 基本的飞行性能

计算飞行性能包括基本性能,即飞机的最大速度、最小速度和升限等主要的飞行性能、起落性能、巡航性能和机动性能。

(1) 比较飞行性能与原型机的差别。

(2) 分析改装设计后的飞机是否满足使用目标要求。

(3) 给出改装机的飞行速度包线。

2) 初步的飞行品质估算

对改装机的稳定性和操纵性做初步的、最主要项目的估算。

(1) 比较改装机的操稳特性与原型机的差别。

(2) 分析这些差别的严重性。某些不满足一、二级操稳指标的是否可以降级? 甚至某些不能满足常规操稳指标的,是否可以做一定的飞行状态的限制?

(3) 对必须满足而目前没有满足的操稳指标,提出飞机改装设计的建议。

3) 初步的飞行载荷估算

对改装机的飞行载荷做初步的、最主要项目的估算。

(1) 比较改装机的飞行载荷与原型机的差别。

(2) 分析这些差别的严重性,确定机体需要加强的部位和部件。

(3) 对不宜加强或者无法改装的部位和部件,提出飞机改装设计的建议。

4) 使用功能的初步分析

通过飞行性能、品质、载荷的计算、分析,从总体上判断,改装后的飞机能否满足使用要求(见图 7.1)。

(1) 如果完全满足使用功能要求,总体气动布局方案应该冻结,可以转入改装设计的下一阶段,也就是详细设计阶段。这样顺利的情况比较少,一般不大可能一次成功。

(2) 如果基本满足使用功能要求,总体气动布局方案应该是成立的。但是,需要根据存在的问题,做局部的改进设计,局部的性能、操稳、载荷估算。补充论证后,转入详细设计阶段。这种的情况比较多,一般不会完全按照理想的安排一次成功。

(3) 如果基本不满足使用功能要求,总体气动布局方案有问题,应该重新进行气动布局方案的设计。这种的情况也会出现,可能性较小。

(4) 如果完全不满足使用功能要求,总体气动布局方案又经几轮修改还不满足使用要求,则说明改装设计思路都有问题。需要重新建立科学的思路,包括总体规划,改装原则。这种的情况极少遇到,除非是改装的使用要求过高,不切实际。或者顶层技术领导思路不清,预计不准。

5) 改装设计方案的论证

改装设计方案的计算、分析、判断和论证,实际上是在改装设计过程中不断进行的。最后邀请几位专家,召开一次"改装设计方案评审会",确认这个改装设计方案的合理和可行。

对于这样的"专家评审",一两天,或者三五天,都不可能做到非常全面和深入。最终的判断和论证是设计人员自己的大量设计工作,设计人员对自己工作的责任和信心,是自己部门内部的真实判断和论证。

飞机的改装设计主要是总体方案的设计。总体方案确定之后,详细设计就不会产生大的、颠覆性的问题。至此,我们把"图 7.1 改装总体设计流程"中每个小方框的内容都做了介绍。这些一般性的、思路方法的介绍,没有数据,没有图表。下面介绍一个改装设计的实例。

7.4 一个典型实例

最典型的改装设计应该是带有圆盘形天线罩的空中预警机的改装设计。在现有机型基础上进行改装是常用的方法,以某型预警机(以"B15"表示)的改装为例,该项目是在已有机型(以"004"表示)基础上,在飞机机身后上方加装一个

$D=7\,\mathrm{m}$ 的圆盘形旋转式雷达天线罩,如图 7.2 所示。

图 7.2　典型预警机的布局图(见书后彩图 12)

初步预计,加装圆盘形雷达天线罩,全机零升阻力增加 $30\%\sim40\%$,为此,更换了大功率的发动机。全机外形和动力的显著改变,致使其基本的气动特性与原型机差别较大。从这个方面可以说,相当于另一个新型号的设计了。

此项改装设计任务是在 20 世纪 60 年代进行的。在那个年代美国和苏联有预警机,我国是第一次研制,雷达、电子等任务系统还不太成熟,飞机机体的改装设计是当时非常重要、非常关键的技术难题。

该任务是在空军部队组织实施的,来自各个设计研究单位的一百多位设计人员组成了总体气动、结构设计和发动机换装三个专业组开展工作。本节主要介绍改装设计中的四大技术问题。

7.4.1　纵、航向稳定性

1) 航向稳定与操纵

天线罩安装在垂直尾翼的正前方 6 m 左右的位置,它产生的扰流影响到垂尾的航向稳定性贡献和方向舵效率。从当时美国此类飞机的图片看到,早期改装的"E1B""EC121"都成三垂尾,其后研制的"E2A"是四垂尾,我们在风洞试验前也准备了三垂尾和四垂尾的模型。

(1) 航向静稳定性。

风洞试验结果表明:单垂尾方案的航向静稳定性下降 15%。我们加装了一个相当于垂尾面积 15%($3.336\,\mathrm{m}^2$)的腹鳍(见图 7.3),即补上了原型机水平(见表 7.1)。

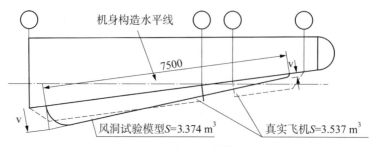

机身构造水平线

7500

v

v

风洞试验模型 S=3.374 m³

真实飞机 S=3.537 m³

图 7.3 后机身加装的腹鳍

表 7.1 航向静稳定导数 $C_{n\beta}$ 的试验结果

飞机构型	004	加天线罩	加腹鳍
$\alpha=4°$	−0.001 65	−0.001 38	−0.001 74
$\alpha=8°$	−0.001 55	−0.001 12	−0.001 55

（2）航向操纵性。

方向舵效率影响较小。考虑到"004"飞机原有较高的操纵效率（见表 7.2），所以没有采取任何措施。

表 7.2 方向舵效率 $C_{n\delta r}$ 的试验结果

飞机构型	004	加天线罩加腹鳍
$\alpha=4°$	−0.008 0	−0.007 4
$\alpha=8°$	−0.007 8	−0.007 2

航向稳定性与操纵性顺利解决，纵向静稳定性成为该预警机改装设计中的第一大技术问题，这是事前没有估计到的。

2）纵向静稳定性的下降

因为加装了天线罩，发动机动力加大和短舱伸长的影响，纵向静稳定性大幅度下降。

（1）天线罩的下洗。

背上的圆盘形大天线罩，相当于一个小展弦比（$A=1$）机翼。其尾迹，也就是自由涡系的诱导速度，增加了水平尾翼区域的下洗。风洞试验数据的整理结果（见表 7.3）表明，加装天线罩后，下洗率增大了 72.7%。

表 7.3　平尾区下洗率 $\dfrac{\partial \epsilon}{\partial \alpha}$

飞机构型	004	加天线罩
下洗率 $\dfrac{\partial \epsilon}{\partial \alpha}$	0.22	0.38

　　下洗率的增大使焦点前移,稳定度下降。即使我们在可能的范围内改变天线罩的形状(圆盘形或翼剖面形),位置(离机高度、前后距离或安装角)和支撑形式(半墙式或支杆式),焦点前移量大致都是 $(0.04 \sim 0.06) b_A$(平均气动弦长)。实际上,由于雷达视界、机体结构的限制,气动方面的选择余地是很小的。

　　(2) 动力影响增大。

　　风洞试验表明,"004"飞机加装了大天线罩,阻力明显增大,还有发动机短舱和平尾的改装,致使全机零升阻力增加 62.5%,巡航升阻比下降 29%(见表 7.4)。原来的动力装置不能满足改装使用要求。为此,将四台"Ащ - 73"活塞式螺旋桨发动机换装为"Аи - 20"涡轮螺旋桨发动机。相应的螺旋桨由"B - 3Б - AS"换为"AB - 68и"。一些主要的变化体现在如下三个方面。

　　a. 发动机的最大功率由 $4 \times 2\,400$ hp 改为 $4 \times 4\,000$ hp。

　　b. 螺旋桨直径由 $D = 5.056$ m 改为 $D = 4.5$ m,右旋改为左旋。

　　c. 螺旋桨旋转平面前移 1.96 m。

　　这些差别显著地改变了相应的动力影响,因此,做了低速动力模拟试验。鉴于当时没有"Ащ - 73"发动机和"B - 3Б - AS"螺旋桨的资料和数据,我们采用"004"飞机先换装功率与原发动机大致相当的"Аи - 24"涡轮螺旋桨发动机,作为过渡机(简称"过渡 1 号机"),发动机资料和螺旋桨模型都是现成的。以该机的动力作为原型机的动力,与"B15"进行动力影响的对比试验。而且,当时由于电机功率和转速的限制,只能用小速压($q = 25\ \mathrm{kg/m^2}$)进行试验,为了对比动力影响,无动力试验也是小速压的。

表 7.4　原型机与改装机阻力特性比较

飞机构型	C_{D0}	K_{max}	K_{cru}
004	0.024	17.3	16.2
B15	0.039	13.9	11.5

　　还须指出,在螺旋桨动力模拟试验中,欲得到模型动力(对应飞机重量与阻

力)和力矩(纵向配平 $C_m = 0$)同时匹配是非常困难的,即使现在也不简单。我们试用曲线迭交的方法(见图 7.4),找到双匹配的部分、主要的试验结果,给出了"B15"的动力影响数据(见表 7.5)。

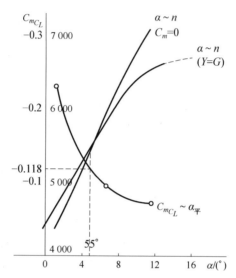

图 7.4 "过渡 1 号机"(收襟翼收起落架)双匹配曲线

表 7.5 动力模拟试验 C_{mC_L} 的结果比较

飞机	襟翼	C_{mC_L} 无动力	C_{mC_L} 带动力	δC_{mC_L}
过渡机(1 号)	$\delta_f = 0°$	-0.168	-0.118	0.050
过渡机(1 号)	$\delta_f = 25°$	-0.146	-0.106	0.040
B15	$\delta_f = 0°$	-0.200	-0.102	0.098
B15	$\delta_f = 25°$	-0.160	-0.082	0.078

从表中数据可见,与过渡机(1 号)相比,"B15"的动力对纵向静稳定度的影响:

正常平飞 ($\delta_f = 0°$, $\alpha = 4°$)$\Delta C_{mC_L} = 0.048 b_A$;

起飞爬高 ($\delta_f = 25°$, $\alpha = 8°$)$\Delta C_{mC_L} = 0.038 b_A$。

(3) 发动机短舱伸长。

当时为了缩短时间,减少改装工作量,而换装发动机,把装有"Аи－20"涡轮螺旋桨发动机的飞机短舱成品原封不动地加接到"004"飞机上。这样,新短舱比原短舱伸长 2.16 m(见图 7.5),相当于前面增加了 4 个小机身。

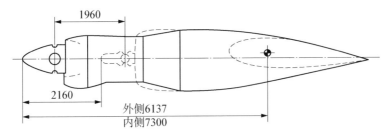

图 7.5　新短舱比原短舱的长度对比

由无动力试验结果(见表 7.6)看到,纵向静稳定度下降 $0.05b_A \sim 0.06b_A$。

表 7.6　不同长度短舱 C_{mC_L} 的试验结果

004	原短舱	加长短舱
C_{mC_L}	-0.303	-0.245

综合起来,加装天线罩、换装发动机和伸长短舱三个因素引起纵向静稳定度下降(焦点前移 $0.15b_A$ 左右)。如此重大的变化,不在气动布局上做较大的改动是难以满足的。但较大的改动是改装设计的工作和时间所不允许的。这就成了当时方案选型的关键,也是其后气动攻关的重点。

3) 解决稳定性的措施

(1) 增大平尾面积。

弥补纵向静稳定性不足最有效的措施是增大平尾的尾容量。平尾后移涉及气动布局和机身结构,这不现实,故只能增大平尾面积。

我们将平尾沿弦向向前拉长 10%,展向增长 1.20 m,合计增大面积 $5.26\,\mathrm{m}^2$,这已经是后机身结构强度所能承受的最大限度。为了更充分发挥其效率,又在平尾翼尖加装 $1 \times 1.5\,\mathrm{m}^2$ 的端板(见图 7.6)。

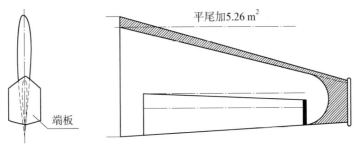

图 7.6　平尾平面形状的变化

初步的风洞试验结果列于表 7.7。

表 7.7 不同平尾面积 C_{mC_L} 的试验结果

004	原平尾	加大平尾
C_{mC_L}	−0.303	−0.355

得到的纵向静稳定性收益 $\Delta C_{mC_L} = -0.05b_A \sim -0.06b_A$，还不到总下降量的一半。

（2）原始数据复核。

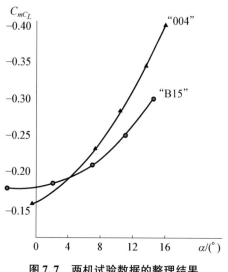

图 7.7 两机试验数据的整理结果

a. 试验数据复核：严格按照教科书上的概念，在力矩平衡点（$C_m = 0$）取导得 C_{mC_L} 值。这样避免习惯在小迎角取值的任意性，但也同时带来平衡点的迎角对 C_{mC_L} 的影响。

在实际飞行中，由于机翼的下洗，平尾相对于机翼应有较小的当地迎角。因此，迎角增大时，飞机的 $C_L \sim \alpha$ 曲线的非线性较 $C_m \sim \alpha$ 严重，将随迎角的增大而增大，迎角越大非线性增加越明显。在风洞试验中，雷诺数越低，试验结果越明显。图 7.7 是"004"原型机与改装的"B15"预警机无动力试验数据的整理结果。

从图 7.7 中曲线可以看到，平飞状态（$\delta_f = 0^o$，$\alpha = 4^o$）"B15"与"004"的纵向静稳定性基本相当。也就是说，各个部件测得的影响量不等于它们的组合的影响，以全机比较，只差动力影响 $\Delta C_{mC_L} = 0.04b_A \sim 0.05b_A$。起飞状态同样处理得到的结果是一样的，甚至"B15"还稍好一点 $\Delta C_{mC_L} = -0.02b_A$。

b. 资料数据复核：苏联 1949 年版的《004 飞机机械说明书》第一册（中译本）说："最大油门，重心位置为 CAX 空气动力弦的 32％及放起落架和襟翼放至起飞（25°）位置的情况下，004 飞机实际是随遇平衡的。"

1953 年版本修订："允许重心范围，最大前空气动力弦（18％～24％）CAX；最大后空气动力弦不超过 35％ CAX。"

《004 飞机驾驶员手册》中记载"飞机当重心为 27% 平均空气动力弦及表速为 290 km/h 时,过载安定移动量将大于 10% 平均空气动力弦。"

显然,"004"原型机平飞状态,焦点在 $0.37b_A$。起飞状态重心后限是 $0.35b_A$。

(3) 飞行试验验证。

试验数据的修正和资料数据的复核,只是一部分依据,天上飞行的飞机必须要有安全、可靠的充分依据。于是进行飞行试验验证。

a. "004"试飞:利用已有飞机和熟练驾驶员的有利条件,我们采用急跃法进行飞行试验,测定"004"原型机的纵向静稳定性,得到焦点位置在 $-0.44b_A \sim -0.45b_A$。

b. "过渡 2 号机"试飞:在改装生产的过程中,换装发动机、伸长短舱、改装已经完成,但天线罩尚未加装,我们利用另一架过渡机(称"过渡 2 号机")进行飞行试验,测定其纵向稳定性,得到它的握杆中性点在 $C_{mC_L} = (-0.46 \sim -0.47)b_A$。

c. "B15"试飞。

综合以上的风洞试验和飞行试验结果,与"004"原型机相比,"B15"飞机的平飞状态,焦点前移 $0.04b_A \sim 0.05b_A$,后重心取 $0.30b_A \sim 0.31b_A$ 是有把握的。起飞状态,焦点前移 $0.02b_A \sim 0.03b_A$,后重心取 $0.30b_A \sim 0.31b_A$ 也没有问题。在此基础上,最后进行"B15"的飞行试验验证。

飞机所在部队确认,"004"原型机的后重心是 $0.32b_A$,因此,驾驶员均以 $0.30b_A$ 作为实际重心后限,从不轻易闯跃。为了安全保险,把首次试验的重心定在 $0.26b_A$。试飞的大队长问我:"告诉我,相当于原来 004 飞机的什么位置?"这个问题是不能直接回答的,我当时对他说:"没有问题,我会跟你一起上天的。"我们准备了大铅块,逐次向后搬移,直到重心位于 $0.29b_A$ 时,大队长反映,飞机稳定性良好,我要求第一次试飞到此为止。可见"B15"的重心后限是在 $0.30b_A$ 之后。

由此,"B15"飞机纵向静稳定性不足的问题得到最后解决。

7.4.2　螺旋桨的侧洗流

1) 侧洗现象及其严重性

"004"飞机换装了"Аи‐24"涡轮螺旋桨发动机("过渡 1 号机"),由于原来的右旋螺旋桨变为左旋,起飞滑跑过程中,飞机右偏左倾。"004"飞机没有前轮转弯机构,驾驶员不得不几次点刹左轮,纠正滑跑方向。这样,滑跑的轨迹是"S"形的折线,影响飞机加速,甚至安全。

这是发动机螺旋桨向左(驾驶员前视,反时针方向)旋转产生的侧洗流,有一个垂直于垂尾的速度分量打在垂尾上(见图 7.8),引起一个偏航力矩(ΔC_n),使飞机在滑跑过程中右偏;还有一个滚转力矩($-\Delta C_l$),在飞机主轮离地瞬间左倾。

图 7.8 螺旋桨的侧洗流的影响

可以设想,换装了大功率的"Аи-20"发动机,又加装大天线罩,这个趋势肯定更加严重。能否解决这个问题? 领导机关、技术人员、飞行机组都十分担忧。

2) 分析、处理思路

(1) 偏航是主要的。

螺旋桨向左旋转的滑流作用在垂尾上,产生侧向力,其压心离飞机重心的水平距离比较远,偏航力矩比较大。侧向力的压心离飞机重心的垂直距离比较近,滚转力矩比较小。所以,在偏航与侧滚问题中,前者是主要的。

(2) 偏航力矩不变。

螺旋桨工作时,带动周围气流旋转,转动气流的力矩等于气流对螺旋桨的反作用力矩,等于发动机发出的扭矩。因此,从能量的角度来看,侧洗流在垂尾上的作用力与气流对螺旋桨的反作用力矩,即发动机的扭矩成正比。所以,滑流引起的偏航力矩(不是力矩系数)只与发动机的功率有关,而与飞行速度无关。这样,起飞离地这一瞬间的偏航力矩就是整个滑跑过程中的偏航力矩。

(3) 用拉力差来平衡。

在起飞滑跑,特别是开始阶段,速压很小,方向舵不能平衡如此大的偏航力矩。我们试图利用左右发动机的拉力差来平衡这个偏航力矩。

（4）只考虑起飞滑跑。

飞机的巡航状态有一定的速度，速压较大，侧洗影响可由方向舵（很小的）偏转来平衡。着陆状态使用的发动机功率很小，侧洗本身很小，可以不计。所以，只考虑起飞滑跑。

3) 发动机拉力差计算

（1）发动机的拉力。

发动机的拉力为

$$P = \frac{75N}{V}\eta \tag{7.1}$$

与发动机功率（N）有关，还随飞行速度（V）变化。因此，计算平衡侧洗的力矩需要考虑滑跑速度的影响。

（2）平衡力矩的拉力差。

右侧发动机拉力不变，减小左边外侧发动机的拉力，形成的力矩来平衡侧洗力矩。

$$\Delta P = \frac{\Delta C_n}{B} \tag{7.2}$$

式中，ΔC_n 为侧洗引起一个偏航力矩。由有、无动力试验的 C_n 差量得到（见图 7.9），全机方向舵效率试验，侧滑角 $\beta = 0°$，取方向舵偏角 $\delta_r = 0°$。B 为外侧发动机轴线至机身对称面的距离。

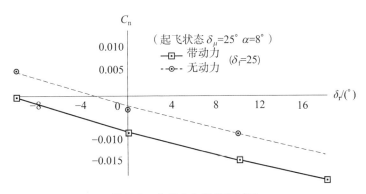

图 7.9　全机方向舵效率试验

（3）拉力差换为油门差。

驾驶员控制发动机油门，要求给出左外发的油门减小度数（$\Delta \alpha_\beta^o$）。

对于改装工程尽量简化处理。把发动机拉力与速度、拉力与功率、功率与油门杆位置的关系都作近似线性化。例如，"Аи-20"发动机的特性曲线的线性化如图 7.10 所示。

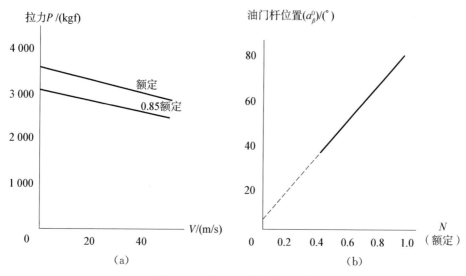

图 7.10 "Аи-20"发动机特性

(a) "Аи-20"的速度特性　(b) "Аи-20"的油门特性

拉力与速度：

$$\Delta P_{0.15} = 520 - 2V \tag{7.3}$$

拉力与功率：

$$\frac{\Delta N}{N_0} = \frac{0.15}{520 - 2V} \Delta P \tag{7.4}$$

功率与油门杆位置：

$$\Delta \alpha_\beta^o = 80 \frac{\Delta N}{N} \tag{7.5}$$

式中，$\Delta P_{0.15}$ 为功率差为 0.15 额定时的拉力；N_0 为额定功率，取单位值 = 1.0。

最后得到"Аи-20"发动机油门杆差、侧洗力矩和滑行速度的关系为

$$\Delta \alpha_\beta^o = 1.266 \frac{\Delta C_n}{520 - 2V} \tag{7.6}$$

换装"Ан-24"发动机的"过渡 1 号机"也做同样处理。

（4）三型飞机的计算结果。

根据"Ан-20"和"Ан-24"发动机特性的近似简化公式，计算了"过渡 1 号机""过渡 2 号机"和"B15"飞机的起飞滑跑过程平衡侧洗力矩的发动机油门差（见表 7.8）。

表 7.8　左外侧发动机油门的减小值 $\Delta\alpha_\beta^o$（°）

飞机	ΔC_n	0	10	20	30	40	50
过渡 1 号机	$-1\,635$	20.1	21.0	21.9	22.9	24.0	25.2
过渡 2 号机	$-2\,720$	6.63	6.89	7.18	7.49	7.83	8.20
B15	$-5\,656$	13.77	14.32	14.92	15.57	16.27	17.05

4）飞行试验验证

（1）试飞数据再简化。

在实际飞行中，飞机滑行的时间很短，螺旋桨发动机的加速性较差，而且驾驶员起飞时工作又紧张，要求驾驶员随滑行速度正确及时地调整油门杆的位置是不现实的。因此，用左外发油门减小一定的值，来平衡大部分的侧洗偏航力矩，尚有一小部分的 ΔC_n 影响不大了。比如，我们取滑行速度 $V = 20 \sim 30 \ \mathrm{m/s}$ 的平均 $\Delta\alpha_\beta^o$（°）：

"过渡 1 号机"$\Delta\alpha_\beta^o = 21.5°$；

"过渡 2 号机"$\Delta\alpha_\beta^o = 7.3°$；

"B15"$\Delta\alpha_\beta^o = 15.2°$。

（2）过渡机的飞行试验。

为确保安全，首先在两架过渡机上进行试验。"过渡 1 号机"于 1970 年 8 月上旬进行侧洗偏航的专题飞行试验。驾驶员不相信有这么大的油门差，开始将 $\Delta\alpha_\beta^o$ 调整到 2°、3°、6°、10°，接着一下推到 20°，滑行过程飞机没有偏航现象，离地瞬间也不左倾。

"过渡 2 号机"于 1970 年 8 月中旬进行试飞。将 $\Delta\alpha_\beta^o$ 调整到 8°，飞机平稳地上天了。

当时是"文化大革命"时期，是知识分子地位极低的年代，具有丰富驾驶经验的飞行大队长起初不相信我们的计算数据。如此"一炮打响"，给以后飞机的改装设计和飞行试验打下比较有利的基础。

(3) "B15"预警机的试飞验证。

对于这两架过渡机的飞行试验有如此理想的结果,我们也没有想到。并不是我们对自己的技术处理没有把握,而是可靠的依据太少,只能找到几个零星的发动机数据和风洞试验曲线。又经过近似、线性化、外插等无奈的处理,试验前是比较担心的。

这两架机的飞行试验增加了我们的信心,也增加了驾驶员对我们技术的可信度。1971 年 6 月间,开展试飞任务的飞机完成多次滑行试验,情况良好。10日正式试飞,调整左外发的油门杆的位置 $\Delta\alpha_\beta^0 = 12°$,飞机滑行,平稳上天。我们给出的油门差偏大,可能是该型预警机的动力模拟试验找到的侧洗偏航力矩 ΔC_n 过大引起的。

7.4.3 天线罩的旋转及其载荷

1) 天线罩旋转的影响

固定的天线罩影响,已将它与飞机作为一个整体,做了风洞试验和计算分析。当天线罩以 6 r/s 的速度旋转起来,不知道会产生什么问题,军方领导和有关人士都有些担心。我们没有这方面实践,预计这样低的旋转速度问题不大,但有什么依据呢? 做这项风洞试验须搞清模拟准则,制作质量相似的模型,时间不允许。为此,我们从所能想象到的几个方面,以最安全的处理,估计旋转的影响。

(1) 对尾流的扰动。

天线罩转动带动周围气流旋转。气流旋转的横向速度分量(V_c)视作为正侧风,折合飞行的侧滑角($\Delta\beta$)。

(2) 机动飞行进动。

天线罩旋转的同时,当飞机做纵向抬头机动,产生一个滚转(左倾)力矩,平衡这个力矩需要副翼偏转一个角度(δ_a)。当飞机做横向右倾机动时,产生一个俯仰(抬头)力矩,平衡这个力矩需要升降舵偏转一个角度(δ_e)。

(3) 空气摩擦作用。

天线罩转动,由于摩擦,空气对它有一个反作用力矩,使飞机向反方向转动。平衡这个力矩需要方向舵偏转一个角度(δ_r)。

(4) 紧急刹车制动。

天线罩转动中,紧急刹车力矩作用在飞机上。平衡这个力矩需要方向舵偏转(δr)一个角度。上述各种情况的计算结果列于表 7.9。

表 7.9　天线罩旋转影响的估计

可能的影响	产生效果	相当量级	对应偏度
对尾流的扰动	折合正侧风	$V_c = 2.2 \text{ m/s}$	$\Delta\beta = 1°18'$
机动飞行进动	抬头进动力矩	$M_x = -248 \text{ kg} \cdot \text{m}$	$\delta_a = 0.022°$
机动飞行进动	右倾进动力矩	$M_z = 59.5 \text{ kg} \cdot \text{m}$	$\delta_e = 0.008°$
空气摩擦作用	反作用力矩	$M_y = 0.55 \text{ kg} \cdot \text{m}$	$\delta_r = 0.000\,2°$
紧急刹车制动	反制动力矩	$M_y = 248 \text{ kg} \cdot \text{m}$	$\delta_r = 0.093°$

从计算结果可以看到：$\Delta\beta = 1°18'$ 的侧滑角，驾驶员没有感觉，飞行大队长反问我："你骑过自行车吗？让你偏转 $1°18'$ 能感觉到吗？"副翼、升降舵、方向舵的最大偏度不超过 $0.1°$，就更无法做到，也不需要做到。总之，天线罩旋转的影响极小。飞行试验结果发现运转十分平稳，启动、刹车过程中驾驶员没有任何感觉。

2) 天线罩的载荷计算方法

当时，对于常规布局飞机的飞行载荷计算是依据苏联的 1947 年和 1953 年强度规范。美国 MIL-A-008860 系列规范尚未引进，我国的《军用飞机强度和刚度规范》在其 15 年之后才颁布。圆盘形天线罩的飞行载荷如何确定？当时没有任何规范和资料可供参考，这又是改装设计中的一大难题。我们做了低速风洞的测力、测压试验，先后进行了 6 轮载荷计算和修订，召集了两次专家审议会。上层领导希望在此基础上归纳一个具有规范性质的文件，所谓的"中国规范"，这显然是力所不能及的。

按照天线罩的布局和飞行状态，根据苏联的 1947 和 1953 年强度规范，我们初步给出了一个《天线罩载荷计算方法》。

（1）状态的确定。

a. 强度设计情况：安装了大天线罩的空中预警机，是以正常巡逻搜索敌方目标为主要任务。这类飞机不允许也不需要做特殊的机动飞行。所以不稳定气流中飞行是它的最危险飞行状态，即所谓的"天线罩强度的设计情况"。

b. 安全系数和载荷分布：为了有足够的"视界"，天线罩高高地安装在机身中后部。飞行中气流的流动与机翼或者"T"形尾翼相近。因此，安全系数和载荷分布参照苏联强度规范的机翼与尾翼部分来确定。

c. 非对称载荷情况：非对称载荷（滚转）和侧向载荷（侧向力）分别作为水平尾翼和副油箱（H_σ 情况）处理。

d. 强度校核状态：为了确保飞行安全,还计算了最大过载〈A〉、最大最大速压〈A′〉、最小过载〈D′〉的飞行以及粗暴着陆状态〈Eщ〉。作为天线罩强度校核及其支撑结构的部件设计使用,并给飞机飞行限制提供依据。

(2) 计算与限制。

确定了状态,采用苏联设计规范计算是十分简单的。问题是原型机已经比较老旧,安装天线整流罩及其附件的总重量不超过 3 t。而且天线罩转轴这个主要承力件"擎天柱"的锻造质量很差,有许多砂眼。加工的师傅说:"这样的东西拖拉机上都不能用,你们还想装在飞机上?"。但是,重新铸造一个天线罩转轴,时间不允许。怎么办? 我们取出"擎天柱"一小块样件做强度试验,依照这个试验数据计算飞行载荷,再对飞行条件做一定的限制。

a. 特定飞行条件的限制——降低载荷水平,反算特定飞行条件。

例如下述两种飞行条件:①最大平飞的过载限制和突风速度的限制;②最小负过载的最大平飞速度的限制。

b. 降低极限速度和速压——载荷计算人员提出建议,降低原来的极限速度和速压,由强度会审的专家确定。

例如以下三种情况:①最大速压 $q_{max} = 1\,160\,\text{kg/m}^2$;②最大平飞速度 $V_{max} = 440\,\text{km/h}$;③不稳定气流的巡航速度 $V = 364\,\text{km/h}$,以此确定天线罩的最后一轮飞行载荷(见表 7.10)。

表 7.10　天线罩最后修订的载荷计算结果

载荷状态	设计状态	校核状态			
载荷项目	不稳定气流	A	A'	D	Eщ
使用过载	−0.87	2.7	2.7	−0.7	3.75
飞行速压	638	500	1 160	705	140
天线罩迎角	−11.5	12.7	1.0	−8.8	3.2
气动载荷 D/kg	1 732	1 213	1 563	1 546	189
气动载荷 L/kg	−4 323	2 753	−804	−3 228	0
气动载荷 $M/(\text{kg}\cdot\text{m})$	−16 420	4 043	−10 004	−14 013	−906
安全系数	1.5	1.5	1.5	1.5	1.8

经过三次强度评审会,对天线罩计算思路、方法以及飞行条件限制的处理,得到专家的一致确认。

7.4.4　垂直尾翼的扰流抖振

在飞机改装方案设想阶段,我们曾经提到:天线罩引起垂直尾翼抖振的可能性。但是经过选型风洞试验,改装方案确定之后,注意力集中在解决前面三大气动难题,而将这个问题忽略了,1971 年 6 月初步飞行试验中终于出现。

这里从全机气动设计的角度来分析和处理这个问题。

1) 抖振的严重程度

在最初的几次起落航线飞行中,驾驶员反映:在飞机离地、爬高、转弯、大速度平飞和下滑过程中,脚蹬上(由垂尾传来)有敲打声,每秒二三次。放襟翼时,驾驶盘上(由平尾传来)也感觉有"达达"的声音。

我们上机观察,并用电影录像,明显看到垂尾有间断的、规律的抖动,翼尖最大(全)振幅大约 40 mm。当时找到国外类似大型飞机的规范和振动实测数据(见表 7.11)进行比较,可以看到,比标准最高的 B‑58 飞机的最大振幅(均方根值)还大 8 倍。

表 7.11　国外大型飞机的规范和振动实测数据

飞行型号	B‑58	B‑52	XC‑123D	C‑133A
(单)振幅/均方根 mm	2.45	1.27	1.27	1.016

如此严重的振动,不仅影响飞机的疲劳寿命,而且,是否能够安全飞行,是否将改装研制工作继续进行下去都是问题!

2) 抖振的原因分析

1971 年 8 月,我们在天线罩下表面粘贴丝线,观察飞行流动状态。天线罩在空中旋转,罩的前方、左右两侧的丝线都是匀直的。每当丝线转到后面,就不规则地跳摆(见图 7.11),有的丝线还向前飘舞。

最严重的有三个区域:①电动机整流罩后方;②附件整流罩后部和后方;③天线罩的后缘附近。

9 月在西工大"F‑2"风洞,用 1∶50 的飞机模型也粘贴丝线后做流谱试验,观察到的情况大体相同。而且看到天线罩后下方,即垂尾正前方有较大的湍流区域。

原因应该很清楚,有以下几个:

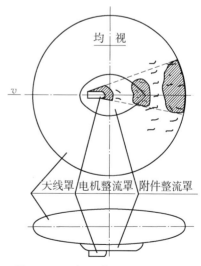

图 7.11　飞行观察天线罩下丝线的飘摆

（1）天线罩太厚钝。

天线罩高 1 600 mm，相对厚度 $\bar{c}=22.86$。前、后缘太钝，半径 $R=380$ mm。后缘气流分离是自然的。

（2）附件整流罩太大。

附件整流罩高 380 mm，与天线罩组合起来，实际相对厚度 $\bar{c}=27\%$。比美国的 E-2A"鹰眼"和苏联的 Ty-114"鲜苔"约大一倍。其后缘气流的分离更严重。

（3）减速器的整流包太粗。

电动机减速器是一个钝头钝底的圆柱体。还有托架、波导管、电缆等外露部件，它们后面是气流最紊乱的地方。三股紊乱气流形成的分离区，在天线罩后下方产生大量的涡流，作用在尾翼、主要是垂尾上，引起了与后机身和垂尾（自振频率）相应的扰流抖振。

后经"B15"飞机的多次地面和空中飞行测定，结果如表 7.12 所示。

表 7.12　振动实测数据

部件	刚度	频率/(c/s)	(单)振幅/均方根 mm
后机身	一阶弯曲	3.5	4
垂直尾翼	一阶弯曲	11.7	4

专家们认为：3.5/(c/s)的后机身一阶弯曲无大危险，而 12 c 的垂尾振动超过规范所定振幅的 4 倍，是必须排除的。

3) 几种排振的措施

当时设想了几十种排振的措施，值得介绍的有四种。

（1）加强后机身结构。

最简单的方法是将机身腹部的弹舱门用螺栓连紧固定，以消除机身腹部的大缺口，加强后机身的弯曲和扭转刚度。

飞行试验结果，驾驶员有所感觉，目测振幅也有减小，但不明显。严重的扰流抖振想通过简单的结构改变来完全解决，看来难以实现。

（2）天线罩后缘喷气。

加工直径约 4 mm 的 12 支喷管，组成一个排管，采用容积为 37 dm³，压力 $p=150$ kg/cm² 的 6 个高压冷气瓶供气，接到天线罩下表面后缘喷气，以增加表面气流的能量，吹驱分离流。

飞行试验开始,驾驶员有明显感觉,目测振幅也减小了。但是,二三分钟(最多六分钟)就把气喷完了。此方法用气量过大,也难解决问题。

(3) 气动机理排振源。

从抖振的原因分析可知,振源来自三个部件引起的气流分离。遵循气动机理,从振源开始着手解决。这四种减振措施如图 7.12 所示。

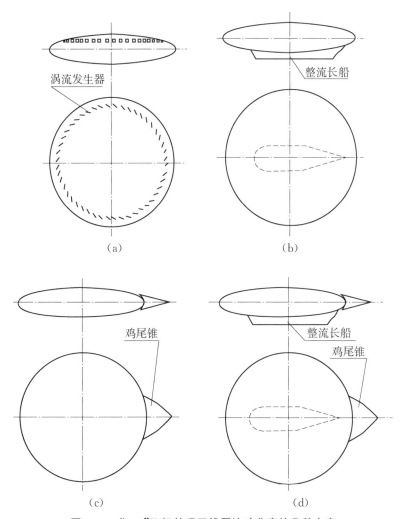

图 7.12　"B15"飞机处理天线罩流动分离的几种方案

(a) 天线罩上表面的涡流发生器　(b) 天线罩下的长船整流罩　(c) 天线罩后缘的鸡尾整流锥　(d) 长船+鸡尾锥

a. 涡流发生器:在天线罩上表面靠外缘分布一圈扰流片[见图 7.12(a)],

产生定向涡,促进周围气流的能量交换,驱散分离流。

　　b. 长船整流罩:将天线罩下的附件整流罩压窄、加长,变成较长的船形整流罩[见图 7.12(b)],以改善这个区域的流动。

　　c. 鸡尾整流锥:在天线罩后缘加装一个鸡尾形状的整流锥[见图 7.12(c)],以改善罩后缘区域的流动。

　　d. 长船+鸡锥:预计长船整流罩有一定的减振效果,再加鸡尾整流锥[见图 7.12(d)],可能更好。

　　在四川"FL-12"风洞开展了垂尾弹性模拟试验,测得的主要结果摘录如表 7.13 所示。

表 7.13　气动减振措施的风洞试验效果(%)

迎角 减振措施	机身迎角 1°	机身迎角 5°
涡流发生器	14.9	23.8
长船整流罩	25.6	26.4
鸡尾整流锥	48.7	50.1
长船+鸡锥	55.4	65.5

　　后期采用了长船整流罩,并开展了试飞工作。驾驶员反映:放襟翼下滑过程中,驾驶盘上的"达达声"已经感觉不到;脚蹬上的振动也减轻了。气动减振收到一定的效果,但是没有满足排振指标的要求。

　　按振动专家的估计:如果减振 75%,疲劳寿命还有原来的 0.273 倍。原型机"004"以 3 000 h 计算,还可以飞 820 h;若是减振 50%,只能飞 96 h。考虑到:

　　a. 气动整流根除振源,安全可靠。

　　b. 可以减小阻力,改善飞行性能。

　　c. 如果改进设计,将电动机减速器的整流包装入长船整流罩内,减振效果还可提高 38%。

　　长船整流罩经过风洞试验,外形结构设计,载荷强度计算等工作,决定采用。

　　(4) 安装垂尾吸振器。

　　排除振源的方法没有完全解决问题,只能从振动后果着手,在垂尾上加装一副吸振器。从原理上说:决定一个弹性系统的弹性特性是其质量、刚度和介质。合理地配置这个系统的质量和弹簧刚度,就改变了它的振动频率、振幅和功率。

有关吸振器设计是强度专业的事，此处不做介绍。作为整个排振工作，提一下最后的结果：

a. 振幅减小 80%，单幅（均方根）$A=0.4\sim0.7$ mm。

b. 由一个频段（12 cls）变为二个频段（8 和 14 cls）。

按照英国规范"2G-100"的长时间振动要求，$A<0.5$ mm。至此，"B15"的垂尾扰流抖振问题基本解决。

4）经验与教训

该预警飞机的改装，从"004"原型机的测绘开始，设计风洞试验模型，选择改装设计方案，进行天线罩设计，换装发动机的设计，平尾的放大设计，机身结构的局部加强设计，气动力数据的风洞试验，数据修正处理，性能、操稳、载荷计算，以及所有改装、加装和换装部分的生产，直到飞机上天试飞，总共花费了 21 个月。而垂尾扰流抖振的排振工作却花了三年半。应该从中得出一些教训，给以后飞机的改装设计提供有益的借鉴。

（1）没有实践经验。

从宏观上说，飞机的改装设计需要比新型号设计更丰富的实践经验，但是，当时的设计人员是一支十分年轻的队伍，几乎全部是刚从学校毕业 3～5 年的学生，总体气动这个关键部门的负责人也只是比他们早工作 2～3 年。

具体地说，开始设计，笔者主要考虑飞机阻力的增大，也考虑到将来可能引起飞机的扰流抖振，没有想到竟会如此严重。我不赞成把附件整流罩放在天线罩下面，建议布置到罩体里。尤其是那个圆柱形的电动机减速器，不但粗大，而且将家庭里供热用的暖气片形式设计在表面，通风冷却，笔者坚决反对。但是当时没有明确的理论依据，更拿不出实际数据说服他们。

（2）缺乏科学态度。

从时间来说，当时正是"十年动乱"后期，缺乏科学的态度，有些胡思乱想，于是提出了几十种排振方案，气动方法排振就有十多种。例如：听说有个战士在空啤酒中放一根铁丝，组成了通信天线。于是要求我们在垂尾翼尖也装一根铁丝，作为排振方案，风洞试验验证，当然是毫无效果。

从地点来说，改装设计是在一个飞行部队组织实施。部队领导对于飞机设计研究单位的一套正规的飞机设计程序，甚至专业的分工都不认可。"飞机设计有什么了不起"，提议搞一个烟风洞，做流谱观察试验。于是把加工车间通风用的大风扇拿来，取一块大薄铝板圈成圆桶，桶下面放一盆柴油烧起来发烟。结果，流谱试验没有做成，整个车间一片浓烟。

（3）回头再认科学。

经过较长时间的折腾，排振没有效果。于是召集有关专家的多次会议，研讨科学的排振途径和方法。进行正规风洞试验和数值计算，还进行了地面和空中的飞机振动特性测试，最终找到了排除垂尾扰流抖振的方法，解决了扰流抖振的问题。

至此，"B15"飞机的改装设计圆满结束。

参考文献

［1］张锡金."B15"飞机的气动问题［C］.中国航空学会8409会议论文，航空工业部第六〇三研究所，1983。

第 8 章　气动特性数据体系

空气动力学在飞机设计中的两大任务包括：①气动布局设计和部件气动力设计；②为各专业提供气动力原始数据。

提供气动力原始数据是空气动力学的两大任务之一。

提供数据使用两种手段：①理论计算——包括工程估算和数值计算；②风洞试验——气动力原始数据的敲定。

前面讲过："空气动力学在飞机设计中的两大任务和两种手段。"这件事大家是很清楚的。但是，要有一套"气动特性数据体系"不一定清楚；建立这一套体系要花很长的时间、很多的精力，可能就更没有体会了。

在第 1 章我们介绍了"飞机总体设计流程"，现在看一看提供"气动力数据"在流程图（见图 1.6）中的位置。

下面介绍这几个问题：

（1）数据库、数据集与数据体系。

（2）工程估算数据。

（3）数值计算数据。

（4）风洞试验数据。

（5）气动数据的试验验证。

8.1　数据库、数据集与数据体系

8.1.1　气动特性数据库

气动特性数据库存放所有的气动特性数据。对于一个在研型号，包括工程估算数据，数值计算数据和风洞试验数据。不同设计阶段、不同工作时期的气动特性数据。不同总体气动布局、不同飞机构型、全机和不同部件组合的气动特性数据。原准机(或参考机)的统计、分析数据。

总之,所有的气动特性数据都存放在这个气动特性数据库中。它是气动特性数据的总仓库,也可以说是一个杂货库。

8.1.2 气动特性数据集

气动特性数据集是提供性能、操稳、载荷、飞控等各个有关专业设计、计算使用的、唯一的、权威的一套气动特性数据。

不同设计阶段、不同工作时期有不同内容、不同深度、不同广度、不同准确程度的气动特性数据。但是,在一个时刻只有一套提供各个有关专业设计、计算使用的、唯一的、权威的气动特性数据。

(1)"唯一的"。

在这个时刻只有一套,其中每个数据只有一个。

(2)"权威的"。

只有它是公布的法定数据,其他数据都只能参考。公布此数据的部门和个人都必须对公布的数据负责。

(3)"可使用的"。

经过各种相关修正的,与飞机在天上飞行一致的数据。所以可以提供给有关专业设计、计算使用。

不同设计阶段和不同工作时期,与设计要求相适应的,不同内容、不同深度、不同广度、不同准确程度的多套气动特性数据集,建立另一个数据库。为了与上面这个总库区别,所以称为"气动特性数据集"。这套数据集包括主要气动特性的系数、导数和曲线。曲线给出导数在非线性部分的气动特性。所以,全名又称为"气动特性数据(曲线)集"。

8.1.3 气动特性数据体系

从气动特性数据库中,提取一部分有效的原始数据进行修正和处理,组成提供各个有关专业设计、计算使用的、唯一的、权威的一套气动特性数据集。数据库、数据集以及编制这一套数据集的原则、思路、方法和手段(软件)就称为"气动特性数据体系"。

先进航空工业国家的飞机设计制造部门,都有他们自己的气动特性数据体系。这是他们几十年工作经验的积累,是不肯转让的知识财富。我们在几十年中虽有一些型号设计经历,但是并不重视这方面的专业建设和经验积累,西安、上海两地都还没有建立起完整的数据体系。

气动特性数据体系的建立需要在型号设计的使用、考验过程中不断修改、不断完善。我们应该有最终的奋斗目标，又有分阶段的实施计划。

图 8.1 示出了数据库、数据集、数据体系的关系。

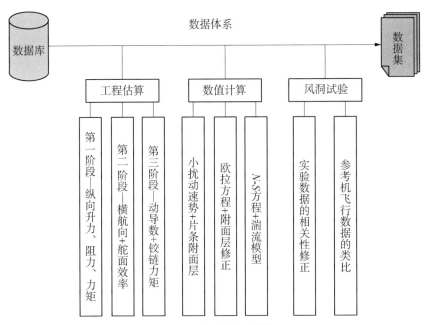

图 8.1　数据体系结构

这些观点和说法，并非完全是笔者的发明创造。1988 年，笔者在西德 MBB 飞机公司参加中、德联合工程队搞新支线飞机 MPC‒75 气动设计工作时，看到他们的气动特性数据集。当时我还负责中方的数据集编制任务，1990 年底回国，带回三大本这样的数据集。1998 年 6 月上海飞机设计研究所的几位同仁为陕西飞机制造公司编写了一本某型飞机的《气动力数据集》。笔者只是看到了这些东西，加上自己的工作经历，进行归纳、补充，形成了系统的思想，把它表达出来。

但是，这些观点和说法受到某些航空业内老技术人员的质疑。

有的说："什么数据集？我从来就没有听说过！"

有的说："别出心裁！没有什么数据集，只有数据库。"

有的说："数据集我们早就有了"，并拿出一本某型飞机的《风洞试验数据曲线汇集》给我看。

幸运的是，西安第一飞机设计研究院和上海飞机设计研究所，两地负责气动特性数据处理和发放的年轻人，都认同我的想法，而且都在为建立、完善的"气动特性数据体系"而努力地、有成效地工作着。

"气动特性数据体系"还包括特性计算和风洞试验。现在再看一看这个"数据体系"在"飞机总体设计流程图"(见图 1.6)中的位置。

下面介绍数据体系的三类来源：工程估算数据、数值计算数据和风洞试验数据。

8.2　工程估算数据

8.2.1　已有的工程估算方法

气动特性的工程估算方法是现成的，而且多得很。早在 20 世纪五六十年代，我们使用苏联的教科书：И. В 奥斯道斯拉夫斯基的《飞机空气动力学》和 A. A 列别捷夫的《无人驾驶飞行器的飞行动力学》。后来又有了英国的 *Data Sheets*。现在更有成熟的资料，例如：

(1) 美国的 *DATCOM—USAF Stability and Control DATCOM*。

(2) 英国的 *ESDU—Engineering Sciences Data Unit*。

(3) 我国的《航空气动力手册》第一、二、三、四册。

(4) 2002 新出版的《飞机设计手册：第 6 册　气动设计》第 2 篇"全机与部件的气动特性计算"。

(5) 还有一些经典的专题文献：AD‐780100，NASA TN‐D 6800。

其中，(2)*ESDU* 是全新的版本，活页装订，随时更新；(3)《航空气动力手册》的主要参考资料是 *DATCOM*，因为它出版较早，参考了老的版本；(4)《气动设计》主要参考资料是美国 Kansas 大学 Roskan Jan 教授主编的 *Airplane Design* Part Ⅵ "*Preliminary Calculation of Aerodynamic，Thrust and Power Characteristics*"。这本书内容比较齐全，结构十分精练。而该书的主要参考资料也是 *DATCOM*，是 1975 或 1978 的版本。

由此看来，工程估算方法的主要来源是 *DATCOM* 和 *ESDU*。欧洲空中客车公司(Airbus)所在的几个国家都相信并使用 *ESDU*，可是美国还是相信并使用他们自己的 *DATCOM*。

8.2.2　建立估算方法的思路

上面这么多现成的工程估算方法，似乎顺手拿来就是，其实不是那么容易的。

1) 要有参考的基准

现成的方法只是计算用的工具，算得好不好还要看使用工具的人的能力，即对其中概念和公式的理解和掌握。好与不好的标准首先要与原准机(或参考机)的数据对比。为此,必须要有一两个或三四个原准机的、比较可靠的基本数据。

例如:俄罗斯的 И-76 飞机,美国的波音 737-800 飞机和欧洲的空客 A320-200 飞机,都可以作为大型运输类飞机的设计参考。但是,需要整理出这些飞机的、比较完整的气动特性数据作为计算数据的参考。

此项工作需要花费较多的精力和较长的时间。

2) 使用统一的方法

在"8.2.1 节已有的工程估算方法"中,各种方法大同小异,各有各的优点。但是,这"小异"可不能小看。有的是个别公式的差异,有的是特征参数的差异,有的是阻力定义的差异。所以,应该统一使用一种方法。如果这种方法有不深、不足的地方,可以参考其他方法进行修改或者补充。这样,符号、定义、公式是基本统一的。

建议使用 ESDU 介绍的方法。它是不断更新的版本,内容也比较全面。

3) 不断修改与完善

与气动特性数据体系一样,工程估算的方法也需要在型号设计中不断修改、不断完善。认为工程估算非常容易,顺手拿来的想法是对其了解不深入,脱离实际的结果。2011 年前,西安就开展了工程估算方法的系统工作,现在已经完成了主要气动特性的计算,可以说为工程估算这一块打好基础。但是,还不能说十分完善,还在修改。

4) 不同设计阶段的估算

(1) 气动布局概念设计阶段。

有许多气动布局方案进行对比、选择,只需要计算最基本的纵向升、阻、力矩特性。包括:①升力曲线($C_L \sim \alpha$);②升阻曲线($C_L \sim C_D$);③俯仰力矩曲线($C_m \sim C_L$)。

(2) 布局方案初步设计阶段。

气动布局方案深入一步,需要计算横向、航向静稳定导数和三个舵面效率。包括:①横向力曲线($C_y \sim \beta$);②滚转力矩曲线($C_l \sim \beta$);③偏航力矩曲线($C_n \sim \beta$);④升降舵效率 $C_{m\delta e}$;⑤方向舵效率 $C_{n\delta r}$;⑥副翼效率 $C_{l\delta a}$。如果可能,还需计算减速板和扰流片效率。

(3) 布局方案冻结阶段。

在经过大量的优化设计,气动布局方案即将冻结之前,必须比较全面地掌握方案的气动特性,落实一些具体设计问题。需要计算动导数和铰链力矩,动力影响和地面效应。

a. 动导数:常用的 12 个动导数包括 3 个阻尼导数;3 个时差导数;2 个交叉导数;4 个交叉耦合导数。

b. 铰链力矩:平尾、升降舵、方向舵和副翼 4 个舵面的铰链力矩,以及升降舵、方向舵和副翼 3 个舵面调整片的铰链力矩。如果可能,还需计算减速板和扰流片的铰链力矩。

c. 动力影响:对于喷气动力装置的飞机,计算发动机进气和喷流的影响。对于螺旋桨动力的飞机,计算螺旋桨滑流的影响。因为,我国的螺旋桨发动机制造部门只给出拉力,所以,还要计算除拉力之外的螺旋桨直接力的影响。

d. 地面效应:计算飞机在近地面时,地面对飞机升力、阻力、力矩的影响。对于力矩来说,主要是地面对尾翼区下洗的影响。

(4) 方案冻结至首飞阶段。

方案冻结之后直至新飞机首飞上天为型号研制的详细设计阶段。飞机的结构、系统紧张发图,气动还有大量的补充、修正、校核、完善的计算工作。有些计算在布局方案冻结之后还可以做,如动导数、动力影响。

8.2.3　对工程估算数据的认识

对于工程估算数据有各种不同的认识,甚至争议,笔者谈谈自己的认识。

1) 工程估算的特点

工程估算方法的基础是:"基本气动概念"+"经验数据积累"。因此,它的特点是:

(1) 简单方便快速。

简单——估算公式很简单,只有几个变化参数;

方便——估算的步骤很少,编制一个小程序就可计算,过去都用手算;

快速——估算公式简单,步骤很少,算起来很快。

(2) 影响因素清晰。

计算公式简单又明确地反映了基本的气动概念。从计算公式中可以清楚地看到不同几何参数对气动特性的影响。

(3) 结果比较粗糙。

结果只能反映飞机大参数对气动特性的影响,无法反映局部细节的变化。所以我们大多称之为"工程估算"。而不叫"计算"。

（4）大量级是可靠的。

它是经过大量的，几十次、可能是上百次的型号风洞试验或者飞行试验数据的验证和修订。我们的许多同仁怀疑工程估算数据，尤其是在工程估算数据与风洞试验数据的大量级或者变化趋势不一致的时候。其实是只相信自己的一两次试验，而不相信别人的大量试验。这些情况经常遇到，有的年轻人问我："怎么办？"我告诉他们："坚信气动概念，寻找风洞试验中的问题。"

2）工程估算的作用

工程估算、数值计算、风洞试验都是提供气动特性数据的一种手段。根据工程估算特点，适用于以下情况：

（1）气动布局方案设计。

气动布局方案设计是优化、选择、确定飞机布局的大参数。布局方案设计是不断变化、不断前进的。尤其是在方案设计初期，几十天、十几天、甚至几天一个变化。而做一期风洞试验，从模型设计、加工、试验、数据处理，一般需要 9 个月，最快 6 个月。所以，依靠风洞试验数据搞方案是远远跟不上需要的。

与数值计算相比，工程估算简单方便快速，影响因素清晰，大量级是可靠。在气动布局方案设计阶段，是提供气动特性数据最有效的方法。

（2）临时性的特殊问题。

在飞机设计、试验、试飞过程中若遇到某些特殊问题，需要看一看对飞机飞行性能或者操稳品质的影响，采用工程估算方法可以迅速提供气动力数据。

（3）数值计算和风洞试验的参考。

由于工程估算的数据变化趋势合理，大量级可靠，而数值计算和风洞试验的结果偶然因素较多，可以参考工程估算的结果进行典型状态的校核。

8.3　数值计算数据

上面提到工程估算结果比较粗糙，只能反映飞机大参数对气动特性的影响，无法反映局部细节的变化。因此，当气动布局方案设计不断细化、不断深入的时候，就需要采用数值计算的方法提供气动特性数据。根据不同设计阶段的数据要求，数值计算方法也分三个层次。

8.3.1　小扰动速势方程

最简便的数值计算方法是"小扰动速势方程＋片条附面层"。全速势方程的条件是：无黏、无旋、等熵。全速势方程略去高阶项，简化为小扰动速势。小扰动速势方程经过简单的坐标变换称为拉普拉斯方程,其求解比较方便。因此,小扰动速势方程在工程设计中得到广泛使用。

速势方程的解是无黏的,采用片条附面层补充计算黏性阻力。这种方法的特点是:

(1) 比较简便、快速。计算一个状态只需要约 100 s。计算一条曲线只需 20 min。

(2) 计算容量比较小,不需要很大的计算机。因此,在计算空气动力学发展初期广泛使用。1988 年前后,西德 MBB 公司气动力部就是采用这种方法提供气动布局方案设计的气动数据。

(3) 数据的准确性比较差。这种方法本身基于许多简化的假设,数学模拟不够真实,尤其是对黏性和跨声速流动。

(4) 需要许多经验的积累。大量的风洞试验数据和飞行试验数据对使用的方法和软件进行长期不断的修改和验证。

8.3.2 欧拉方程

比"小扰动速势方程"精准一些的是"欧拉方程＋附面层修正"。这种方法的特点是:

(1) 跨声速模拟比较准确。可以计算可压缩性,比较好地捕捉激波,对于采用超临界机翼的飞机,这一点是很关键的。

(2) 附面层处理较为合理。虽然也是无黏的,但采用附面层修正的方法比简单的片条附面层更接近真实流动。

(3) 数据的准确性比较好。基于跨声速和黏性模拟两个关键方面的进步,计算结果要比小扰动速势方程方法准确一些。

(4) 需要计算时间比较长。由于这种方法比较复杂,计算量比较大,计算的时间也比较长。

由于"欧拉方程＋附面层修正"的这些优点,目前仍在广泛使用。

8.3.3 纳维-斯托克斯(N-S)方程

当前,国内、外一致公认的精确计算方法是"N-S 方程＋湍流模型"确切地说是"雷诺平均方程"。许多高功能的商业软件大多采用这个方法。

这种方法的特点如下:

(1) 附面层模拟比较真实。可以较好地反映附面层内、外的流动特性。例如附面层的转捩和分离。

（2）数据的准确性会更好。充分考虑了流动的黏性特点，阻力计算结果比上面的片条附面层和附面层修正的方法更真实。

（3）湍流模型的选择较难。对湍流模型的依赖比较大。不同的流动情况需要不同的湍流模型。这是目前一个较大的难题。

（4）计算容量大，时间长。由于这种方法更复杂，计算量更大，计算的时间也更长。计算一个状态需要几个小时。

作为一套完整的气动特性数据体系，这三种数值计算方法都应该建立并具备。

8.4　风洞试验数据

本节并不是叙述如何用风洞试验方法得到数据，而是介绍有了风洞试验数据后如何进行"从试验到飞行的相关性修正"的方法，这才是我们飞机型号设计部门的工作。

气动特性数据的修正可以有两种途径：

（1）设计部门应根据飞机气动布局和风洞试验项目的具体情况拟订修正体系，建立修正方法，开展各个影响因素的计算与试验研究，获得修正量级。

（2）对于有原准机（或能找到参考机）的型号设计，设计部门可以根据原准机（或参考机）的已有数据，采用与原准机（或参考机）的对比试验，以其增量进行数据修正。

8.4.1　试验数据的相关性修正

1）试验数据的修正思路。

（1）以风洞试验数据为基础。

需要修正处理的气动特性原始数据来自：

a. 常规的高、低速测力、测压试验。

b. 必需的特种试验，如动力影响、地面效应、铰链力矩、动导数等试验。

（2）尽可能地归纳与简化。

影响风洞试验数据有许多因素；需要修正的气动特性有许多内容。所以，要有一个明确的想法，将此简化与归纳。

a. 有了高、低风洞试验数据，就不做压缩性修正处理。

b. 有了带地板试验数据，就不做地面效应修正处理。

c. 铰链力矩的修正可以归纳到俯仰、滚转、偏航力矩的方法中。

d. 动导数的修正可以归纳到静气动力、力矩系数导数的方法中。

（3）以计算为主要修正手段。

a. 采用工程估算方法，对影响风洞试验数据的因素进行计算。有些必须用数值计算的修正项，另外编制专门的程序，进行单项计算。

b. 采用工程估算的增量对比方法，对影响风洞试验数据因素进行处理。即计算有、无影响的两种状态，取其影响的增量，加到未计及影响的试验值上。

例如：雷诺数对零升阻力的影响。计算试验雷诺数与飞行雷诺数下两种状态的零升阻力系数，取两者的差值加到试验的零升阻力系数上。又如，喷流对平尾效率的影响。分别计算有、无喷流两种状态的平尾效率，取两者的差值加到无喷流试验的平尾效率上。

（4）专项试验解决疑难修正。

对于工程估算和数值计算都难以正确处理的修正项，必须采用专项风洞试验，专题研究，得到修正数据。

a. 动力影响的修正：对于喷气动力装置的飞机，进行进气和喷流试验，或者是进、排气组合（涡轮动力模拟器 TPS）试验；对于螺旋桨动力装置的飞机，进行螺旋桨动力模拟试验。

b. 雷诺数影响的修正：进行变雷诺数风洞试验。高速变雷诺数试验获得零升阻力修正量；低速变雷诺数试验获得最大升力修正量。

2) 试验数据的修正项目

根据试验数据的各种影响因素，可以从以下几个方面开展试验数据的修正工作：

（1）洞壁干扰。

风洞试验中，由于洞壁的存在，相对于自由流流场有一个附加速度。由此产生升力约束干扰和模型阻塞干扰。一般风洞试验单位进行流场轴向静压梯度的修正和阻塞度的修正。

在跨声速试验时，还会出现洞壁波反射的干扰。此项干扰尚无可靠的修正方法。

（2）支架干扰。

风洞试验中，由于模型支架的存在，产生实体堵塞效应。腹支撑的支架引起其后流场的畸变。尾支撑的支架产生逆压梯度。两种支撑都可以通过风洞试验或数值计算获得修正量。一般由风洞试验单位进行修正。

（3）模型局部失真。

后体收缩的模型,天平支杆插入模型后体,需要模型尾段局部放大。有的动力模拟器体积过大,模型发动机短舱包不住,(如螺旋桨的电动机)需要放大。采用放大与真实的模型进行对比试验,得到其修正量。

(4) 进、排气效应。

对于喷气动力装置的飞机,进气道的进气流和尾喷管的喷流对气动特性都有不同程度的影响。

采用堵锥模型模拟进气的无动力风洞试验,与真实飞行中的进气道进气流的速度、方向和边界层隔离情况有较大差异。应进行变流量系数的通气模型试验获得修正量。

采用尾部整流锥模型模拟尾喷管喷流的无动力风洞试验,与真实飞行中的喷管喷流速度、方向与外流混合边界的情况有较大差异。对于飞机后体、平尾、垂尾处的流态,乃至升降舵、方向舵的效率都有影响。应进行变落压比的喷流模型试验获得其修正量。

也可采用动力模拟引射器或涡轮动力模拟器(TPS)进行进、排气组合试验。获得总的修正量。

(5) 螺旋桨滑流。

对于螺旋桨动力装置的飞机,采用无动力模型风洞试验时没有模拟螺旋桨的直接力和螺旋桨滑流对气动特性的影响。应通过螺旋桨动力模拟试验对这部分影响进行修正。

(6) 雷诺数效应。

由于风洞尺寸的限制,试验雷诺数要比飞行雷诺数小得多。因此,试验的气流黏性及其边界层状态(转捩位置、分离区域、激波干扰)与飞行情况存在很大差异。由此引起了与此相关的气动特性的较大差别。如零升阻力、最大升力、前缘吸力等。需采用工程估算或数值计算求得修正量,最好进行变雷诺数风洞试验来修正。

(7) 静气动弹性影响。

风洞试验模型基本上是刚性的,因此,得到的试验数据是刚体模型的结果。而在实际飞行中,飞机在气动载荷作用下产生弹性变形,使飞机部件相对于来流的姿态发生变化,从而改变了飞机的气动特性,应予以修正。一般采用数值计算方法计算弹性,也可以用弹性模型的风洞试验求得修正量。

(8) 重心位置转换。

风洞试验按模型参考中心取矩,实际飞行中飞机的力矩参考点在重心上,而且重心位置不断变化。因此,与重心有关的力矩特性都需进行换算。一般采用坐标转换方法来修正。

(9) 杂项阻力。

风洞试验由于尺寸限制,通常使用缩比模型,无法模拟实际飞机上的小突出物。这部分阻力需要通过工程估算或经验统计数据予以修正。

3) 试验数据的修正步骤

试验数据修正的内容很多,很烦琐。大致的修正内容可以参考《飞机设计手册:第6册 气动设计》中的第19章。这里摘录某型飞机《气动特性数据修正体系》报告(2004.07.07)的一小部分,以了解数据修正的复杂和烦琐。

(1) 修正内容概况。

为了了解修正内容的概况,表8.1列出报告中一节的目录。

表 8.1 风洞试验数据的修正内容

数 据 类 型	修 正 内 容
2.1 纵向气动特性	2.1.1 阻力系数 2.1.2 升力系数 2.1.3 俯仰力矩系数
2.2 横航向气动特性	2.2.1 横向力系数导数 2.2.2 滚转力矩系数导数 2.2.3 偏航力矩系数导数
2.3 操纵面气动特性	2.3.1 升降舵效率 2.3.2 方向舵效率 2.3.3 副翼效率
2.4 铰链力矩系数	2.4.1 操纵面铰链力矩系数的计算 2.4.2 各操纵面的铰链力矩系数 2.4.3 铰链力矩系数的修正
2.5 动导数	2.5.1 俯仰角速度引起的动导数 2.5.2 迎角变化率引起的动导数 2.5.3 滚转角速度引起的动导数 2.5.4 偏航角速度引起的动导数 2.5.5 侧滑角变化率引起的动导数

目录比较粗,写到第三层;"详细编写大纲"写到第五层。表8.2再列出其中的一小节供参考。

表 8.2　俯仰角速度引起的动导数

数据类型		修　正　内　容
2.5.1　俯仰角速度引起的动导数	（1）升力系数导数	○ 有机身存在的机翼贡献 ○ 机身的贡献 ○ 有机身存在的平尾贡献
	（2）俯仰力矩系数导数	○ 有机身存在的机翼贡献 ○ 机身的贡献 ○ 有机身存在的平尾贡献

从报告中一节的目录和一小节的编写大纲可以看出，试验数据修正体系的工作量很大，需要花费很多的时间和精力。

（2）修正内容举例。

因难以全面介绍，在此举例说明。"表8.1试验数据修正内容中的纵向气动特性阻力系数"中的零升阻力系数的修正方法为（最小阻力系数）：

$$C_{D0}=C_{D0,\,\text{tes}}+\Delta C_{D,\,\text{wal}}+\Delta C_{D,\,\text{sup}}+\Delta C_{D,\,\text{dis}}+\Delta C_{D,\,\text{int}}+ \tag{8.1}$$
$$\Delta C_{D,\,\text{jet}}+\Delta C_{D,\,Re}+\Delta C_{D,\,\text{add}}+\Delta C_{D,\,\text{tra}}$$

式中，$C_{D0,\,\text{tes}}$ 为未经修正的零升阻力系数试验值；$\Delta C_{D,\,\text{wal}}$ 为洞壁干扰的阻力修正；$\Delta C_{D,\,\text{sup}}$ 为支架干扰的阻力修正；$\Delta C_{D,\,\text{dis}}$ 为尾部失真的阻力修正；$\Delta C_{D,\,\text{int}}$ 为头部进气的阻力修正；$\Delta C_{D,\,\text{jet}}$ 为尾部喷流的阻力修正；$\Delta C_{D,\,Re}$ 为雷诺数效应的阻力修正；$\Delta C_{D,\,\text{add}}$ 为杂项阻力增量；$\Delta C_{D,\,\text{tra}}$ 为平衡升致阻力的修正。其中，$\Delta C_{D,\,\text{wal}}$ 和 $\Delta C_{D,\,\text{sup}}$ 由风洞试验单位提供。一般情况，提供的风洞试验数据 $C_{D0,\,\text{tes}}$ 中已经进行了此两项修正。

$\Delta C_{D,\,\text{int}}$ 和 $\Delta C_{D,\,\text{jet}}$ 对于喷气动力装置是必须计及的。对于螺旋桨动力装置，这些量的数值都不大，而螺旋桨滑流对阻力的影响是必须修正的。

$\Delta C_{D,\,Re}$ 是所有修正项中最重要、最困难的一项。要根据不同型号飞机的飞行雷诺数与不同风洞试验的试验雷诺数确定不同的修正量。

$\Delta C_{D,\,\text{tra}}$ 是全机升力为零时的配平阻力。全机升力为零，平尾在平衡全机纵向力矩时的升力不一定是零，机翼的升力也就不是零，因此，机翼和平尾都有升致阻力。

（3）修正步骤举例。

上面的"零升阻力系数的修正"中，有一项雷诺数效应的阻力修正 $\Delta C_{D,\,Re}$。现以某型运输机为例，看一看它的计算步骤。

雷诺数效应的修正：全机的零升阻力是由包括机翼、机身、平尾、垂尾、发动机短舱与挂架、座舱与风挡、起落架，带动力还有螺旋桨等部件产生的。零升阻力中，主要成分是摩擦阻力，还包括一部分黏性压差阻力。所以，主要考虑摩擦阻力的修正。

a. 各部件以各自的特征长度计算 Re 数：对于全机，机翼平均气动弦长 $C_A = 3.2\,\mathrm{m}$。以 $1:15$ 的模型在风洞中做低速测力试验，$Re = 1.102 \times 10^6$；按照某型飞机《飞行手册》中的飞行高度和速度，巡航飞行，$Re = 17 \times 10^6$。对应各部件的 Re 数如表 8.3 所示。

表 8.3　飞机各部件对应的 Re 数

部件	特征长度	$Re(\times 10^6)$					
机翼	$C_{A,w} = 3.20$	1.1	3.0	6.0	9.0	16.82	25
机身	$l_F = 33.20$	10.84	29.58	59.15	88.73	165.82	246.46
发房	$L_n = 5.13$	1.76	4.80	9.61	14.41	26.93	40.03
平尾	$C_{A,H} = 2.22$	0.76	2.08	4.16	6.24	11.66	17.33
垂尾	$C_{A,V} = 3.75$	1.29	3.52	7.04	10.56	19.73	29.32

b. 查出对应各部件的摩擦系数：由图 6-3 全湍流平板表面 $C_f \sim Re$ 的变化曲线，对应表 8.3 中的 Re 数查出各部件的摩擦系数，如表 8.4 所示。

表 8.4　飞机各部件对应的摩擦系数 C_f

部件	C_f					
机翼	0.004 38	0.003 78	0.003 25	0.003 06	0.002 74	0.002 62
机身	0.002 96	0.002 52	0.002 37	0.002 15	0.001 97	0.001 87
发房	0.004 02	0.003 39	0.003 03	0.002 81	0.002 60	0.002 37
平尾	0.004 68	0.003 90	0.003 48	0.003 25	0.002 94	0.002 76
垂尾	0.004 38	0.003 59	0.003 18	0.002 98	0.002 70	0.002 52

c. 计算各部件的浸润面积：已知飞机各主要部件的浸润面积如表 8.5 所示。

表 8.5　飞机各部件的浸润面积 S_{wet}

部件	机翼	机身	发房	平尾	垂尾	背鳍
浸润面积/m²	230.290	335.076	66.000	42.028	30.795	30.782

d. 计算各部件的零升阻力系数：

采用参考常规的工程估算方法,计算各部件的零升阻力系数。在各部件摩擦阻力的计算中,发房仿照机身,背鳍计入垂尾中。计算公式如下(公式中各个参数的含义和数据可以由参考文献查到,具体计算过程从略):

翼型 $C_{d0} = 2\eta_{sp} \times \eta_{com} \times C_f$

机翼 $C_{D0,w} = K_{WF} \times K_{LS} \times C_{fw}[1 + L_{xc}(t/c) + 100(t/c)^4]S_{wet,w}/S$

机身 $C_{D0,F} = R_{WF} \cdot C_{fF}[1 + 60/(l_F/d_F)^3 + 0.0025(l_F/d_F)]S_{wet,F}/S + C_{D,bF}$

发房 $C_{D0,n}$ 按机身公式计算

平尾 $C_{D0,H} = K_{HF} \times K_{LS} \times C_{f,H}[1 + L_{xc}(t/c)_H + 100(t/c)_H^4](S_{wet,H}/S)$

垂尾 $C_{D0,V} = K_{VF} \times K_{LS} \times C_{f,v}[1 + L_{xc}(t/c)_v + 100(t/c)_V^4](S_{wet,V+fv}/S)$

e. 全机的零升阻力为各部件零升阻力之和。

$$C_{D0} = C_{D0,w} + C_{D0,F} + C_{D0,n} + C_{D0,H} + C_{D0,V}$$

最终得到全机和各部件的零升阻力系数如表 8.6 所示。

表 8.6 全机和各部件零升阻力系数的典型值

$Re(10^6)$	1.1	3.0	6.0	9.0	16.82	25.0
$C_{D0,w}$	0.011 71	0.010 09	0.007 77	0.007 22	0.006 42	0.006 14
$C_{D0,F}$	0.010 24	0.008 42	0.007 13	0.006 43	0.005 88	0.005 59
$C_{D0,n}$	0.003 72	0.003 19	0.002 87	0.002 66	0.002 41	0.002 07
$C_{D0,H}$	0.002 06	0.001 77	0.001 60	0.001 50	0.001 36	0.001 27
$C_{D0,V}$	0.002 89	0.002 41	0.002 15	0.002 02	0.001 81	0.001 66
C_{D0}	0.030 62	0.025 88	0.021 52	0.019 83	0.017 88	0.016 73

画出了全机的零升阻力系数随雷诺数的变化曲线(见图 8.2)。

计算得到的零升阻力系数要比飞机的试验得到的最小阻力系数小一些。这是因为此计算未能计及后机身尾段上翘产生局部气流分离的影响。但 C_{D0} 随 Re 数的变化量级是可以使用的。

8.4.2 参考机飞行数据的类比

1) 试验数据的修正思路

(1) 工程设计的"增量法"。

在飞机新型号的设计中,气动力原始数据的处理经常采用"增量法"。以原

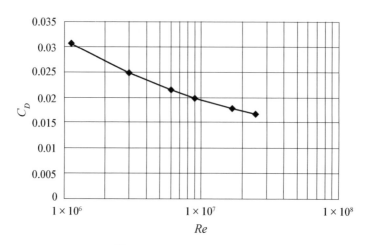

图 8.2 某型机零升阻力系数随 *Re* 数的变化

准机(或参考机)气动参数的使用值作为修正的基础,加上新机与原准机对比风洞试验得到的增量,获得新机原始气动参数的使用值。

在飞机的改装设计中,"增量法"更被普遍使用。因为,改装设计一定有原准机。

(2) 笼统的综合简化概念。

此概念认为原准机(或参考机)风洞试验的气动特性数据换算到它使用数据的增量,包括了所有必需的修正项目。依此类比,新飞机的试验数据加上这个增量也能包括新飞机所有必需的修正项目。所以,这是一种笼统的、综合的概念。

这样,不必考虑逐项修正而只需加一项总的修正量,使数据处理方法比较简单。

2) 类比方法的必备条件

采用类比方法是有如下条件的:

(1) 要有气动布局类似的原准机。

如上所说,我们认为新飞机的试验数据加上原准机(或参考机)风洞试验的气动特性数据换算到它使用数据的增量,也能包括新飞机所有必需的修正项目。如果这两型飞机的气动布局差别较大,这个假设就是不成立的。

但一般不会有此情况,绝大多数新研制的飞机都能找到与其气动布局比较相似的原准机(或参考机)。

（2）要有原准机比较全面的气动数据。

原准机（或参考机）比较全面的气动特性数据包括：

a. 原准机（或参考机）的风洞试验数据：这部分数据可以从原准机（或参考机）的风洞试验得到。

b. 原准机（或参考机）的设计使用数据：这部分数据只能从原准机（或参考机）公开发布的资料或者性能数据的反推得到。这是十分关键又比较困难的工作。

（3）使用数据的形成框图。

以某型运输机改型而来的特殊用途飞机为例，说明使用数据的形成过程（见图 8.3）。

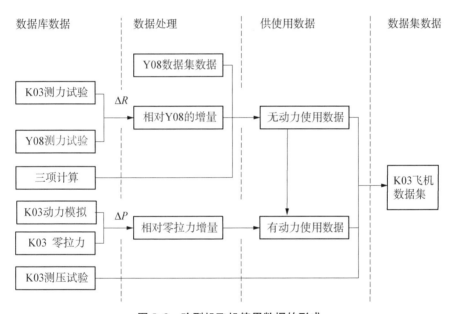

图 8.3 改型机飞机使用数据的形成

改型机（K03）是在某型运输机（Y08）的基础上改装的一型特殊用途飞机。可以将两种机型飞机的同期测力试验数据做对比，列出其差量，加到《原准机气动力数据集》（以下称为《数据集》）中的数据上，以此作为改型飞机经过相关性修正的无动力气动特性使用数据。

改型机低速风洞测压试验结果是重要的补充。一期十分认真的、成功的全机测压（1 300 个测压孔）试验，得到了各个部件的压力分布，积分获得各个部件的气动力和压心,相加得到全机的气动力和各个部件气动力所占全机气动力的比例。《数据集》中,部件升力和侧向力数据与曲线都取自测压试验结果。

改型机螺旋桨动力模拟试验结果是数据集中动力影响数据的主要组成部分。框图中的符号的含义为:ΔR——在测力试验中,两种飞机气动特性的增量;ΔP——在螺旋桨动力模拟试验中,改型机在有、无动力时的滑流影响量。这里用不同拉力系数(T_C)与零拉力系数($T_C=0$)的气动特性增量。

三项计算包括:①铰链力矩计算;②动导数计算;③压缩性修正计算。

8.4.3　修正前后的曲线对比

1) 修正后的曲线组成

在试验数据处理的基础上,编制工程使用数据表。但是,数据表不能反映使用数据的全貌,尤其在导数的非线性区域。为此除了给出数据表之外,还需要给出全机纵横向特性、包括操纵面效率的基本曲线。

必须根据经过试验到飞行的相关性修正后新的数据,重新绘制使用曲线。这里以升力曲线为例。

(1) 以试验曲线为基础。

曲线中的参数必须与数据表中的数据一致。例如:构成升力 $C_L\sim\alpha$ 曲线中的几个关键参数:零升迎角 α_0、升力线斜率 $C_{L\alpha}$、最大升力系数 $C_{L\max}$ 和失速迎角 α_s。

(2) 必须与试验曲线的变化趋势一致。

例如:升力 $C_L\sim\alpha$ 曲线和俯仰力矩 $C_L\sim C_m$ 曲线中的非线性部分和失速区域。所以,失速之后的变化趋势参照试验曲线复制。

(3) 必须与空气动力学的基本概念一致。

例如:理论上,在无侧滑飞行中气动力(力矩)是对称的。例如:横航向的 $C_y\sim\beta$、$C_n\sim\beta$ 和 $C_l\sim\beta$ 曲线。在处理所有曲线时,曲线平移,$\beta=0°$ 的所有气动系数归零,随 β 的变化左右对称。

(4) 所有图中关键点数据的相互协调。

例如:升力 $C_L\sim\alpha$ 曲线、极曲线 $C_L\sim C_D$ 和俯仰力矩 $C_m\sim C_L$ 曲线中的升力系数 C_L 是一个值。

这就非常清楚了:性能、操稳、载荷、飞控计算中使用的气动力原始数据,在气动特性的线性范围内,可以用数据表;在非线性区域,可以查曲线图。

2) 修正前后的曲线对比

风洞试验数据经过飞行相关性修正后,两者有多大的差别? 对于没有这方面工作经历的气动专业人员可能没有什么印象;对于有数据处理经历的气动专业人员也想象不到。下面以改型飞机为例,给出修正前、后的纵向特性曲线,可以看到,修正前、后的曲线差别甚大,其中的升力曲线、升阻曲线和力矩曲线分别如图 8.4、图 8.5 和图 8.6 所示。

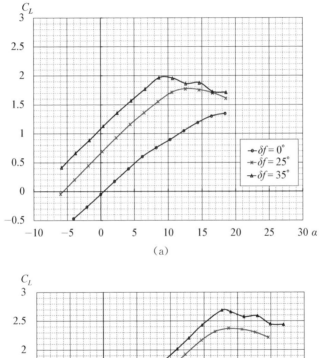

图 8.4　改型飞机修正前后的升力系数曲线对比

（a）改型飞机不同襟翼偏角的升力曲线（试验值）　（b）改型飞机修正后的升力曲线（使用值）

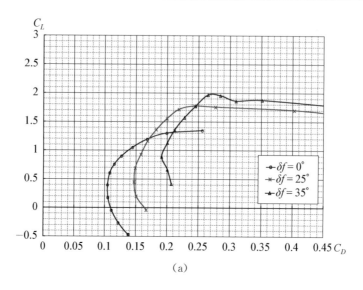

（a）

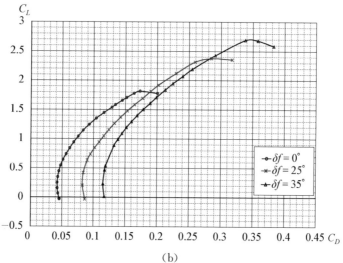

（b）

图 8.5　改型飞机修正前后的升阻系数曲线对比

（a）改型飞机不同襟翼偏角的极曲线（试验值）　（b）改型飞机修正后的极曲线（使用值）

8.4.4　如何判断数据的准确性

飞机的气动力原始数据总称气动特性，是气动人员根据飞机的外形进行理论计算或者风洞试验得到的。内容很广泛，工作很繁复。

（1）纵向、横向、航向全机基本气动特性，操纵面效率，动导数，铰链力矩。

（2）这些气动系数和导数的动力影响，地面效应。

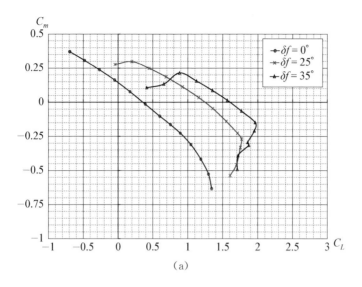

(a)

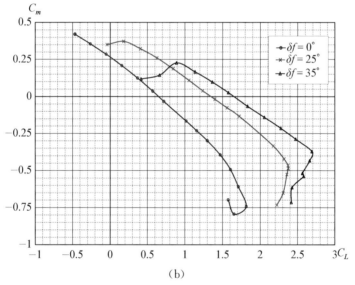

(b)

图 8.6　改型飞机修正前后的力矩曲线系数曲线对比

（a）改型飞机不同襟翼偏角的俯仰力矩曲线（试验值）　（b）改型飞机修正后的俯仰力矩曲线（使用值）

（3）飞机起飞、爬升、巡航、降落，不同构型的不同特性。

（4）亚声速、跨声速、超声速，不同速度范围的不同特性。

如何判断气动力原始数据？

（1）气动特性的变化趋势是否符合基本的气动概念？

（2）气动特性的数据量级是否在正常的工程量级范围？

一个飞机设计单位若要把一个新型号的气动数据搞全、搞准，一般需要整个数据专业组十几个人花上三五年的时间，而且，铰链力矩与动导数的数据要求准确度不能很高。

这里把最简单的、最基本的纵向升力、阻力、力矩特性做一分析。

1）升力特性

（1）升力曲线。

升力曲线表示飞机升力与飞行迎角的关系（见图 8.7）。

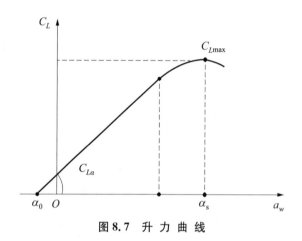

图 8.7 升 力 曲 线

图 8.7 中有几个关键的参数包括：零升迎角（α_0）、升力线斜率（$C_{L\alpha}$）、最大升力系数（$C_{L\max}$）和失速迎角（α_s），详细定义见第 1 章 1.3.1 纵向气动特性升力曲线。

（2）变化趋势。

a. 低速状态下不同构型的升力特性：图 8.8 中示出了飞机的起飞、巡航和着陆构型的升力变化。增升装置的偏角不同有不同的升力特性。巡航状态下增升装置不偏转，升力不大；起飞状态下前、后缘增升装置有一定的偏角，升力比较大；着陆状态下前、后缘增升装置的偏角很大，获得尽可能大的升力。

b. 高速状态下不同速度的升力特性：图 8.9 中示出了飞机不同 Ma 数飞行的升力变化。随着飞机飞行速度的提高，压缩性影响增大，升力线斜率不断增大。但是，当飞行速度超过了临界 Ma 数之后，机翼上表面有超声速区，出现激波，波后的压力增大，负压值减小，升力明显下降。

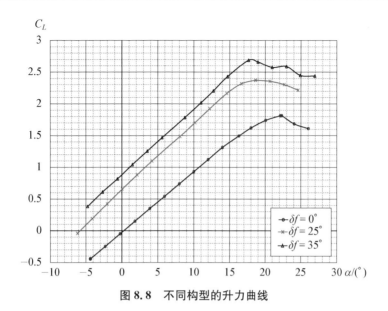

图 8.8　不同构型的升力曲线

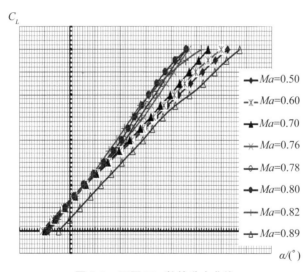

图 8.9　不同 *Ma* 数的升力曲线

（3）数值量级。

a. 零升迎角 α_0：一般巡航构型在 $-1.5° \sim +0.5°$ 范围。

b. 升力线斜率 C_{La}：一般巡航构型在 $0.8 \sim 0.9$ 之间，对于机翼后掠角较大的飞机，一般在 $0.6 \sim 0.7$ 范围。

c. 最大升力系数 $C_{L\max}$：一般巡航构型在 $1.4 \sim 1.8$ 之间；对于超临界机翼

的飞机,会比较小些。起飞构型可以到 2.2～2.4。着陆构型可以达到 2.8～3.2。

　　d. 失速迎角 α_s:一般巡航构型在 $13°～15°$ 范围,对于超临界机翼的飞机,只有 $5°～6°$,甚至更小。

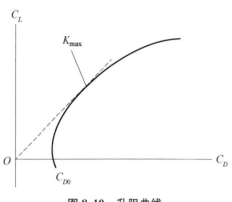

图 8.10　升阻曲线

2) 阻力特性

（1）升阻曲线。

升阻曲线表示升力与阻力的关系（见图 8.10）。

图 8.10 中几个关键的参数:零升阻力系数$（C_{D0}）$、升阻比$（K=C_L/C_D）$和最大升阻比$（K_{max}）$的定义可见第 1 章 1.3.1 纵向气动特性升阻曲线。

（2）变化趋势。

　　a. 低速状态下不同构型的阻力特性:图 8.11 中示出了飞机的起飞、巡航和着陆构型阻力变化。增升装置的偏角不同有不同的阻力。巡航状态,增升装置的不偏转,阻力最小;起飞状态,前、后缘增升装置有一定的偏角,阻力比较大,着陆状态,前、后缘增升装置的偏角很大,要求阻力尽可能大。

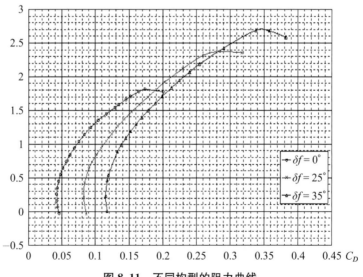

图 8.11　不同构型的阻力曲线

b. 高速状态下不同速度的阻力特性：图 8.12 中示出了飞机不同 Ma 数飞行的阻力变化。随着飞机飞行速度的提高，压缩性影响增大，阻力也不断增大。当飞行速度超过了临界 Ma 数之后，机翼上表面出现激波，就有波阻，阻力继续增大。飞行速度到达阻力发散 Ma 数，波阻急速增大，阻力明显上升。

（3）数值量级。

a. 零升阻力系数 C_{D0}：一般巡航构型在 0.020 这个量级，对于民用客机在 0.016～0.018，有的只有 0.014；对于军用战机在 0.022～0.024，最大的有 0.030。

b. 最大升阻比 $C_{L\max}$：一般巡航构型在 15～20 之间，对于民用客机追求巡航升阻比，量级为 15～20；对于军用战机追求机动性，虽升阻比也很重要，但不如民机。

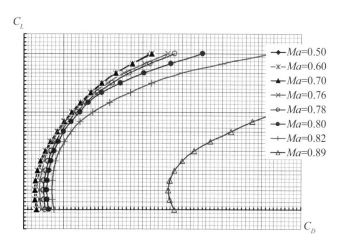

图 8.12　不同 Ma 数的升阻曲线

3）力矩特性

（1）力矩曲线。

俯仰力矩曲线表示飞机的俯仰力矩与升力关系（见图 8.13）。

图中有几个关键的参数：零升俯仰力矩系数（C_{m0}）和纵向静稳定度（C_{mC_L}）可见第 1 章 1.3.1 纵向气动特性力矩曲线。

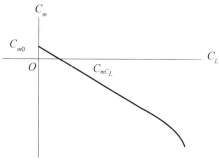

图 8.13　俯仰力矩曲线

(2) 变化趋势。

a. 低速状态下不同构型的力矩特性：图 8.14 中给出了飞机的起飞、巡航和着陆构型俯仰力矩变化，增升装置的偏角不同有不同的俯仰力矩。前、后缘增升装置的偏转增加了机翼的升力，也增加了机翼的俯仰力矩。但是，前、后缘增升装置都增加升力，而前缘增升装置增加正(抬头)俯仰力矩，抵消一部分后缘增升装置增加的负(低头)俯仰力矩。所以，升力比俯仰力矩的增加更明显，随着前、后缘增升装置的偏角增大，俯仰力矩曲线的斜率 C_{mC_L} 减小。图中纵向静稳定度巡航状态大于起飞状态，起飞状态大于着陆状态。

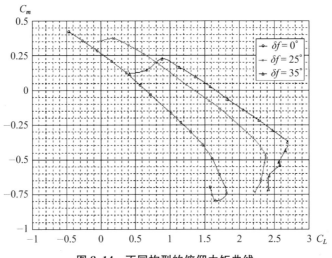

图 8.14   不同构型的俯仰力矩曲线

b. 高速状态下不同速度的力矩特性：图 8.15 中示出了飞机不同马赫数飞行的俯仰力矩变化。随着飞机飞行速度的提高，压缩性影响增大，与前面不同构型的分析原理相似，升力比俯仰力矩的增加更明显，俯仰力矩曲线的斜率 C_{mC_L} 减小。但是，当飞行速度超过了临界 Ma 数之后，机翼上表面出现超声速区。虽然有激波，波后的压力增大，负压值减小，升力明显下降。但是，通常单独机翼亚声速时的焦点在平均气动弦 25% 的地方，而超声速时的焦点在平均气动弦 50% 的地方。所以，焦点迅速后移，负(低头)俯仰力矩增加，俯仰力矩曲线的斜率 C_{mC_L} 增大了。

(3) 数值量级。

a. 零升俯仰力矩系数 C_{m0}：一般飞机在 0.10～0.20 之间；由于超临界机翼的后加载，压心靠后，引起低头力矩 C_{m0} 可能要大一些。

b. 俯仰力矩曲线斜率 C_{mC_L}：亚声速流动，单独机翼的焦点在平均气动弦的25%

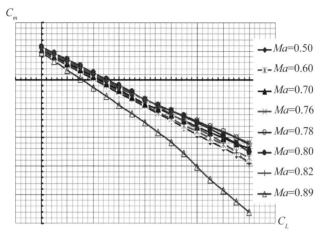

图 8.15　不同马赫数的俯仰力矩曲线

的地方；全机焦点由于平尾的贡献而后移，大致在平均气动弦的 40%～60% 处。

8.5　气动数据的试验验证

工程估算、数值计算和风洞试验只是气动设计、研究的不同手段。气动设计、研究人员应该了解这些手段的特点，选用这些手段来处理设计、计算和研究中的问题。

8.5.1　各种不同设计手段的特点

工程估算的特点前面已经说过：①简单方便快速；②影响因素清晰；③结果比较粗糙；④大量级是可靠的。这里阐述数值计算和风洞试验的主要特点。

1）数值计算的特点

与工程估算的数据相比，数值计算可以反映飞机局部细节的变化。所以更细化、更深入。

与风洞试验相比，数值计算显著的特点是精确度高。因为在数值计算中，同样的计算公式、同样的边界条件、同样的计算软件、同一个人的计算结果，有非常一致的重复性。因此，输入数据的微小差别都能在数值计算的结果中反映出来。例如阻力计算，系数误差 ΔC_D 可以到 0.000 01，甚至是 0.000 001，这是风洞试验精度无法与之相比的。正因为如此，世界各国的飞机设计部门都广泛采用 CFD 手段进行飞机及部件的优化设计。

2）风洞试验的特点

与工程估算、数值计算相比，风洞试验显著的特点是准确度高。因为工程估算与数值计算都有许多假设条件和简化处理,而风洞试验比较接近于飞机空中飞行的实际情况,得到的试验结果有比较高的准确度,数据的变化趋势和大量级是可靠的。这是当前各国飞机设计部门一致的认识,更是我国飞机设计部门一致公认的习惯。所以,大部分甚至是所有的设计、计算数据都需要得到风洞试验的验证。大部分甚至是所有的设计人员、技术领导和评审专家都以风洞试验结果作为是否正确的判断依据。

3) 数值计算在数据体系中的应用

在气动特性数据体系中,充分掌握数值计算与风洞试验的特点,灵活应用这两种手段,就能收到事半功倍的效果。其大思路是:主要大量级数据采用风洞试验确定,较小的数值变化利用数值计算获得。列举如下。

a. 全机的测力试验:采用风洞试验得到主量,个别部件的外形变化可以利用 CFD 计算的差量获得。

b. 部件的测力试验:采用风洞试验得到主量,部件外形的微小变化可以利用 CFD 计算的差量获得。

c. 部件位置的选择试验:采用风洞试验得到主量,部件不同位置的较小变化可以利用 CFD 计算的差量获得。

d. 起落架鼓包的测力试验:采用风洞试验得到主量,外形的微小变化可以利用 CFD 计算的增量获得。

e. 操纵面效率试验:舵面偏角的间隔可以少做一些,中间偏角可以利用 CFD 计算插值获得。

f. 地面效应试验:地板高度的间隔可以少做一些,中间高度可以利用 CFD 计算插值获得。

类似的试验项目很多。根据具体问题具体处理可以节省大量的风洞试验时间和经费,能有更多的精力建设、完善气动特性数据体系。

因此,笔者在西安、上海、汉中等地,多次建议气动特性专业中需要配备 CFD 专业的人才。

8.5.2　数据的风洞试验验证

1) 风洞试验的测力、测压数据

(1) 测力数据。

对于风洞试验的测力结果,如果模型、风洞、天平、数据处理都没有问题,天平测得的气动力是模型表面所有各点压力的积分。所以正确、全面地反映了模型表面的压力分布。如果风洞试验测出的压力分布积分得到的气动力与风洞试验天平测得的力有差别,以测力结果为准,测压结果往测力结果靠。

（2）测压数据。

为什么风洞试验要"以测力结果为准,测压结果往测力结果靠"? 测压试验有哪些不准的方面?

a. 测压孔有限:模型上的测压孔是有限的,过多的测压孔会影响模型表面的外形及其光顺度,尤其在翼剖面头部。因此,有些关键点可能没有捕捉到。例如:①机翼前缘的压力峰,影响了上表面的最大负压;②超临界机翼上表面中间的激波位置;③机翼上表面后缘附近的失速点。

b. 测压孔与模型表面不垂直:虽然现在测压孔是以数模用数控机床打出来的,但是,在机翼加工成形后再打孔,找测压孔与它对应的几何位置会有点误差,产生当地垂直度不完全正确。

如果垂直度向前倾斜,静压孔会流进一点动压,使机翼上表面的负压减小;如果垂直度向后偏移,静压孔后面气流转折,压力升高,也使机翼上表面的负压减小。

c. 测压孔密封不严:个别测压孔的管道密封不严,有一点点检查不出来的漏气,也会使机翼上表面的负压减小。所以,一般地说,测压试验的压力分布积分得到的升力是不足的。

（3）测压数据的处理

测压积分的力往测力结果靠。上面所说测压试验不准的几个原因埋伏在试验中,找不到哪个是有问题的测压孔,即使找到也没有办法进行修正。气动数据处理人员就按压力分布积分与天平测得升力的比例将压力分布放大,提供有关专业设计、计算使用。这种简单的处理方法是工程近似,使压力分布与力一致了,工程设计使用(压力数值差别很小)是允许的。但也使每个测压点的压力数据都偏离了真实值。理论上,对应于天平测得的升力应该有与之相对应的压力分布,相对应的每个测压点压力数据的真实值。

2) CFD 计算的风洞试验验证

CFD 计算数据需要风洞试验进行验证。现以机翼设计为例,当前的验证方法是首先找出 CFD 计算的气动力(如升力)与风洞试验的气动力相等的状态(如迎角),然后在这个状态下比较两者的压力分布。如果两者的压力分布一致,说明 CFD 的计算是正确的。

假设数据如表 8.7 所示。取 CFD 计算的 $\alpha = 2.2°$ 与风洞试验的 $\alpha = 2.0°$ 这

两个不同姿态、相同升力的压力分布进行比较。

表 8.7　CFD 计算与风洞试验的升力系数(C_L)

来源	CFD 计算	风洞实验
2.0°	0.18	0.20
2.2°	0.20	0.22

（1）比较的可行性。

从事 CFD 计算的人士通常有以下看法。

a. 风洞测力试验有迎角误差：CFD 计算的迎角与升力系数的关系是正确的；而风洞试验的迎角不准，有模型的加工误差，风洞变迎角机构的定位误差等。因此，以相等的升力来比较。

b. 风洞测压试验的可比性：风洞测压试验中几个不准的原因可以按下列方法分别排除。

测压孔有限，捕捉不到机翼前缘的压力峰。可以用试验仅有的测压孔数据与 CFD 计算的压力分布做比较，没有捕捉到的压力峰点不做比较。

测压孔与模型表面不垂直和测压孔密封不严，只是个别测压孔的问题，不影响大多数测压点的准确性。

所以，这种比较思路是可以的。

（2）理论概念不严密。

a. 数据的准确程度：风洞试验受到风洞洞壁和相似参数的限制，但是，相对比较真实地模拟了空中的飞行条件。天平测得的力全面地反映了模型表面的压力分布。

CFD 计算有些理论简化处理，例如，速势方程的计算假设是等熵、无黏、无旋，N-S 方程的计算需要有湍流模型，"模型"就是人为给定的一种流动方式。而且，计算网格即使几千万，表面网格数总是有限的。

所以，风洞试验相对 CFD 计算的数据，前者的准确程度要高。这是当前的实际情况，在新型号设计中，应用计算和试验两种手段，但以风洞试验数据为准。即使是欧、美先进的航空设计部门，CFD 的计算发展得相当成熟，大量使用计算、优化进行新型号的设计，在飞机首飞之前，也要做一期大模型、高低速、内容全面的测力、测压试验，以确保飞机气动特性数据的准确性。也正因为如此，CFD 计算需要用风洞试验进行验证。

b. 模型姿态的比较：风洞测力试验是有可能带来迎角误差，但是，这种"可能"不能作为理论依据。为什么这个误差一定是 $\Delta\alpha = -0.2°$ 而不是 $+0.2°$ 呢？如果是 $+0.2°$，是不是 CFD 计算的 $\alpha = 2.2°$ 要与风洞试验的 $\alpha = 1.8°$ 来比较呢？这种比较的思路其核心是"CFD 的计算是准确的"，要以 CFD 计算的数据作为比较依据。如果这样，CFD 计算数据为什么还要进行验证？为什么还需要以风洞试验进行验证？这是明显的矛盾思路！

c. 正常的验证思路：正常的思路是以风洞试验的测力数据为基准对 CFD 的计算数据进行验证。验证的结果，不是风洞试验可能有迎角 $\Delta\alpha = -0.2°$ 误差，而是 CFD 计算数据（$\alpha = 2°$，$C_L = 0.18$）的升力不足。基于正常的验证思路，压力分布也是以同样的状态进行比较。CFD 计算（$\alpha = 2°$）的压力数据与风洞试验相同迎角的测压数据进行比较。风洞试验大多数测压点的测压孔数据是准确的。找出计算与试验压力数据的差别，依此来分析 CFD 计算升力不足的原因，改进、完善计算方法，这才是验证的真正意义。

（3）为什么讨论这个问题？

在 CFD 计算的领域，许多人员（据说包括权威人士）几十年来都是这样做的，而且本人也认为这样做是可以的，为什么还要提出这个问题？可以这样做与理论上的严密是两个方面。对于个别人员、个别项目、个别任务、个别场合，这样做也是不得已，可以理解。

正是因为在 CFD 计算的领域许多人员几十年来一直这样做，这是 CFD 计算领域的整体，理论上应该是严密的。如果认为这样做完全正确就不应该了，所以需要把这个问题提出来，供大家讨论。

8.5.3 数据的飞行试验验证

1）数据体系与飞行试验验证

在气动特性数据体系中，工程估算数据和数值计算数据都需要经过风洞试验数据的验证。风洞试验数据经过相关性修正后需要得到飞行试验的验证。因此，工程估算、数值计算和风洞试验修正，这三类数据最终都需要由飞行试验的验证。

建立气动特性数据体系，将这三种方法综合利用。各个飞机设计部门，根据各自的实际需要和技术能力，采用各种不同的途径。例如 1988—1990 年西德 MBB 飞机公司的空气动力学部：

（1）以"小扰动速势方程＋片条附面层"方法为主体，计算全机和各部件的气动特性。

(2) 同时采用 ESDU 的工程估算方法,对数据量级和变化趋势进行核对。使用这样的气动数据提供飞机方案设计和初步打样设计之用。

(3) 在飞机首飞之前,做一期小缩比、大模型的高、低速风洞测力、测压试验,以校核原始数据,修正原来的方法。校核后的气动数据,提供给最后一轮性能、操稳、载荷、飞控设计、计算之用,确保飞机首飞数据的可靠性。

(4) 在飞机上天之后,进行飞行试验,以飞行试验数据最终修订原来的方法。

应该想到,经过飞行试验验证的、最终修订完善的方法,已经不能被该型号使用,只能为下一个型号设计打基础。例如:西德 MBB 飞机公司的空气动力学部,经过空客 A300 飞机计算、校核、验证、完善的一套方法和软件,给空客 A320 飞机设计使用。经过空客 A320 飞机计算、校核、验证、完善的一套方法和软件,给 MPC - 75 飞机设计使用。就这样,一轮又一轮,一个型号又一个型号,使该公司的气动特性数据体系不断改进,不断完善。

2) 飞行试验验证的能力

许多业内人士对飞行试验数据可靠性都抱有很大期望,甚至是绝对的信任,认为是理所应当。但是存在下列因素:

(1) 设计部门没有试飞能力。

我国的飞机设计部门没有能力自己组织飞行试验。一般情况下,飞行试验研究院不提供气动特性原始数据。因此,当前设计部门的气动特性数据体系的飞行试验验证难度很大。

在西德 MBB 飞机公司,气动设计、计算人员需要飞行试验数据验证的时候,向飞行试验部门提交一个申请单,类似于风洞试验任务书,说明试验和数据的要求,就可以得到需要的试飞数据。这样做还感到不方便,该公司的飞行物理部(1990 前也名"空气动力学部")于 1990 年就专设有一个"飞行试验研究室"。

(2) 试飞数据的人为因素较大。

与风洞试验数据相比,飞行试验的原始数据比较分散,精密度相对较差。原因是飞行试验的飞机姿态保持比较困难,测试设备不够成熟,气动特性数据不能试验直接得到,需要以一定方法转换。笔者参与过很短一段时间的试飞数据处理工作,体会到飞行试验数据的规律性远远不如风洞试验数据。数据处理的人为因素远远超过风洞试验。

　　这些都是我们在赶超世界航空先进设计水平中,需要学习、改进和完善的地方。

参考文献

[1] 张锡金.飞机设计手册:第 6 册　气动设计[M].北京:航空工业出版社,2002.

[2] JAN ROSKAM. Airplane Design. Part VI: Prelminary Calculation of Aerodynamics, Thrust and Power Characteristics [S]. Roskam Aviation and Engineering Corporation, Ot-tawa, Kansas, 1987.

第9章　基于 CFD 的气动设计

　　开展飞机气动设计可以采用三种主要的方法：基于理论的方法、基于经验公式和风洞试验的方法以及基于 CFD 的方法。气动设计的三种方法中,基于计算流体力学(computational fluid dynamics, CFD)的设计方法所发挥的作用不断强化,已经是飞行器设计中不可或缺的工具。本章的重点在于介绍如何使用 CFD 方法开展气动设计,特别是如何将 CFD 与优化方法相结合,形成自动或半自动的迭代寻优流程。本章首先在介绍 CFD 的基本方程和数值方法,结合 CFD 在商用飞机气动设计中的应用,对 CFD 在气动设计中的流程,一些典型设计案例,以及未来发展趋势进行介绍。

　　本章紧密结合 CFD 在气动力设计中的工程应用及其历史发展,对 CFD 方法的介绍重点在于其对流动的简化模型。这一思路和大部分与 CFD 相关的报告和文献大多聚焦于对 CFD 方法的介绍有所不同,这一思路的发展得益于现有 CFD 工具的不断成熟,并且通过一系列不同的设计案例来具体体现 CFD 方法的广泛应用。

　　本章虽然涉及有关 CFD 的部分基本理论和相关数值方法,但并不作为本章的重点,有关 CFD 理论的详细内容可以在众多的 CFD 专著中找到,应用比较广泛的一些参考资料包括文献[1]~[3]。此外,虽然本章的内容主要依托运输类飞机的气动设计问题展开,但介绍的方法也可以在其他类型飞行器的气动设计中得到应用。

　　在 CFD 方法得到越来越多的应用之前,飞机气动设计主要依赖于风洞试验数据和理论及经验公式,还有结合型号经验发展的工程估算方法。一些得到验证并比较广泛使用的工程估算体系包括 DATCOM[①] 和 ESDU[②] 方法,这些方法

---

① 资料来源：http://www.datcom.com。
② 资料来源：http://www.ihs.com。

和工具在目前的飞机设计中仍然发挥着重要的作用,是飞机方案设计阶段使用的主要方法。但是,这些方法存在两个方面的局限性。一方面,这些方法推导的依据一般针对真实物理流动问题做了简化;另一方面,这些方法在发展过程中所依赖的试验数据,一般适用于相似构型的分析,而使其在新构型飞行器的设计中难以直接发挥更大的作用。

目前飞机气动设计已经越来越多地采用多工况、多目标和多约束优化的综合设计方法和流程,在新布局飞行器的发展中对风洞试验的依赖逐渐减少,而是主要使用经过验证的数值模拟方法,以及有限的、用于方法验证和关键阶段模型确认的风洞试验,这有助于提高设计效率和设计质量。这一发展也对风洞试验提出了更高的要求,其主要功能更加侧重对 CFD 方法及设计结果的验证与确认,这一趋势在世界主流飞机制造商的型号发展中得到越来越多的实践。可以预期,伴随高性能计算能力及数据存储和处理能力的提升,CFD 方法以及其他数值模拟方法在飞机设计流程中的应用广度和深度将持续发展,不断提高未来飞机研制流程的质量和效率。

9.1　CFD 方法和工具

本节介绍 CFD 方法的基本方程和不同的简化模型,以及一些航空领域常用的一些典型 CFD 程序。

9.1.1　物理简化和基本方程

自然界的流动现象纷繁复杂,既有宏观的大气环流,也有微纳尺度的微观流动,既有鸟类的低速非定常扑翼流动,也有飞行于大气层边缘的高超声速飞行器的高超声速流动。其物理流动模型的数学描述主要是纳维-斯托克斯方程(Navier-Stokes equations)。纳维-斯托克斯方程描述了流体的质量、动量以及热力学能量的守恒关系。但针对复杂构型使用纳维-斯托克斯方程的直接求解远远超出了当今计算机的计算能力。

在航空领域涉及的流动现象和飞行器的构型,飞行速度,高度密切相关,通常涉及的黏性、可压缩流、牛顿流体的控制方程可以由下式给出。

$$\begin{cases} \dfrac{\partial \rho}{\partial t} + \nabla \cdot (\rho \overline{\boldsymbol{U}}) = 0 \\[2mm] \dfrac{\partial \rho \overline{\boldsymbol{U}}}{\partial t} + \overline{\nabla} \cdot (\rho \overline{\boldsymbol{U}} \otimes \overline{\boldsymbol{U}} + p \overline{\overline{\boldsymbol{I}}} - \overline{\overline{\boldsymbol{\tau}}}) = 0 \\[2mm] \dfrac{\partial \rho E}{\partial t} + \nabla \cdot (\rho E \overline{\boldsymbol{U}} + p \overline{\boldsymbol{U}} - \overline{\overline{\boldsymbol{\tau}}} \boldsymbol{U} + \overline{\boldsymbol{q}}) = 0 \end{cases} \tag{9.1}$$

　　方程中的五个未知变量包括密度 ρ，动量 $\rho\overline{U}$，和总能 ρE，其中总能为流体内部能量 ρe 和动能 $\dfrac{1}{2}\rho\,\overline{U}^2$ 的总和。这五个变量为时间和空间的函数，对于理想气体来说，比热容比 $\gamma=\dfrac{c_p}{c_V}$ 为常数，对于空气 $\gamma=1.4$，$c_p=\dfrac{\gamma r}{\gamma-1}$ 和 $c_V=\dfrac{r}{\gamma-1}$，其中 $r=8.314\ \mathrm{J\cdot mol\cdot K}$，气体的内能定义

$$\rho e=\rho E-\frac{1}{2}\,\frac{(\rho\overline{U})^2}{\rho} \tag{9.2}$$

式中，$e=c_V T$，T 为流体的总温，由式(9.2)可以得出

$$T=\frac{\gamma-1}{r}\,\frac{1}{\rho}\left[\rho E-\frac{1}{2}\,\frac{(\rho\overline{U})^2}{\rho}\right] \tag{9.3}$$

　　由理想气体假设可得 $p=r\rho T$，结合式(9.3)，可得

$$p=(\gamma-1)\left(\rho E-\frac{1}{2}\,\frac{\rho\overline{U}}{\rho}\right) \tag{9.4}$$

以上方程给出了流体的不同物理量之间关系的状态方程，其中应力张量 $\overline{\overline{\tau}}$ 和热通量 $\overline{q}$ 的定义可以通过不同的模型给出。

　　虽然直接对纳维-斯托克斯方程求解仍然需要巨大的计算资源，距离在实际构型上的应用还有较长的路要走，即使遵循摩尔定律对计算能力发展的预测，针对工程上有价值的复杂构型的直接数值模拟，大概还需要 40 年左右的时间。但对简化的纳维-斯托克斯方程的求解仍然具有十分重要的工程意义，已经成为目前飞行器设计中必不可少的工具。

　　雷诺 1883 年提出湍流由时均流动和脉动运动组成，对湍流的工程描述可以近似地用雷诺平均方程，这种平均是对湍流的统计上的平均。方程求解的闭合性要求，使得不同的湍流模型得到发展，湍流模型的使用使得可以无须计算流动脉动量得到流场物理量的时均值，针对定常流动问题，在精度要求上也能够满足大部分工程设计对结果精度的需求。运输类飞机设计中的流动问题呈现高雷诺数湍流特性，可以采用各种不同的湍流模型对方程实现封闭求解，湍流模型的发展使纳维-斯托克斯方程发展为现在的雷诺平均的 N-S 方程。这是工程界目前使用的主流计算模型和方法。与此同时，针对更复杂的流动情况，可以采用简单的构型，使用直接数值模拟、大涡模拟等方法开展流动特性的研究。

　　利用 Favre 平均的定义，可以得到 RANS 方程

$$
\begin{cases}
\dfrac{\partial \rho}{\partial t} + \nabla \cdot (\rho \overline{\boldsymbol{U}}) = 0 \\[2mm]
\dfrac{\partial \rho \overline{\boldsymbol{U}}}{\partial t} + \overline{\nabla} \cdot (\rho \overline{\boldsymbol{U}} \otimes \overline{\boldsymbol{U}} + p \overline{\overline{\boldsymbol{I}}} - \overline{\overline{\boldsymbol{\tau}}} - \overline{\overline{\boldsymbol{\tau}_t}}) = 0 \\[2mm]
\dfrac{\partial \rho (E + k)}{\partial t} + \nabla \cdot \left[\rho (E + k) \overline{\boldsymbol{U}} + p \overline{\boldsymbol{U}} - (\overline{\overline{\boldsymbol{\tau}}} + \overline{\overline{\boldsymbol{\tau}_t}}) \overline{\boldsymbol{U}} + \overline{\boldsymbol{q}} + \overline{\boldsymbol{q}_t} \right] = 0
\end{cases} \tag{9.5}
$$

RANS 方程引入了三个新的变量,雷诺应力张量 $\overline{\overline{\boldsymbol{\tau}_t}} = -\rho \overline{\boldsymbol{U}'' \otimes \boldsymbol{U}''}$,湍流动能 $k = \dfrac{1}{2} \rho \overline{\boldsymbol{U}''}$,以及湍流热通量矢量 $\overline{\boldsymbol{q}_t} = c_P \sqrt{\rho} \overline{T'' \boldsymbol{U}''}$。通过引入针对湍流的不同模型,达到方程可解的目标,针对湍流的理论和数值方法的研究长期以来是一个重要的研究题目,并将持续得到重视。目前常用的湍流模型包括一方程模型,两方程模型,以及近来不断发展的湍流应力模型等。

(1) 零方程模型:Baldwin-Lomax 模型。

(2) 一方程模型:Spalart-Almaras 模型。

(3) 两方程模型:k-ω 模型和 k-ϵ 模型。

(4) 多方程模型:雷诺应力平均模型(Reynold stress model)。

常用的几种不同湍流模型在不同流动问题的数值模拟中的表现不同,这体现在能够处理的几何外形的复杂度、压力梯度,流动是否分离与流动马赫数等有关,不同模型对计算资源的需求也不同。表 9.1 给出了几种常用的湍流模型的主要优缺点。其中 RANS 方法在工业界的应用范围不断增加,是目前和未来很长一段时间内气动设计最主要的分析方法。

表 9.1 不同湍流模型的对比

湍流模型	适 用 性	不 足
Spalart Allmaras	一方程模型,计算量小,中等复杂程度的模型颤振与强度	缺乏子模型,无法处理燃烧等问题
STD k-ϵ	稳健,计算量可以接受,存在大量验证数据	针对下述情况表现一般,大压力梯度、旋涡流模拟、射流模拟等
RNG k-ϵ	中等程度的流动分析,旋涡、射流等	受到各向同性的涡流黏度假设的影响,圆射流问题结果不理想
Realizable k-ϵ	在 RNG k-ϵ 模型基础上,可以较好地解决圆射流	受到各向同性的涡流黏度假设的影响
Reynolds stress model (RSM)	物理上更加完善的模型(考虑时间历程、输运特性、湍流应力的各向异性等)	计算量大(RNG k-ϵ 的 2～3 倍),与动力学方程和湍流方程紧耦合

（续表）

湍流模型	适 用 性	不 足
large eddy simulation	对复杂流动的模拟可以得到更精细的流动结构结果，亚格子模型的灵活性	计算量相比 RANS 增加
detached eddy simulation	RANS 方法和 LES 方法的组合，分别处理不同尺度的涡	结合了 RANS 和 LES 两种方法各自的优势，具有较大的潜力
direct numerical simulation	所有尺度的湍流的数值模拟	总的计算成本与 Re_L^3 成比例，仅限于简单构型

　　不同湍流模型对各种流动物理的建模能力上的差异使得其成为重要的研究内容之一，近年来，相对常用的线性/非线性黏性涡湍流模型（eddy viscosity model，EVM），雷诺应力模型（Reynolds stress model，RSM）得到研究者更多的重视。与此同时，在 RANS 模型得到越来越多工程应用的同时，基于大涡模拟和直接数值模拟的方法也得到发展，大涡模拟方法（large eddy simulation，LES）采用基于空间滤波方程得到非定常计算结果，其中大尺度涡由直接计算得到，小尺度涡则采用"亚格子模型"进行建模，近年来发展了多种不同的亚格子模型。虽然 LES 的应用受到计算量的制约，这些方法的应用范围随着计算能力的提升也不断扩展。

　　不同尺度的涡的数值模拟方法对比如图 9.1 所示。

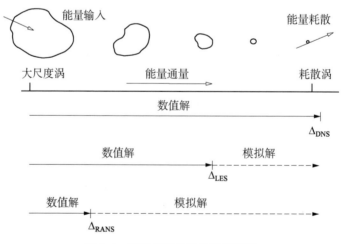

图 9.1　不同尺度的涡的数值模拟

在运用到气动设计方面时,对流动方程的进一步简化能使得在不损失对主要物理现象的模拟精度的条件下,数值求解更加可行。黏性的存在使得流体中的一部分能量不可避免地转化为热能,黏性的表现形式包括边界层效应,非牛顿流动和摩阻效应。当流体的黏度很小时,忽略纳维-斯托克斯方程中的黏性项,可以得到非黏性流体的质量、动量和能量守恒关系的欧拉方程。在许多飞行状态下,黏性的作用很小,或者可以通过加上边界层方程来模拟黏性的作用。

接下来引入速度势,将求解五个非线性偏微分方程的问题简化为求解单个非线性偏微分方程,简化后的方程称为全速势方程。势流这一近似假设流动是无黏性、无旋以及等熵流动。对于常见的商用运输机的结构来说,只要激波很弱,势流解足够对激波进行模拟。

更进一步的简化消除了所有的非线性项,最后得到了计算线性可压流动的Prandtl-Glauert 方程,或者计算不可压流动的拉普拉斯方程。当飞行器相对瘦削、自由流产生较少扰动时,这些方程证实是可行的。

二维面元法是基于拉普拉斯方程的。耦合了边界层代码之后,这一方法对于预测最开始的流动分离十分有效。可用于初步的低速机翼设计以及增升装置类型的选定。三维面元法仍然是基于拉普拉斯方程的,尽管限制在对不可压缩的附着流的计算,但对于任意几何形状仅仅用一个表面网格就能够得到结果,这一能力使得三维面元法仍然是十分有用并且高效的。可以用来评估飞行器不同构件之间的气动干扰和载荷分布。耦合了边界层代码之后,三维面元法对增升装置的设计来说是一件十分有用的工具。

CFD 方法的发展与方程的上述简化发展过程大致是相反的。在工业界,CFD 工具的价值是通过在型号中的应用体现出来的。只有当 CFD 集成于产品的研制过程中,CFD 才能对产品的性能和设计效率的提升产生影响。CFD 方法在型号中的应用是和方法本身同时发展的。CFD 技术的发展大致经历的五个阶段,如图 9.2 所示。

CFD 以及大部分工程应用的一个关键部分是几何建模和网格生成。与真实的流动情况相比,线性方法描述的流动大大地简化了。与此类似,为了适应计算机的计算能力,相比飞行器的真实构型,计算模型也进行了相应简化。飞行器的气动设计发展开始向 CFD 寻求帮助,是由于超声速巡航飞机设计经验的缺乏以及波阻对飞行器设计细节的高度敏感性。线性理论方法对波音 SST 模型733-290 的阻力预测与实验吻合得非常好,如图 9.3 所示。

针对高亚声速运输类飞机的流动问题,其中的主要特点在于超临界流动特

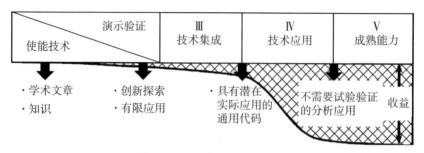

图9.2　CFD发展流程阶段图

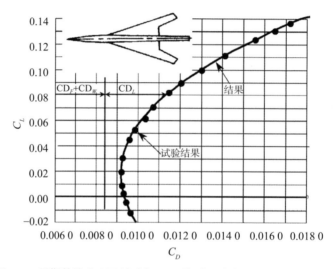

图9.3　早期的波音SST试验与CFD的对比波音733-290,Ma=2.7

征、激波边界层干扰以及演化规律;短舱干扰流动、机翼超临界流动以及高升力装置流动。虽然这些流动特点对数值方法仍然存在具有挑战性的要求,在型号设计中所发挥的作用还是在不断提升,在型号研制中的应用越来越体现在项目初期的方案优选和设计优化。

9.1.2　数值方法

　　Navier-Stokes方程可以描述流场的物理参数变化规律,采用数值方法直接求解Navier-Stokes方程可以得到流场的物理参数随时间和空间变化的趋势,但是目前的计算能力仅能够针对简单外形完成计算,在工程领域中的复杂流场还难以得到满足设计需求的结果,需要结合特定的流动问题中的物理现象,以及不同流动特点和求解需求进行适当的简化得到的方程进行求解,20世纪70年代以来,针对具体问题的需求,发展了各种不同的数值方法,形成了目前仍然不断发展的计算流体力学学科,其中多种数值方法的发展是重要内容。本节从使用的角度概述空间离散格式、时间推进格式、收敛性分析等比较通用的问题。

根据计算域空间离散方法的差异,可以分为基本的结构网格、非结构网格和多种形式的混合网格,其中还包括嵌套网格、搭接网格、各种动网格技术等,还有各种提升计算效率的处理方法,如多重网格技术。各种不同类型网格的典型示例如图 9.4 和图 9.5 所示。尽管针对复杂构型的网格技术自从 1970 年代以来已经取得了很大的进步,面向工程实际需求的、与流动分析流程完全融合的、高质量、高稳健性和高效率的网格技术仍然是未来 CFD 技术发展的重要方向之一。

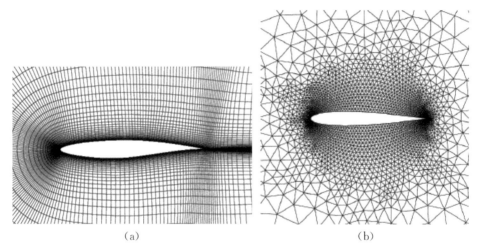

(a)　　　　　　　　　　　　　　　(b)

图 9.4　多块结构网格和非结构网格

(a) 多块结构网格　(b) 非结构网格

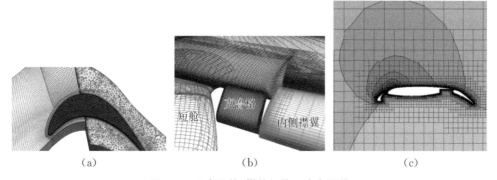

(a)　　　　　　　　　　(b)　　　　　　　　　　(c)

图 9.5　混合网格、搭接网格和直角网格

(a) 混合网格　(b) 重叠网格　(c) 直角网格

求解偏微分方程的数值方法在为数众多的教科书和技术报告中有详细的介绍,空间离散和数值求解方法的目的是获取对流场物理量的数学近似,大致可以分为积分方法和差分方法两大类,基于不同空间离散方法的数值求解方法中包括有限差分方法、有限体积方法和有限单元方法。

1) 有限差分法

有限差分方法针对结构化空间离散方法,使用有限的网格节点来近似表示连续的求解域,用于求解微分形式的控制方程。一般基于泰勒级数展开技术对网格节点的物理量进行近似,导数的近似采用有限差分方法得到,对于有限差分格式,可以实现不同阶的近似,有一阶格式、二阶格式和高阶格式。从差分的空间形式来考虑,可分为中心格式和逆风格式。从时间因子的考虑上,差分格式还可以分为显格式、隐格式、显隐交替格式,网格的步长一般根据实际地形的情况和柯朗稳定条件来决定。通过对时间和空间这几种不同差分格式的组合,可以组合成不同的差分计算格式。

通常来说,针对复杂外形的应用场景,需要使用多块结构网格或重叠网格。虽然有限差分方法可以相对容易地通过包含高阶近似项,实现更高的精度,但是针对复杂外形高质量网格生成及自动化实现存在较大的挑战,需要较多的人工干预才能够实现,在工程应用中,一般较多地用于对结果精度要求高的场景中。

2) 有限体积法

有限体积法通过对积分形式的控制方程的离散化,将计算域划分为不重复的控制体积,在每一个控制体积内对待解的微分方程进行积分,得到一组离散方程,因此,既可以用于结构化网格,也可以用于非结构化网格。有限体积法属于采用局部近似的离散方法,通过假定函数值在网格点之间的变化规律,通过积分得到针对该有限体积的积分。以二维网格为例,根据计算域物理量是否以节点或者单元来存储,分为两种不同的形式,基于节点的离散方法和基于单元的离散方法,分别如图 9.6 所示。

基于单元的离散方法和基于节点的离散方法的主要差异在于定义物理量的位置,前者的控制单元与网格一致,物理量是在单元中点定义的,后者的物理量定义在网格节点上,控制单元围绕网格节点来重构,如图 9.7 所示。两种方法的优劣已有大量的研究论文,Wang 等人在同一个 CFD 代码中对两种方法进行了对比,分析了不同问题中各自的有优缺点。

对比有限差分方法,有限体积法对复杂外形的适应能力强,有利于发展网格自动化以及网格自适应方法,结合边界层网格,在气动优化问题中应用较为广泛。

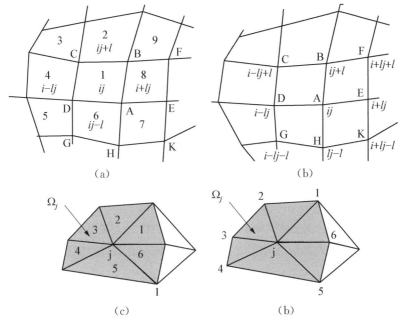

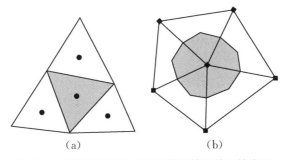

图 9.6　有限体积法中的不同离散方法

图 9.7　有限体积法中的物理量和控制单元的定义

3) 有限元方法

有限单元方法最初是从结构分析学科发展起来的,对计算域进行离散化以后,有限元方法使用分段函数对物理量 ϕ 在针对计算域的近似有限单元上进行拟合,将分段拟合函数代入物理方程,通过残差的最小化将微分方程转化为一组近似的代数方程进行求解。

与有限体积法对比,有限单元法必须假定值在网格点之间的变化规律(即插值函数或分段拟合函数),并将其作为近似解。除了应用于结构分析问题,在传热、流体力学等领域也得到应用。针对类似网格规模的流体问题,有限元方法求解速度较有限差分及有限体积法低,因此在求解流体问题的应用中相对较少,特别是高雷诺数流动问题。但是,有限元方法对于求解流固耦合问题具有优势。

除了以上三种常用的方法,其他针对偏微分方程的一些数值方法还包括有谱方法、谱元、无网格、有限解析、边界元、特征线等方法,在不同问题中有不同程度的应用。

9.1.3　CFD方法的验证与确认

CFD方法的验证(verification)和确认(validation)的目的是检验CFD方法和程序实现的正确性和准确性,确保其对所关心的流动问题能够得到符合物理规律的结果。尽管如今CFD已经广泛应用于工业界、政府和学术机构中,但是对于计算结果的可信度,CFD研究人员并不能给出十分明确的回答。面对这种既广泛应用但又对结果缺乏信心的情况,CFD的可信度研究就显得非常重要。可信度的主要研究内容是CFD方法的验证和确认。

验证的定义是:计算模型准确地描述了概念模型和模型求解的证实过程。确认定义为:从模型的使用意图的视角来看,计算模型准确描述了真实世界的证实过程。从以上的定义可以看出,验证和确认有两个特征:①过程并没有一个清晰的完成点,这意味着证实过程的完成或者完成了足够的内容是由实际问题决定的;②对精度问题的强调,验证过程的精度通常是与简化模型问题算例的基本解来确定的,确认过程的精度是与相应的实验数据来确定的。本质上,验证提供了模型求解正确的证明,而确认提供了求解正确模型的证明。

验证和确认最基本的策略是评价计算仿真的不确定性和误差。模拟和仿真过程中导致精度降低的原因,通常可以宽泛地分为不确定性和误差这两类。不确定性是由认识不足造成的,通常是由于对物理特性或者参数的认识不完整,例如涡轮叶片表面粗糙度分布的特性。第一个特征是潜在性,表示这种缺陷发生的不确定性。第二个特征是对其根本产生的原因认识不足。处理不确定性有两种紧密联系的方法,第一是敏感性分析,例如输入参数或者模型假设对于特定输出量的影响;第二是不确定性分析,通常与由概率分布表现的连续模型参数变化率相联系,例如蒙特卡罗模拟对于制造铝质蒙皮的厚度变化率对气动弹性频率模态的影响。误差的定义为模拟仿真的任何阶段中由于非认知不足造成的可辨别的缺陷。它着重于缺陷或者缺点,是可以检查发现的,误差可以分离为被承认的和不被承认的两种。前者包括舍入误差、物理模型近似和数值格式迭代收敛过程中特定精度等级。后者主要是由人为疏忽导致的。

验证和确认应当看成是一种可重复的证明过程,即对于特定的问题的解达到了给定的精度。验证和确认不直接对任何预测做精确度的声明,仅仅表明模型对于特定的问题达到了某一层面的精度。对 CFD 而言没有固定的精度标准可以适用,仿真的精度等级取决于仿真的目标,若仿真的误差和不确定性可以估计,那么就没必要追求高精度的结果。

验证的基本策略是鉴别和量化计算模型和数值解中的误差。验证过程的原理如图 9.8 所示。验证的方法主要有三种。第一种是精确解比较法,即用选择好的算例的精确解来验证计算模型。第二种是误差比较法,即针对代码求解的偏微分方程假设一个解,然后利用这个解得到使方程成立的边界条件和源项,再利用求得的边界条件和源项,求得数值解,与假定的精确解比较,就可以确定代码的误差。第三种是网格收敛性研究。验证最主要的工作是改善网格质量和时间步长。

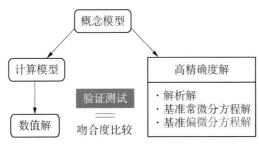

图 9.8　验证过程的原理

确认的基本策略是鉴别和量化概念模型和计算模型中的不确定性和误差。确认的主要过程是与实验结果对比。然而 CFD 的应用领域非常广泛,各种流动现象有自己的特点,对系统整体进行确认是不现实的。为了达到完整的系统验证和确认,就需要对流动现象进行分类,然后针对每种流动现象进行验证和确认。图 9.9 和图 9.10 给出了确认过程的原理以及系统的层次分级。

可信度评估过程中还有一项校准(calibration)工作,它是调整数值或物理模型参数,从而改进计算结果与实验结

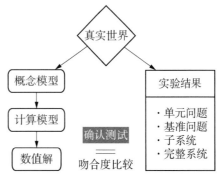

图 9.9　确认过程的原理

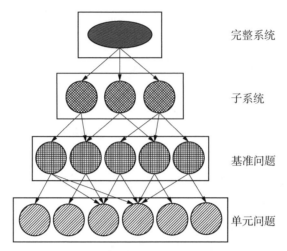

完整系统

子系统

基准问题

单元问题

图 9.10 确认的层次结构分级

果的符合程度。这一过程不涉及不确定性和误差的评估。

CFD 中主要的误差来源为操作系统的误差、程序编译的误差、CPU 设计的误差、计算网格解析度不足、对于近场问题的研究边界条件设置得过于靠近研究区域、求解的收敛程度不够、算法的数值耗散太严重、边界条件设置错误、时间步长取得过大、化学反应模型选取不当、数值精度不够(即舍入误差),以及 CFD 程序编写的误差:①空间离散收敛性不足;②时间离散收敛性不足;③迭代收敛性不足;④计算编程。

随着 CFD 的发展,一些研究单位迫切需要更为先进的实验数据来进行特定 CFD 应用结果的确认(validation)工作,AIAA 的 CFD 阻力预测组为了改善数值流场模拟相应的阻力和力矩预测精度,需要新的高质量详细实验数据,于是向 NASA 寻求帮助,由此得到了 DPW 系列实验数据。这一系列的成功,使得其他小组如计算稳定性和控制委员会筹建的类似的工作小组,也需要相应的实验数据。NASA 的亚声速固定翼项目特别地成立了技术工作小组,在 2007 年 1 月举行了第一次会议,之后又有许多研究单位参加会议,最终确定了我们熟知的 NASA 的 Common Research Model(CRM)这一构型,召开了多次有关阻力预示的学术会议。

经过研究,CRM 的构型基于跨声速运输类飞机,巡航马赫数为 0.85。CRM 以及相应的测试涵盖了几个目标:①采用了新的构型;②通过现代测量技术得到了新的数据;③关注点从阻力拓展到各个迎角的俯仰力矩。这为 CFD 方法确认提供了全新的更为全面的数据。

9.1.4　一些典型的 CFD 程序

在包括航空工程领域在内的大量应用需求的驱动下，在理论研究基础上，借助于计算机硬件和编程技术的发展，出现了为数不少的 CFD 软件，例如 ONERA 的 elsA 程序的应用，商业软件 Fluent，CFX 等，开源 CFD 软件包括 OpenFOAM，CFL3D 等。

使用 CFD 方法开展气动设计能够带来的优势很早已被工业界认识，因此可以说 CFD 方法及其应用的发展是相辅相成的，图 9.11 给出了 CFD 方法在波音飞机型号中的应用发展，以及与风洞试验的对比。世界主要飞机制造商和空气动力学研究机构都通过长期的持续投入，发展了各具特点的自研 CFD 程序，在相关研究项目和型号研制中发挥了重要的作用。例如，elsA 是法国国家航天航空研究中心在 20 世纪 90 年代末开始的一个项目，经过 5 年的发展后，于 2002 年拿出了第一份发展报告，介绍了面向对象的设计，以及 elsA 发展的成就，并展示了其在飞行器、直升机、涡轮机、导弹和重返大气层载具中的应用。其他一些典型的 CFD 程序包括应用于发动机流场分析的 HYDRA 程序。

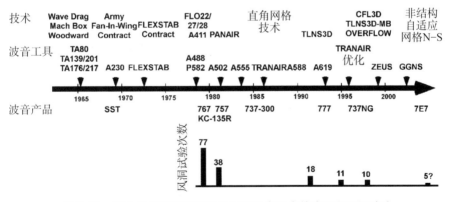

图 9.11　CFD 技术以及在波音公司型号发展中的应用和风洞试验

近来，开源 CFD 程序也得到了快速的发展，应用范围不断扩大，也存在一些在开源程序基础上的后续开发的工作。

9.2　气动力设计需求

在飞机概念设计确定之后，飞机的性能也就基本确定了，相应的详细的气动外形也确定下来。气动外形的设计内容包括所需要的容积和气动性能，气动力设计关注在飞行任务的不同阶段,面对设计参数的要求可能彼此矛盾的问题,在最优设计与满足性能要求的设计之间做出折中的设计方案。

气动力设计需求主要来源于对起飞降落、机动、爬升和巡航性能的需求。起飞降落性能的需求来源于对机场的适应性和起降过程的安全性,即尽可能短的起飞降落距离和尽可能小的起飞降落速度,主要指标是升力系数。对于低速亚声速运输类飞机和通用飞机,巡航和爬升效率的重要性也在不断上升,因为这类飞机的往往是中短途飞行的,迅速爬升到巡航高度、提高巡航效率有非常重要的意义,更侧重于巡航性能,主要指标是阻力系数。对于亚声速战斗机,操纵性是主要指标。超声速飞机的设计与亚声速类似,但多出了一个减小波阻的要求。

空客 A380 在设计之初经过市场调查之后得出的设计需求如图 9.12 所示,由此得到的气动设计需求如图 9.13 所示,气动方面的设计要求总结起来也与前文总结的内容相同。任务性能的要求即是航程和巡航马赫数的要求,在机翼设计中,通过简单快速而又准确的 CFD 计算,得出机翼的最小载荷图和对应的阻力,从而得到气动和惯性载荷数据。在发动机舱、机翼与这两者的连接部件的集成设计中,需要在高马赫数和低升力系数的条件下控制流动分离,避免出现剧烈的抖振。

图 9.12　空客 A380 设计需求

图 9.13　面向空客 A380 设计需求的气动力设计

9.3　基于 CFD 的飞机气动力设计方法和流程

计算流体力学方法在飞机气动设计中使用的广度、频度和深度取得了很大的进展,伴随着计算能力的增长和建模、分析能力的提高,可以预期这一趋势仍在继续,并且向着非设计点仿真,飞行包线边界分析,并最终实现数字功能样机和数值适航的功能,深刻改变飞行器设计的方法和流程。

以波音公司为例,在飞机气动设计过程中采用 CFD 方法的历史发展可由图 9.11 所示,而目前 CFD 方法在飞机全机及部件设计中的应用广度由图 9.14 所示,而其他飞机制造商的 CFD 应用水平基本类似。在气动设计中提高 CFD 的应用比例可以有效降低风洞试验的数目,在项目进度和研制费用方面带来潜在的收益,因此各飞机制造商都在这一领域积极开展相关研究,特别是结合工程应用的研究水平。

9.3.1　CFD 优化流程

随着数值方法的逐渐成熟,开始将其与数值优化方法耦合起来,通过分析迭代寻找可以获得更好气动性能的参数组合,改善部件和全机的气动特性,并进一步和其他相关专业结合,实现全机综合性能的提高和改善。具有一般性的、典型的气动优化流程如图 9.15 所示,图中的优化设计流程具有一般性,而气动分析

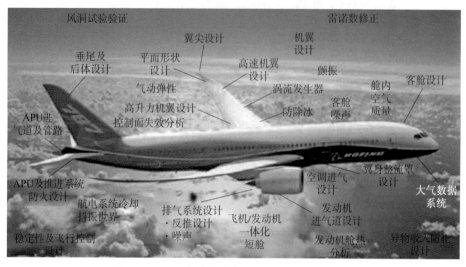

图 9.14　CFD 方法在波音 777 飞机设计中的应用

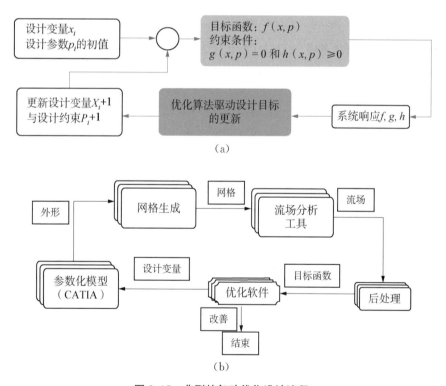

图 9.15　典型的气动优化设计流程

（a）优化设计的基本流程　　（b）基于 CFD 的气动分析

过程一般包含建模、分析和后处理三个主要的环节,每个环节都可以针对特定的问题有不同的实现方法,既可以采用相对易用的商业软件,又可以采用自研的程序。同样的,需要将不同的软件模块集成为完整的设计流程,并实现优化过程的有效管理和调控,以实现设计目标。这一过程既可以通过类似 iSight① 等软件系统来实现,也可以通过类似 Matlab② 和 Python③ 的脚本语言环境来实现。

对图 9.15 中主要模块的介绍在本章其他各节有所涉及,本节主要介绍如何将不同的软件进行集成,以及其中遇到的一些典型问题和可能的解决方法。这些问题包括不同模块之间的数据交换,优化过程的控制,后处理以及异地网络化发展等。在设计优化流程的各个环节一般使用不同的软件工具,所以设计流程的实现意味着不同软件工具的集成。

1) 数据交换

采用将建模、分析和后处理以及优化方法完整、紧耦合的系统进行优化的优点是消除了不同程序间的数据交换需求以及相关的数据一致性和完整性等问题。相对而言,单一学科模型的数据传递相对比较简单,以几何模型数据为中心的数据接口能够满足大部分的需求。然而,不同学科分析方法的发展及其对建模的需求导致了多种不同建模方法的存在,实现不同学科工具的耦合通常需要借助第三方的标准作为数据交换的接口,常用的数据标准包括 IGES, STEP 等,这些数据标准主要以几何数据为主。但是随着对需要交换的数据内容的丰富,发展了各种不同的数据模型。

2) 优化过程的控制

对于越来越复杂的优化问题,目标函数、设计变量与约束条件数目的增加,对计算量需求的增加,使得较少情况下单一的优化方法可以满足全局寻优的需求,分步串行或并行采用不同的优化方法的复合优化策略成为有效的解决方法,在优化过程中通过对收敛趋势的分析,更新优化参数以及优化方法也是提高设计效率和质量的重要技术,因此实现对优化过程的灵活控制是提高优化效率,避免收敛到局部最优的有效措施。常用的一些方法包括:①对流场量收敛性的控制,以使用不同的设计点重新启动优化过程;②改变设计参数空间,避免收敛到设参数边界;③补充新的其他来源的数据,例如来自试验的数据或者更准确仿真

---

① 资料来源:http://engineous.com。

② 资料来源:http://www.mathworks.com。

③ 资料来源:http://www.python.org。

模型的数据；④多种流动模型的混合应用，例如 RANS 计算结果、经验公式方法以及针对存在大规模流动分离的非定常预测结果的混合。这些方法的应用可以在提高计算效率的同时加快设计迭代。

3) 后处理

CFD 计算得到的流场结果一般需要进一步处理才能得到设计工程师关心的物理量，常用的数据处理内容包括气动力的获取，如升阻力和力矩系数、压力分布、特定位置的流场数据，也包含非定常数据的处理。

随着几何模型复杂度的提高、计算网格规模的提升、流动物理模型的数值模型参数的增加以及包含其他物理现象的多物理仿真的发展，得到的数据量规模大大增加。后处理技术超越了现有的流场数据分析的能力。

9.3.2　基于 CFD 的气动优化方法

尽管原则上说，基于 CFD 的气动优化方法和采用其他数值分析实现的优化方法应该大同小异，但是在 CFD 模型基础上开展优化外形的优化设计仍然有其特点。概括起来主要包括两类方法：反设计方法和优化设计方法，其中后者又可以采用伴随方法和直接优化方法两种主要思路。在这些基本方法的基础上，通过综合和组合，还可以发展更多的、一般更加贴近工程的解决方案。直接优化方法在中进行了介绍，本节的重点在于介绍伴随方法以及多点优化的内容。

1) 伴随优化方法

发展伴随方程以及在其基础上的伴随优化方法的基本动机在于克服变量数目过多及其带来的计算效率和优化效率过低的问题。基于伴随方程的推导基础是在方程离散化之前还是离散化之后，伴随方法又可以分为连续伴随和离散伴随，连续伴随方法的主要优点在于梯度信息的计算效率高，这一优点在大变量数目的优化问题中优势明显，可以避免大量差分计算所需要的计算量，提高优化效率。伴随优化方法一般和基于梯度的优化方法相结合，适用于高效率的局部寻优。连续伴随方法的主要文献可以参考 Jameson 的文章，离散伴随方法的主要文献可以参考文献[15]。采用伴随方法的基本流程如图 9.16 所示。

2) 不使用梯度信息的气动优化

与伴随方法相对应的另外一类方法是不需要使用梯度信息的计算，这类方法包括基于进化理论的遗传算法（evolutionary search）和模式搜索方法（pattern search），这两类方法可以进一步和基于样本点的数学近似模型相结合，发展成更加系统和高效的优化策略。本节重点介绍综合了遗传算法、响应面方法以及

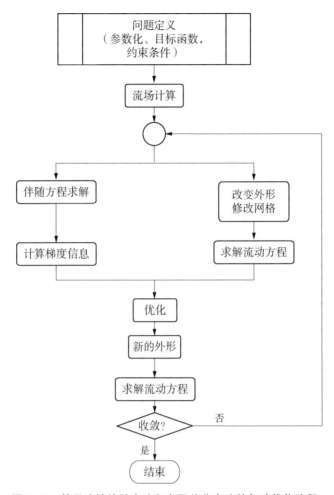

图 9.16　基于连续伴随方法和有限差分方法的气动优化流程

模式搜索的一种优化策略,这一优化策略具有一般性,可以广泛适用于基于 CAE 仿真的优化问题。这一流程的优点在于其一般性和灵活性,最近的一些新的发展,例如粒子群方法也可以融合到这一流程中。

　　这一优化流程如图 9.17 所示,该设计流程的有效性已经在多种工程应用中得到体现,其中根据具体方法的差异又可以实现多种方法,在工程实际问题中的应用则主要依赖于优化问题的定义的质量,包括目标函数的选择、参数空间以及约束空间的定义方法和可视化方法的应用等。

　　这一设计流程的另一个特点在于其内含的并行性,无论是初始样本点,还是补充样本点构成的样本点集,以及遗传算法的每一代个体集合,都可以安排并行

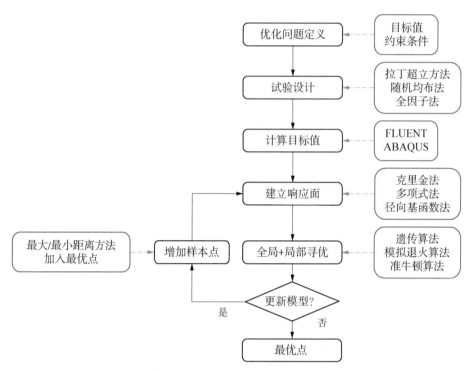

图 9.17　基于响应面和复合优化策略的优化设计流程

方式进行分析。随着样本点数据的增加,可以使用多种数据分析方法对样本数据开展进一步的分析,包括灵敏度分析、方差分析等,以此作为辅助手段提高优化效率和质量。

3) 多点优化方法

追求单一指标最优,或者设计点条件下的单一工况下的最优得到的优化解往往稳健性比较差,在非设计点的指标损失较大,在实际工况下的综合表现无法匹配优化方法给出的优化解。这一背景导致了多点优化以及不确定条件下的稳健优化等不同的方法,在气动优化问题中实现多点优化的处理既可以采用相对简单的权函数方法,也可以采用更加复杂的多目标优化和决策分析方法。多点优化问题被认为是解决工程实际问题的有效方法,然而,理论上的完整证明仍然相对缺乏,加权方法中权重系数的确定也是一项需要经验的工作,需要通过实际问题的求解中积累经验,并加以不断完善。

对多点优化问题的处理存在两种方法,常用的方法是使用加权系数,将多种工况下的目标函数值或者约束条件融合为单一的综合目标,如上所述,权重系数的处理对优化结果存在关键的影响,特别是将约束条件处理为目标函数时,得到的方法类似函数方法。第二类更加有效的方法是使用多目标方法,其目标是首先建立非劣解的集合(称为 pareto front),然后将问题转化为非劣解选择的决策问题。第二类方法避免了对需要给定权重系数的依赖,可以在非劣解集中根据具体的情况变化权重系数,权衡对比不同解决方案的优劣。相对而言,第一种方法中当权重系数改变以后,则需要根据改变后的目标函数,重新进行优化工作。两者之间对计算量的需求则因问题而定,取决于目标函数在设计空间的分布复杂性、非线性程度以及不同目标函数和变量之间的耦合程度。对大计算量的问题的解决则可以借助于响应面方法。第二类的一些典型方法包括 NSGA - Ⅱ、多目标 Tabu 搜索方法等。当一部分的目标函数的权重值可以确定时,可将两种方法进行融合,形成更加高效的优化流程。

有关文献较多,主要应该关注设计流程以及流程中的几个环节使用的方法。气动力优化设计应该聚焦如何才能得到一个工程上可用、效率优的机翼方案,其中的关键技术又何在? 可以通过进一步的学习相关资料并通过工程实践来积累经验,其中一些典型的资料包括:参考文献[21]图 1 中的优化设计流程,比较简洁、清楚,比较全面地介绍 CFD 气动力设计的文献[23](TsAGI),反设计方法可以主要参考文献[24],文献[19]则给出采用多点方法进行 CFD 优化。

9.4 基于 CFD 气动优化的应用

本节通过一些主要实例,具体介绍如何使用 CFD 方法开展典型部件的气动力设计,其中一些部件的气动力设计本身在其他章节中应该都有所涉猎,因此重点应该放在 CFD 方法的应用上。

9.4.1 翼型的 CFD 优化

对于翼型的优化,首先想到的是高升力和低阻力的良好性能。对襟翼来说,主要起作用的阶段是起飞、降落和爬升,需要考虑的情况较少。但一个机翼翼型要求在飞行过程的不同阶段都具有良好的性能,就导致翼型的优化问题变成一个复杂的多点多目标的优化问题。翼型在某一工况点的性能必须考虑到其他点的性能,从而在这一点处有所妥协。

面向实际应用的气动设计必须平衡在设计工况中的性能,又满足非设计工况的限制条件。对于翼型要面对的飞行状况,我们将其分为设计工况和非设计工况。在多点优化中,设计点指的是:根据设计目标,我们希望优化该工况的气动性能。例如在一系列马赫数和升力系数下,我们希望阻力最小。非设计点的定义为:这一点的工况能够视作对于气动优化的限制。例如在优化巡航条件下的阻力时,气动外形必须保证最大升力系数在低速条件下达到给定值。

首先要确定优化目标。对于翼型,典型的优化目标是对于一系列巡航状况考虑最小化阻力。若将阻力优化拓展为一系列性能需求,则问题变为多点优化问题。例如对于假定的飞行器,在飞行包线内选择几组点来进行多点优化,这几组点对应不同的性能,相应的对应巡航、长航程巡航、俯冲操纵和低速这几方面的性能。其中巡航和长航程巡航可以视作为设计工况,俯冲操纵和低速性能可以看成非设计工况。

其次是流动求解。翼型建立方法是用 B 样条控制点来参数化机翼几何形状。在翼型的建立中需要注意确保翼型的完成,即要注意防止后缘交叉等。由于是翼型的优化,故采用二维流动求解器。优化采用权重因子来决定设计工况和非设计工况点对优化目标的权重。

9.4.2 机翼的 CFD 优化

机翼的设计是一个集气动、结构、材料、飞行力学各学科于一体的多学科设计问题。对于一个集成了以上多个学科的优化系统中,不同学科的模块需要互相传递数据,其中涉及气动方面的信息和数据主要有表面压力、最大升力系数、升阻比和压心位置。CFD 可以很方便地得到这些信息和数据。但对于一系列马赫数和升力系数的组合,如果对整个变量区间都采用高精度的 CFD 计算,成本会非常高。所以高精度的 CFD 计算仅仅会用在一些指定的情况,其余的工况会使用一些相对低成本的计算方法。对于不同的情况适合不同的计算方法,下面分别叙述。

基于欧拉方程的解:对于高速的飞行器,其激波和涡流占阻力的主要部分,采用欧拉方程非常适合求解这类问题。欧拉解仅仅捕捉得到激波和涡流部分,剩余的黏性部分需要用 Prandtl Schlichting 湍流边界层摩擦阻力公式补充,需要的已知变量为所有暴露在空气中的浸润面积 S_{wet} 以及飞机的特征长度 l。

基于全速势或边界层方程的解:已经证实,全速势或边界层方程的解在跨声速流动分析中非常有效。考虑弱激波和合理的边界层二维流动,对于有常规的有限前缘后掠角的运输类飞机的机翼,以上方法的解的精度比得上全雷诺平均 N-S 方程的解。

基于线性势流方程:利用表面奇点分布来求解的方法已经运用了几十年,

主要应用范围是亚声速无黏流。基于升力线方程的解：传统的升力线理论可以追溯到 1918 年的 Prandtl。该方法基于单升力涡来捕捉升力产生面的环量。环量的强度随展向变化，环量变化率同后缘涡量连续。

基于经验气动方程的解：对于非设计工况，一些经验公式可以作为对 CFD 得到的升阻比结果的补充。

9.4.3　小翼的 CFD 设计

飞机的诱导阻力是不可忽视的阻力分量，特别是对于非常重视巡航效率的运输类飞机而言，增加展长和采用翼尖小翼设计都可以降低诱导阻力，当飞机的展长受到限制的条件下，采用翼尖小翼是可选方案。小翼原本只是作为一个针对已有的飞机提高燃油效率的改装设计方案，如今也成为飞机设计中需要考虑的基本设计特征之一。对于气动工程师而言，风洞试验、飞行试验和数据库是主要设计工具。小翼带来的阻力减少是考虑到减少的诱导阻力和增加的摩擦阻力之和，由于计算对网格的依赖性，要预测这些阻力非常困难。为了保证小翼带来的总的阻力减小是有利的，准确预测阻力对于小翼外形设计至关重要。小翼的综合设计同时需要考虑其对翼根弯矩的影响，进而影响到机翼的结构重量。

对于小翼的优化设计，首先要考虑优化目标。小翼的最初目标是为了节省燃油，故目标可以归结为由气动阻力和结构重量衍生的全程耗油量。另外，对于一些以最大起飞重量为喷气式商用飞机的机场落地费用收费依据的情况，可以将最大起飞重量作为优化目标。这里以 CFD 为工具故采用气动阻力作为目标函数。

然后是几何形状的定义，由如图 9.18(a)所示的 6 个变量，上下限是通过现有的飞机统计而来的。对于机翼和小翼的连接处，是通过贝塞尔曲线实现正切光滑连接的如图 9.18(b)所示。接着是流动求解。对于 CFD 求出的结果，需要用中场阻力分解技术来分离出波阻和诱导阻力。对于翼型阻力，由于小翼浸润面积增加导致的翼型阻力的增量用简单的代数模型来估计：

$$\Delta C_{DP} = k\omega \cdot \Delta C_{Df} \tag{9.6}$$

式中，k_ω 与小翼 25% 弦长处的后掠角有关；ΔC_{Df} 与雷诺数、马赫数以及浸润面积比有关。

9.4.4　短舱安装优化

发动机主要的布局形式包括翼吊布局、尾吊布局以及其他一些比较少见的布局形式，如图 9.19 所示。对于运输类飞机，由于对经济型和环保型的追求，采

翼根弦长
$0.5 < C_{wt}/C_t < 1.0$
根梢比
$0.3 < C_{wt}/C_{wr} < 1.0$
后掠角
$24° < \Lambda_{w25} < 45°$
展长
$0.5 < I_w/C_t < 2.0$
外倾角
$0° < cant < 84°$
外撇角（相当于机翼的负安装角）
$0° < toe < 4°$

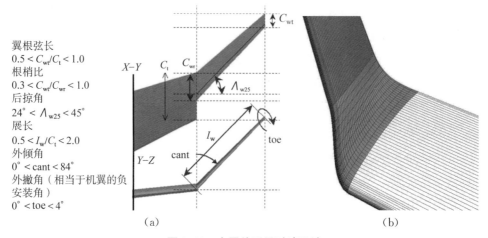

（a）　　　　　　　　　　　　　　　　　　　（b）

图 9.18　小翼外形及过渡设计

（a）小翼几何外形参数　（b）小翼与机翼过渡设计

波音707	COMET
	Honde Jet
波音787&TRENT1000	Antonov-An-74

图 9.19　常见发动机布局形式

用了大涵道比的发动机以提高燃油效率、降低发动机噪声,但会带来对翼吊布局发动机安装的挑战。短舱位置的选择需要考虑干扰阻力以及制造使用成本。于是,优化目标归结为短舱安装挂架重量、发动机油耗和干扰阻力。

　　发动机安装位置的定义如图 9.20 所示,发动机的安装位置需要在一定的约束条件下选择,发动机展向位置的确定需要考虑的因素包括单发停车后的偏航力矩,发动机的滚转角一般取为 0°,上仰角的取值范围为 2°~4°,内偏角的取值范围在 2°左右。发动机短舱纵向截面如图 9.21 所示。发动机短舱的外形设计必须兼顾低干扰阻力要求和发动机性能要求,需要采用一体化设计。基于参数化建模方法与 CFD 相结合的优化设计是实现一体化设计的关键技术之一。

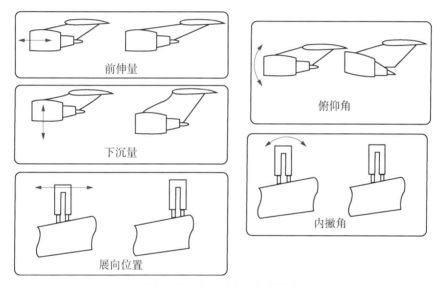

图 9.20　发动机安装位置定义

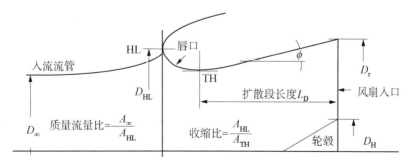

图 9.21　发动机短舱纵向截面

9.4.5　高效增升系统的设计

CFD 在民用运输飞机的增升装置设计中发挥的作用越来越大,并且对增升装置的气动效率提升、复杂度的降低都做出了相当大的贡献。布局的优化对于气动设计来说是一个非常具有挑战性的工作,需要考虑到设计的所有方面,如气动性能、重量和操纵机构等。增升装置的设计需求来源于场域性能,起飞构型和降落构型的优化对于缩减起飞降落距离和速度意义重大。

对于使用 RANS 方程对流场仿真的计算而言,目前已经在减少循环迭代时间上取得了很大进步,连同几何建模和网格生成技术的发展,使得空客飞机的增升装置设计过程中成功融入了一体化设计。由于对完整带有增升装置布局的飞机进行 RANS 模拟仍然需要相当长的时间和较多的计算资源,在对仿真复杂度的考虑时要顾及整个设计任务和整体研究项目的进度。

二维 RANS 方法通常用来优化外形和机翼增升装置配置,并提供相应的量化性能预测。随着增升装置技术的逐渐成熟,对于准确的性能预测和清晰的流动特征理解越来越重要,因此需要基于三维 RANS 的更复杂的 CFD 模型。事实上,对于增升装置而言,三维流动的特性更为明显。在前期的设计中,主要以二维流动的求解结果来评判不同增升装置的性能,然后比较三维RANS 和完整飞机布局的风洞试验结果来评估预测的准确度。空客运营有限公司的研究人员对带有不同增升装置的完整布局飞机进行了 CFD 计算和风洞试验。

首先是网格生成。由于增升装置分为几个独立的小单元,故需要将上表面和尾流部分的网格加密,以体现边界层和减少伴流耗散的影响,如图 9.22 所示。三维网格在压力梯度变化很大或者需要表现出小的几何形状影响的区域进行了加密,如图 9.23 所示。

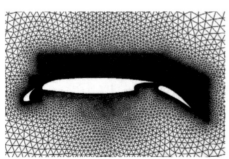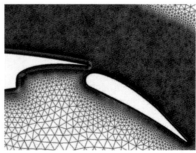

图 9.22　机翼增升装置二维网格

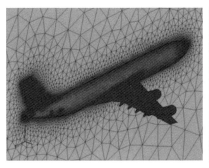

图 9.23　整机三维网格

　　CFD 采用的 RANS 计算代码是德国宇航局的 TAU 程序,该程序为针对混合网格的二阶有限体积解算器,并使用带有 SAE 修正的一方程 SA 湍流模型,对于增升装置的求解采用两方程 SST 湍流模型。较一方程模型 SST 湍流模型能稍早地表现出流动分离现象,即预测偏于保守,故将其作为 RANS 分析增升装置设计的标准湍流模型。图 9.24 是不同复杂度和构型增升装置的升力系数随攻角变化的曲线图,从图中可见对于所有构型,在线性区域 CFD 计算的升力较风洞试验结果都要高出一点。从图中很明显可见,对 CFD 计算而言,最大升力和失速攻角都无法准确预测,数值上都偏小。目前的 CFD 计算在时间和优化深度上都有提升,需要进一步发展的可能是湍流模型、边界层流动分离分析和真实机翼的变形影响。

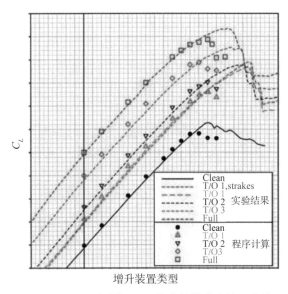

图 9.24　风洞试验与 TAU 程序计算升力结果比较

CFD在增升装置的设计中的又一应用是襟翼布局系统的选择。对于不同的增升装置布局,分为单缝襟翼(SSF)、双缝襟翼(DSF)和单缝双缝混合襟翼。图 9.25 展示了以上三种襟翼布局系统的 CFD 计算和风洞试验结果,尽管结果稍有差别,但都在可以接受的范围内,CFD 可作为进一步的设计指导工具。

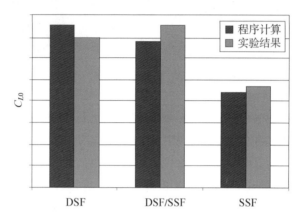

图 9.25 不同襟翼系统的升力 CFD 和风洞试验结果比较

风洞试验作为 CFD 计算结果的验证是非常重要的,但即使是风洞试验,仍然存在由于自身缩尺比和发动机影响的问题。最终带有增升装置的机翼的实际性能仍然需要配合整机进行飞行试验才能得到。空客和德国宇航局联合开展了一项增升装置飞行验证项目,试验机型为空客 A320 - 200。同时对这样一架带有增升装置的飞机进行飞行试验、半模风洞试验和 CFD 模拟计算,在 CFD 模拟计算中的计算模型的精度非常高,对于一些细微的几何外形也表现在模型中,如飞行试验中机翼表面布置的用于检测压力的压力感应带。这三种方法紧密联系并相互补充,飞行试验对于数值方法的验证意义重大,飞行试验得到的结构变形信息对于风洞试验又是非常有用的。

9.4.6 结冰的气动力影响

特定飞行条件下的结冰问题会改变飞行器的气动特性,进而对飞机的性能和操稳特性带来严重的影响,轻者带来安全隐患,严重时会引发事故,按照欧洲航空安全局(EASA)的统计,2003—2013 的十年间,结冰是 80 起飞行事故的主要原因。虽然研究人员对结冰的基本机理已经有了深入的了解,但是对于飞行器的具体结冰过程以及影响因素的知识大多仍停留在 1950 年代,这也反映在适航条款的更新缓慢。随着航班数量,特别是亚洲航班流量以及超长航线的开通,世界主要适航当局和主要飞机制造商都加大了对这一问题的研究力度,以便即时更新各种气象条件下的结冰环境数据。这些更新后的适航条款将对结冰研究提出了更大的挑战,需要综合采用试验和数值模拟结合的研究思路。这一过程中虽然涉及固液相变、流动分离、热传导等复杂的物理现象,但气动分析仍是其分析框架内的基本方法。

CFD 方法已经用于冰型对机翼气动性能的影响研究,与风洞试验数据相结合可以发展基于数据的降阶模型(reduced order models,ROM),并将其与操稳和飞控等分析模块相结合。对给定飞行条件下的成冰过程的数值模拟还有待进一步发展和完善。使用 CFD 开展的结冰相关研究主要包括两个方面,一是成冰过程的数值模拟和风洞试验、飞行试验,主要的分析软件包括 FANSAP-ICE,LEWICE3D,CMARC 和 ICEGRID3D 等。二是研究防冰系统的设计的数值模拟,文献[29]针对典型的飞行工况,对包含了除冰系统的完整的一段机翼开展了气动、热传导与对流的非定常计算模拟,得到了蒙皮温度分布,其中的气动计算采用 3D 非定常 RANS 方法以及 SA 湍流模型。

结冰问题的研究一般也缺乏统一的标准,需要结合风洞试验和分析方法,并通过大量数据的积累不断完善分析模型。采用 NACA23012 翼型的结冰风洞试验试验结果表明,在雷诺数 $Re = 15.9 \times 10^{6}$,马赫数 $Ma = 0.2$ 的条件下,前缘结冰的影响可以使得最大升力系数从 1.85 减小到 0.56。

9.5　CFD 在多学科优化中的应用

多学科优化问题的发展最早开始于结构优化问题,从简单的零部件外形和拓扑优化,逐渐扩展到气动和结构的耦合优化,并在气动弹性问题中得到应用,本节首先对气动弹性问题的基本方法加以概述,再扩展到多学科优化问题。

基于仿真模型的优化设计已经成为目前飞机项目研制中不可或缺的基本手段,例如 RANS 分析在定常流动的优化中发挥的作用已经开始发展到多学科优化中,传统的飞机方案阶段使用的基于经验的模型逐渐被更准确的仿真模型替代,这一发展甚至会一直延续到飞机试飞和取证阶段。对 CFD 方法和模型的需求也在发生变化,如果说早期 CFD 方法的发展是受到数值方法和计算机硬件研制的影响,目前的发展主要由需求驱动,在早期设计中发挥作用的一些方法(例如面元法)开始被更加复杂和准确度更高的 RANS 方法替代。与此同时,对复杂非定常流动的模拟也开始在相对简单的外形上得到应用。

在多学科的应用背景下,需要将合适的 CFD 模型与其他专业模型相耦合,关注的问题包括不同专业模型的匹配和数据交换,设计流程,多约束、多目标和多层级优化方法框架等内容。针对单一工况条件,基于模型优化问题的发展和应用范围的扩大改进了设计效率和质量,并更多地向代表紧耦合的多物理仿真的方向发展。

9.5.1　气动弹性

气动弹性的重要性毋庸置疑,其发展既与流体力学的进展密切相关,也与飞行器材料和结构技术的进展不可割裂。随着各向异性复合材料的应用范围的不断扩大,对气动弹性学科在飞机设计中的作用更加需要重视。众多的文献也使得在较短的篇幅中比较全面阐述气动弹性的内容几乎不可能。同时,固定翼气动弹性问题和旋翼气动弹性问题也各有特点。本节的重点则放在气动分析和结构分析在气动弹性工程应用中的流程和作用。而针对气动弹性问题和现代飞控系统的耦合带来的气动伺服弹性问题更是一个复杂的多学科问题,基于更加高可信度 CAE 分析方法的应用对进一步提高飞行器的性能具有重要的价值,一些典型的问题包括主动颤振抑制和载荷减缓。

气动弹性问题的运动方程可写为

$$[M]\ddot{q}(t) + [D]\dot{q}(t) + [K]q(t) = F(t) \tag{9.7}$$

$$w(x, y, z, t) = \sum_{i=1}^{N_{modes}} q_i(t)\phi_i(x, y, z) \tag{9.8}$$

式中,$w(x, y, z, t)$ 是飞行器任意位置和时间对应的位移;$q(t)$ 为广义位移向量,两者都是几何量,反映了结构变形随时间的变化;M, D, K 分别为广义质量、广义阻尼和广义刚度;ϕ_i 为结构模态。这些量与结构本身特性有关;F 代表广义载荷,反映了结构特性与气动模型之间的耦合。

气动弹性问题的解决需要气动模型和结构模型,两者可以采用不同的分析模型进行组合,其中早期的气动模型一般采用线性模型中的面元法,时域非定常流场求解方法的发展可以为状态方程提供更多的状态量。图 9.26 给出了一个典型的颤振分析流程。

9.5.2　多学科分析与优化

定常 RANS 方法在气动优化设计中的应用不断增加,并与结构、飞行力学等学科综合,不断扩展到多学科优化问题中,通过发展多层级、多目标和多工况的多学科模型,可以针对飞行器的全机特性建立多专业的综合模型,利用多种优

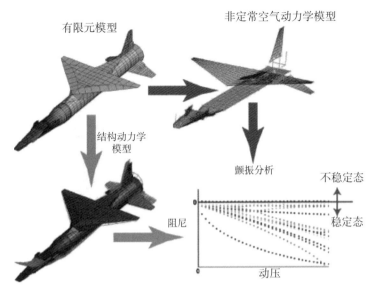

图 9.26　典型的颤振分析流程

化方法和策略,开展方案参数的优化。文献[32]对多学科优化方法在飞行器系统优化中的应用进行了总结。

　　多学科综合方法对于复杂系统的设计优化具有重要意义,例如对于长航程宽体客机而言,除了针对展向载荷分布的优化以降低翼根弯矩之外,可以通过优化油箱布置以及燃油调配,阵风减缓措施,以及减速板智能控制等措施。展向载荷分布与机翼的平面形状、翼型设计以及弯扭优化都存在密切的关系,如何将这些模型全部整合成一体化的模型,并具有参数化、模块化、多学科、高扩展性等特点,并且当更多数据可用或更高精度的 CFD 模型可用时能够实现替换。此外,参数的层次化分类以及多级优化方法也是取得效率及优化结果之间平衡的必要需求。具体实施途径:将文献[33]中的计算模块和文献[34]的有限元模型及CFD 模型融合于飞机机翼的参数化定义中,并驱动快速分析、结构分析以及流场计算结果的应用。在类似 MATLAB 的脚本环境中可以构建不同的优化流程,文献中提出的多种大致相同的机翼多学科设计的流程包括图 9.27 和图 9.28,多学科方法在翼梢小翼设计上的应用如图 9.29 所示。图 9.30 给出了法国国家航空宇航公司等主要研究机构提出的包含了总体参数在内的机翼设计流程及参数关系。其中图 9.27 和图 9.28 给出的流程具有一般性,代表了 MDO的基本模块构成,但缺乏图所包含的数据流信息,文献[38]中强调了几何模型在飞机的概念优化中应该发挥的作用。在飞机方案设计阶段,需要选择和考量的

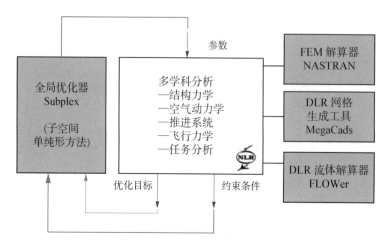

图 9.27　德宇航(DLR)提出的飞机多学科优化设计流程

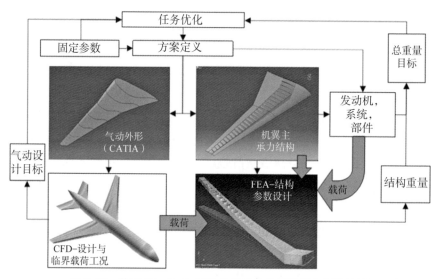

图 9.28　英国 Qinetiq 公司提出的飞机多学科优化设计流程

参数众多,参数间的关联关系复杂,并且不同分析模块的精度和计算资源需求大不相同,使用高精度、高计算强度的分析模块难以开展有效的迭代设计,飞机方案设计和初步设计之间的数据传递关系如图 9.31 所示,方案设计阶段确定的参数传递到更详细的初步设计阶段,问题是如果在方案阶段就可以使用更详细、更高精度的模型,能够对方案设计带来影响,在设计早期提供更多可信的载荷数据,用于包括控制系统设计等工作的并行展开,进而得到更优化的设计方案或者缩短设计周期。文献[33]提出了一种机翼多学科优化的模型,其中采用的学科模

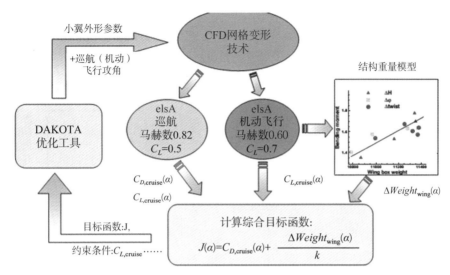

图 9.29 法宇航(ONERA)提出的飞机多学科优化设计流程

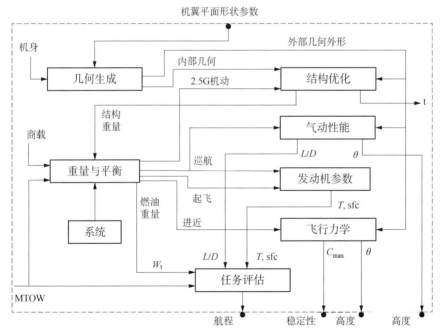

图 9.30 荷宇航(NLR)提出的飞机多学科优化设计流程

型主要来源于相对简单的经验模型,在机翼参数的确定过程中综合考虑了气动、结构、性能和操稳等几个方面。

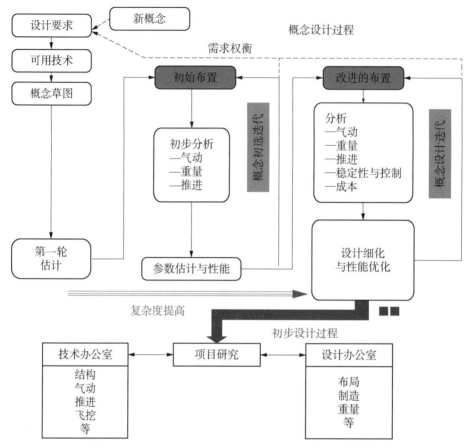

图 9.31　飞机概念设计及初步设计参数及分析模块传递关系

多学科优化问题是一个广泛的问题,涉及飞行器建模的几乎所有专业,本书的重点在于多学科优化框架下的气动分析问题,特别以机翼优化的多学科问题为主。多学科机翼设计中的一些具体问题包括以下几点:

(1) 多层次机翼参数化模型:模型涵盖完整的机翼参数化定义,参数化定义的完整性要求,能够生成满足 CFD 流场计算需求和 FEM 结构有限元分析(以及风洞模型需求)的参数化定义,但是尚未达到包含制造工艺信息的详细设计阶段要求。模型生成应该依托 CAD 系统(CATIA 等)完成。机翼参数化模型可用于生成多种不同类型的模型,例如飞机方案设计阶段需要的尚未包含细节信息的机翼定义,以及高精度的数值分析软件所需的详细的网格模型,对应的各组参数形成不同层次的参数集合;具有挑战的问题包括如何处理一些三维的整流外形,以确保所生成的计算网格的质量。

（2）不同精度的流场模型，可用的模型包括涡格法、面元法、欧拉模型以及 RANS 模型，或者进一步综合基于响应面方法的数学近似模型。

（3）不同学科模型之间的耦合方法，包括最低需求的结构与气动耦合方法以及进一步包含飞控与操稳或者发动机集成的耦合方法，还可以包括成本模型、制造工艺模型等内容以及考虑流动控制的气动设计方法。

（4）更高效率的全局、多目标优化方法，包括单级优化和多级优化以及更为复杂的多种优化方法的综合应用等内容。

进一步的 MDO 发展如何超越现有的研究成果。文献[41]着眼于使用高精度的分析模型开展机翼的多学科优化设计的方法及工具，该方法超越了通常的概念和初步设计阶段基于快速的经验模型的多学科方法，具有一定前瞻性地建立了基于复杂的结构有限元模型和 CFD 模型的机翼多学科模型，并探索了参数化方法以及实现高效率全局优化的方法。然而，基于高精度分析模型的使用并不排斥经验模型的使用，往往是在大量的方案搜索的基础上的后续工作。需要梳理层次化的飞机参数模型，给出飞机参数化定义的基本完整的参数列表，并按照确定这些参数的设计阶段进行参数分类。

在多学科框架内使用高精度的分析模型既有优势，也面临挑战，不同模型的非线性耦合关系对优化算法的寻优方向带来潜在的污染；参数化方法的选择未必能够捕捉一些设计组合，或者产生过多的无效设计，浪费大量的计算资源和时间；模型更新需要的更改工作在一定程度上抵消了模型精度带来的设计效率；发展的模型和方法适用范围相对有限，需要针对不同构型开发不同的模型，建立模型库；与经典的基于经验模型的方案优化工具的无缝结合；如何构建优化框架，包括优化参数的选择、目标函数的选择以及如何对复杂的全机优化问题进行分解及综合。

有关飞机总体或飞机机翼多学科优化的文献数量也比较多，涉及的飞机布局也涵盖常规布局，翼身融合体，航天器设计以及倾转旋翼机等，同时在多学科框架内容也融入了基于 CAD 系统的参数化模型，并且在优化问题的构建中考虑了气动、结构、隐身等多种设计指标，发展了基于商业优化工具及环境（如 iSight，ModelCenter 等）的优化策略。但是，文献所见相关研究工作中使用的模型和方法存在两个方面的不足：一是问题的构建缺乏工程背景，距离实际工程问题有较大距离；二是使用的模型和分析方法大多缺乏详细的试验验证和型号历史数据考研，考虑的学科数目偏少，并且重点大多侧重于不同优化方法或优化流程的工程应用。有关多学科分析与设计的方法和设计环境的内容，可以参考文献[46]。尽管基于模型的方法在设计中发挥的作用越来越重要,从方案设计、初步设计到详细设计,并且开始在适航取证阶段发挥作用。可以预见,随着仿真模型可行度的提高和计算能力的持续改进,这一趋势将向飞行包线的全域扩展。同时,针对特定飞行器类型的多物理仿真的重要性也需要更加重视。

9.6 发展趋势

CFD 方法作为三大气动设计手段之一,在 1990 年代以来,特别是 2000 年以后得到了快速的发展,不仅体现在各种不同的数值方法、物理模型和计算软件的不断出现,深化了对复杂流动现象的更深刻解读,更主要的是引起了设计流程的变革,减少了对地面试验和飞行试验频次的需求,提高了设计效率,可以在设计的早期阶段开展更大规模的方案优化工作。可以预期这一趋势将不断发展。

如前节所述,尽管目前基于雷诺平均(RANS)的数值方法是在气动设计中采用的主流方法,在工程领域得到应用的 RANS 方法大多为二阶精度,所有尺度的流动结构都是通过湍流模型来模拟的,而直接数值模拟(direct numerical simulation, DNS)方法中所有尺度的流动结构都是通过数值计算得到的。介于两者之间的方法包括大涡模拟方法(large eddy simulation, LES),以及 RANS 和 LES 方法相结合的脱体涡模拟方法(detached eddy simulation, DES)。一般来说,RANS 方法对连续牛顿流体、可压及不可压的附着流或存在较弱分离的流动现象的模拟可以满足工程需求,而 LES 和 DES 方法的主要优势在于对分离流动的模拟能力,在工程领域的应用仍然非常有限,主要挑战在于其对光顺表面流动分离的预示仍然很具有挑战,特别是高速失速、高升力装置流动、进气道横流以及涉及控制面偏转的机动载荷计算等。

对 CFD 方法本身的发展及其在飞行器设计、取证和运营中的应用,各主要机构都持续开展了预测工作,例如文献[20]介绍了波音公司对于未来 CFD 发展的展望,其中提出了未来发展的四大重点方向:

(1) 全机带动力构型的全包线数值模拟技术。

(2) 涡扇非设计点瞬态数值仿真技术。

(3) 大柔度先进布局飞机的多学科融合仿真技术。

(4) 基于概率的带动力空天飞行器数值仿真技术。

针对未来 CFD 技术的发展,主要聚焦在两个方面,第一个方面是 CFD 技术的发展,另一个方面是在型号研制中的应用,包括适应复杂外形的自适应自动网格技术、湍流模型、高性能计算环境下的 CFD 程序等,其中,高性能计算和未来 CFD 发展需求的趋势如图 9.32 所示。

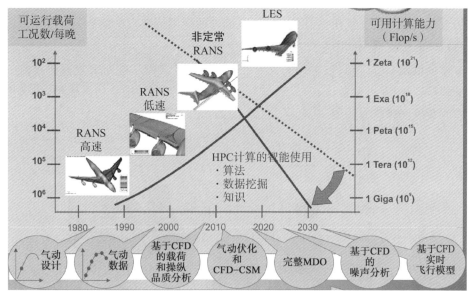

图 9.32　12 h 计算能力的发展趋势

概括起来,未来 CFD 技术及其应用的一些主要发展方向包括以下方面:

(1) 高性能计算:适应不断发展的计算机架构的高性能计算模型及框架、工具的发展。

(2) 物理建模:包括更加贴近流动实际的湍流模型技术,以及直接数值模拟技术。

(3) 数值算法:基于高速网络的大规模并行条件下的高效并行算法。

(4) 几何建模与网格技术:适应性和灵活性更强的复杂几何建模及网格自动化和自适应技术。

(5) 知识管理:基于大量数值计算结果的知识提取、建模和再利用方法和技术。

(6) 多学科分析与优化:多学科更紧密的耦合,实现数值飞行技术的基础。

9.6.1　更多仿真及飞行包线的扩展

随着高性能计算能力的不断提升以及对物理流动问题的 CFD 分析可信度

的提升,特别是对包括流动分离、激波边界层干扰等非定常流动现象的数值模拟可信度的不断改进,通过与飞行力学模型,以及结构弹性模型和动力系统仿真模型的耦合,可以预期在 10～20 年的时间实现数字飞行技术的仿真模型和工具,扩大数值模型在飞机在整个飞行包线范围内的应用范围。对整个飞行过程进行更精确的数值模拟如图 9.33 所示。

全包线 CFD 仿真技术的关键点在于以下几个方面:①对大规模分离流的准确模拟,以及试验验证;②气动弹性建模与主动控制的融合仿真模型;③大规模的数值计算能力。

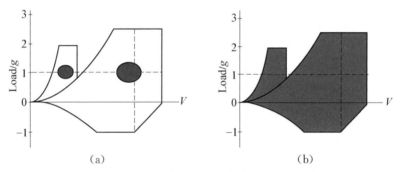

图 9.33 CFD 方法在飞机设计中的应用范围的变化
(a) 当前 CFD 在巡航构型设计中的应用   (b) 未来 CFD 在全包线中的应用

9.6.2 先进布局设计

石油资源的减少、环保要求的提高都驱使着飞机公司发展更为高效经济环保的机型。目前常规大型民用飞机布局一般是管状机身、悬臂翼、翼吊或后机身发动机以及常规尾翼或"T"形尾翼。这样的布局,是很难达到未来对于环境和效率的要求。现代民用运输机的趋势是向更经济环保、更舒适发展,新布局的出现或许能够带来性能上的飞跃提升。

飞机设计公司、研究机构和大学都展开了对于先进布局的探索。一个新布局的评价指标是针对设计需求,先进布局飞机的设计需求来源于对经济效率和环境保护。NASA 提出了对未来亚声速飞机的技术目标,根据不同的标准分为"N+1""N+2"和"N+3"代,其中"N"代是以波音 737NG 飞机和 CFM56 发动机作为技术标准的。NASA 的技术目标重点关注布局的场地性能、燃油经济性、排放和噪声这四个指标,具体量化指标如表 9.2 所示。

表 9.2　NASA "N＋X"代飞机技术指标

权衡空间角点	N＋1(2015 EIS) 传统布局(相对波 音 737/CFM56)	N＋2(2020 IOC) 非常规融合翼身布局 (相对于波音 777/GE90)	N＋3(2030—2035 EIS) 先进飞机概念 (相对用户定义的基准)
噪声(累计低于 4 阶段标准)	−32 dB	−42 dB	55 LDN at average airport boundary
LTO NO$_x$ 排放 (低于 CAEP 6)	−60%	−75%	优于−75%
性能(飞机燃油 使用)	−33%	−40%	优于−70%
性能起降场长	−33%	−50%	探索复合概念

　　NASA 和波音公司等共同开展亚声速超级绿色飞机研究(subsonic ultra green aircraft research, SUGAR)项目的研究,作为对未来布局研究的一部分,通用电气和佐治亚理工学院参与了研究。这一团队选取了一系列基准布局和先进布局进行研究,并详细讨论了如图 9.34 所示五种布局,分别为:

　　(1) SUGAR free——基于目前的技术水平的基准布局。

图 9.34　NASA "N＋X"代飞机概念图

(2) Refined SUGAR——预测在 2030—2035 年时能达到的常规技术水平设计出的布局。

(3) SUGAR High——2030—2035 年的先进技术支持下的大展长支柱翼布局。

(4) SUGAR Volt——在 SUGAR High 基础上采用电力推进系统的布局。

(5) SUGAR Ray——运用与 SUGAR High 相同的先进技术的翼身混合布局。

欧洲联盟委员会建立的(new aircraft concept research，NARCE)项目不针对特定的某一种布局，而是发展飞机的一般部件，这样得到的成果可以应用在一系列不同的布局上。其任务是对于主要的部件进行多学科的探索和研究，并建立相应的未来飞机设计目标。这一项目于 2005 年至 2009 年完成，按设计需求分为三种飞机布局：低噪声飞机，飞翼布局飞机和低成本飞机，相对应地发展了如下三种飞机概念：

(1) Pro Green(PG)——着重关注减少飞行活动对于环境的影响。

(2) Payload Driven Aircraft (PDA)——采用飞翼布局将可用载荷最优化。

(3) Simple Flying Bus(SFB)——重点关注低制造成本和低运营成本。意大利的五所大学共同研究了一种连翼布局，命名为 Prandlt Plane。

ONERA 也进行了先进布局飞机的探索，主要是飞翼布局的气动优化工作，以及支柱翼和连翼等其他新布局的研究。

气动布局关注的是飞机总体气动性能，主要是机翼、机身和发动机。对于机翼，目前有很多种布局形式，如三翼面布局、鸭式布局、无尾布局、变后掠翼、支柱翼、前掠翼、斜置翼、连翼和边条翼。同时考虑机翼和机身的布局的有飞翼(flyingwing)或翼身融合(blended wing body)、边条翼。在上述的这些布局中，对于超声速飞机而言，比较具有潜力的是鸭式布局、无尾布局和飞翼，这些布局可以有较好的超跨声速性能。对于亚声速民用运输机而言，支柱翼、飞翼和盒翼能提供较大的升阻比，对于巡航效率和起飞降落场地性能都十分有利。

悬臂翼的发展已经到了一定的成熟阶段，新一代的机翼要在给定重量下增加升阻比。支柱翼布局可在支柱中储存燃油，减轻机翼重量，从而使得机翼在与悬臂翼相同重量下可以拥有更大的展弦比。支柱翼布局一般是采用上单翼，在机身处与机翼下表面连接一根撑杆，这样可以由机身和支柱分担一部分机翼的载荷。同时也存在支柱和机翼相互干扰的情况，支柱的存在导致升力有略微的损失，支柱可旋转一定角度用于升力恢复。SUGAR 项目中的两种新布局也是支柱翼,分别是"SUGAR High"和"SUGAR Volt"。

连翼布局是采用两个上下部分的机翼,一般下部分的机翼位于机身前部,具有后掠角,而上部的机翼稍靠后,并带有前掠。若上下两个机翼在翼尖处连接,则呈现一个类似盒子的形状,称为盒翼,如图 9.35 所示。连翼布局可以减少诱导阻力并增加纵向稳定性,同时也对最大升力和气动效率有利。连翼布局的缺点是发动机布局和结构方面设计存在问题。

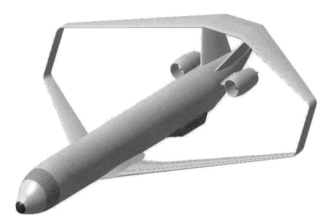

图 9.35 盒翼布局方案图

飞翼布局由 Jack Northrop 于 20 世纪 20 年代首先提出,是非常值得关注的布局,它将产生升力的机翼与机身连同发动机融合为一体,使得机翼也能拥有较大的容积用于装载人或者货物,同时能获得较好的气动性能,阻力小、升阻比大,通过在翼身上表面布置发动机,能有效地屏蔽发动机噪声向地面的辐射。BWB 的设计挑战来源于:气动、配平和稳定的紧密耦合联系;外形设计空间大,气动优化需要仔细构建模型并合理约束;用高精度 CFD 计算的代价大;若采用反设计方法难以得到理想的压力分布。

发动机的布置也是影响布局的一个重要因素,常见的布局是翼吊或者后机身悬挂,对于 BWB 而言,可以将发动机与机身融合,这样可以减轻重量。或者采用多个发动机布置呈分布式推进,这样可以减小噪声,并增加安全裕度,重量方面既减轻了机翼重量,又提高了推进效率从而减轻燃油重量。这一布局的缺点是增加了额外的推进系统的重量。由于尾迹的影响,达到理想的重量减轻量非常困难,为了使分布式推进与常规推进具有同样的重量,需要在推进系统和耗油率上下功夫。除了常见的大涵道比涡扇发动机,开放转子发动机和电力驱动风扇发动机在效率和环保上更具有潜力。

常规的类圆截面机身很难将发动机置于机身上部得到噪声屏蔽效果,麻省理工学院联合普惠公司等针对 NASA 提出的"N+3"目标共同设计了一种称为 D8 的双泡机身布局(double bubble configuration),如图 9.36 所示。这一布局具有更宽的机身,从而可以在机身后部上面布置发动机,同时采用的是升力机身,即机身也可提供一部分升力。巡航速度略微减小以采用平直机翼,并取消了缝翼。

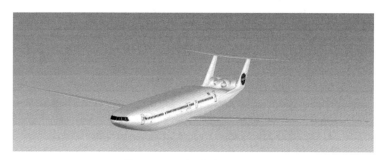

图 9.36 双圆升力机身 D8

先进布局飞机的气动、推进和操控特性紧密联系,需要对这些同时进行优化以达到理想的飞机综合性能。对于非常规布局飞机,文献[52]针对性地介绍了其中的多学科优化问题。

参考文献

[1] CEBECI T, SHAO J P, KAFYEKE F, et al. Computational fluid dynamics for engineers [M]. Berlin: Springer-Verlag, 2005.

[2] ANDERSON J D. Computational fluid dynamics, the basics with applications [M]. New York: McGraw-Hill, 1995.

[3] LEWIS R W, NITHIARASU P, SEETHARAMU K N. Fundamentals of the finite element method for heat and fluid flow [M]. Chichester: Wiley & Sons, Ltd, 2004.

[4] MONTANELLI, H. Multipoint shape optimization with discrete adjoint method for the design of turbomachine blades [D]. Toulouse: CERFACS, 2013.

[5] BECKER K, HEITKAMP K, KüGELER, E. Recent progress in a hybrid-grid CFD solver for turbomachinery flows [C]. European Conference on Computational Fluid Dynamics ECCOMAS CFD 2010.

[6] CHAN W M, GOMEZ R J, ROGERS S E, et al. Best practices in overset grid

generation [C]. Reston, VA 20191 - 4344,32nd AIAA Fluid Dynamics Conference and Exhibit, 2002.

[7] WANG G, SCHWOPPE A, HEINRICH R. Comparison and evaluation of cell-centered and cell-vertex discretization in the unstructured tau-code for turbulent viscous flows [C]. J. C. F. Pereira and A. Sequeira (Eds), V European Conference on Computational Fluid Dynamics, Lisbon, Portugal, ECCOMAS CFD, 2010.

[8] CAMBIER L, VEUILLOT J P. Status of the elsACFD software for flow simulation and multidisciplinary applications [C]. 46th AIAA Aerospace Science Meeting and Exhibit, Reno, USA, 2008.

[9] LAPWORTH L, SHAHPAR S. Design of gas turbine engines using CFD [C]. Proceedings of the ECCOMAS, 2004.

[10] DOUG B. Recent applications of CFD to the design of Boeing commercial trans-ports [C]. HPC User Forum, Roanoke, VA, 2009.

[11] FORRESTER J T, TINOCO E N, YU N J. Thirty years of development and application of CFD at Boeing commercial airplanes, seattle [J]. Computers & fluids, 2005,34(10): 1115 - 1151.

[12] FLAIG A. Solutions to the aerodynamic challenges of designing the world's largest passenger aircraft [R]. Royal Aeronautical Society Hamburg BranchLecture Series, 2008.

[13] GREITZER E M, BONNEFOY P A, et al. Aircraft and technology con-cepts for an N+3 subsonic transport [R]. NASA, 2010.

[14] ANTONY J, VASSBERG J. Computational fluid dynamics for aerodynamic design-Its current andfuture impact [C]. Reno, NV, 39th Aerospace Sciences Meeting and Exhibit, 2001.

[15] NIELSEN E J, BORIS D, YAMALEEV, N K. Discrete adjoint-based design optimiza-tion of unsteady turbulent flows on dynamic unstructured grids [J]. AIAA journal, 2001, 48(6): 1195 - 1206.

[16] DEB, KALYANMOY, et al. A fast and elitist multiobjective genetic algorithm: NSGA-II [J]. IEEE transactions on evolutionary computation, 2002,6(2): 182 - 197.

[17] TSOTSKAS, CHRISTOS, TIMOLEON KIPOUROS, MARK A. Savill. Multi-objective Tabu search 2: first technical report [R]. Cranfield, 2015.

[18] CARRESE, ROBERT, et al. Benefits of incorporating designer preferences within a multi-objective airfoil design framework [J]. Journal of aircraft 2011,48(3): 832 - 844.

[19] BUCKLEY, HOWARD, and DAVID ZINGG. On aerodynamic design through multipoint nu-merical optimization [C]. 49th AIAA Aerospace Sciences Meeting

including the New Horizons Forum and Aerospace Exposition. Orlando, Florida, 2011.

[20] SLOTNICK, JEFFREY, et al. CFD vision 2030 study: a path to revolutionary computational aero sciences [R]. NASA, 2014.

[21] KIM, SANGHO, JUAN J. ALONSO, and ANTONY JAMESON. Multi-element high-lift config-uration design optimization using viscous continuous adjoint method [J]. Journal of aircraft, 2004,41(5): 1082 – 1097.

[22] BOLSUNOVSKY A L, MARIA A G. Multi-objective optimization pro-cedure for the wing design at cruise and low-speed conditions [J]. Proceedings of the institution of mechanical engineers, part G: Journal of aerospace engineering, 2013,227(2): 254 – 265.

[23] BOLSUNOVSKY A L, BUZOVERYA N P, CHERNYSHEV I L, et al. Application of optimization procedures for aerodynamic design of subsonic transport aircraft [R]. Braunschweig, Germany, KATnet II, Multi Disci-plinary Design and Configuration Optimisation Workshop, 2008.

[24] MILHOLEN W E. Efficient inverse aerodynamic design method for subsonic flows [J]. Journal of aircraft, 2001,38(5): 918 – 923.

[25] TAKENAKA, KEIZO, et al. Multidisciplinary design exploration for a winglet [J]. Journal of aircraft, 2008,45(5): 1601 – 1611.

[26] SCHINDLER K, RECKZEH D, SCHOLZ U, et al. Aerodynamic design of high-lift devices for civil transport aircraft using RANS CFD [C]. Chicago, Illinois, 28th AIAA Applied Aerodynamics Conference. 2010.

[27] BEAUGENDRE, Hé loï se, FRAN-ATILDEOIS MORENCY, and WAGDI G. HABASHI. FENSAP-ICE's three-dimensional in-flight ice accretion module: ICE3D [J]. Journal of aircraft, 2003,40(2): 239 – 247.

[28] BIDWEL, COLIN, DAVID PINELLA, and PETER GARRISON. Ice accretion calculations for a commercial transport using the LEWICE3D, ICEGRID3D and CMARC programs [C]. Reno, Nevada, 37th Aerospace Sciences Meeting and Exhibit, 1999.

[29] HUA, JUN, FANMEI KONG, and HUGH HT LIU. Unsteady thermodynamic CFD simulations of aircraft wing anti-icing operation [J]. Journal of aircraft, 2006,44(4): 1113 – 1117.

[30] BROEREN, ANDY P. , et al. Effect of high-fidelity ice-accretion simulations on full-scale airfoil performance [J]. Journal of aircraft, 2010,47(1): 240 – 254.

[31] SCHUSTER D, LIU D, HUTTSELL L. Computational aeroelasticity: success, progress, challenge [J]. Journal of aircraft, 2012,40(5): 843 – 846.

[32] MASTRODDI F. Aeroelastic modeling and MDO analysis of aircraft wings [D]. Uni-

versity of Rome La Sapienza，2009.

[33] ROSIN P F，MATTOS B S. de，et al. Wing planform opti-mization of a transport aircraft [C]. In 22nd Applied Aerodynamics Conference and Exhibit，2004.

[34] MARTIN L，ARENDSEN P. Multidisciplinary wing design optimization [R]. Ad-vances in Collaborative Civil Aeronautical Multidisciplinary Design Optimization 233，2009.

[35] HERRMANN U. Multi discipline（optimisation）activities at DLR [R]. KATnet II，Multi Disciplinary Design & Configuration Optimisation Workshop Braunschweig，Germany，2008.

[36] DEAN S R. Multi-disciplinary design optimization：development & application at qinetiq [R]. KATnet II Multi Disciplinary Design & Configuration Optimization Workshop. Germany，2008.

[37] DEFOORT S，et al. Multi-disciplinary aerospace system design：principles，issues and ONERA experience [J]. AerospaceLab，2012，4：1 - 10.

[38] DEAN S R H，DOHERTY J J，WALLACE T R. MDO-based concept modelling and the impact of fuel systems on wing design [C]. Orlando，Florida，In 47th AIAA Aerospace Sciences Meeting including the New Horizons Forum and Aerospace Exposition，2009.

[39] GUENOV M D. VIVAEC-MDO at aircraft pre design stage [R]. KATnet II Multi Disciplinary Design & Configuration Optimization Workshop，2008.

[40] RIZZI A，OPPELSTRUP J，ZHANG M，et al. Coupling parametric aircraft loft-ing to CFD a CSM grid generation for conceptual design [C]. Orlando，Florida，In 49th AIAA Aerospace Sciences Meeting including the New Horizons Forum and Aerospace Exposition，2011.

[41] BREZILLON J，et al. Development and application of multi-disciplinary opti-mization capabilities based on high-fidelity methods [C]. Orlando，Florida，53rd AIAA/ASME/ASCE/AHS/ASC Structures，Structural Dynamics and Materials Conference 20th AIAA/ASME/AHS Adaptive Structures Conference，2012.

[42] 胡添元,余雄庆.多学科设计优化在非常规布局飞机总体设计中的应用[J].航空学报，2011,32(1)：117 - 127.

[43] 胡添元,史士臣.多学科设计优化在载人航天器构型设计中的应用研究[J].载人航天，2013,19(3)：91 - 96.

[44] 胡婕.客机机翼气动结构多学科设计优化研究[D].南京：南京航空航天大学,2011.

[45] 胡添元,余雄庆.基于参数化 CAD 模型的飞行器气动/隐身一体化设计[J].宇航学报，2009,30(1)：123 - 127.

[46] GHOMAN，SATYAJIT S，et al. Multifidelity，multistrategy，and multidisciplinary design optimization environment [J]. Journal of aircraft，2012，49(5)：1255 - 1270.

[47] KROLL N. Role of HPC in aircraft design [R]. PRACE Industrial Seminar, Bad Boll, Deutschland, 2013.

[48] BRADLEY M K, DRONEY C K. Subsonic ultra green aircraft research [R]. NASA/CR - 2012 - 217556,2011.

[49] MARTYK, BRADLEY and CHRISTOPHER K. Boeing future airplanes sugar phase I final review [R]. NASA/CR - 2011 - 216847,2011.

[50] 董建鸿,戴思宗.大型运输机先进概念布局技术研究(上)[J].航空科学技术,2006,6: 17 - 20.

[51] JEMITOLA P O, FIELDING J P. Box wing aircraft conceptual design [C]. 28th International Congress of the Aeronautical Sciences, ICAS, 2012.

[52] WERNER-WESTPHAL, CHRISTIAN, WOLFGANG H, and PETER H. Multidisciplinary integrated preliminary design applied to unconventional aircraft configurations [J]. Journal of aircraft, 2008,45(2): 581 - 590.

第 10 章　型号风洞试验

在飞行器空气动力特性的研究中,假设相对飞行器的来流是均匀的直流。利用相对运动原理,人们实现了用地面设施进行飞行器的气动力试验研究,这个地面设施就是当前世界各国普遍采用的"风洞"。

在"第 1 章 1.3 节中提到,空气动力学在飞机设计中的两大任务,两种手段"。

两大任务:气动设计和提供数据;

两种手段:理论计算和风洞试验。

可见,无论是气动设计还是提供数据,风洞试验是一个重要手段。为了获得飞行器在真实飞行中的气动力特性,必须根据物理定律确定的相似参数,使用缩比模型进行风洞试验。但是,由于风洞设备尺寸的限制,做到完全相似是很困难或者是根本不可能的。所以,需要根据具体关心的气动特性,做部分模拟。

风洞试验的内容很多,参考资料也很多。这里不介绍风洞试验技术,主要介绍飞机型号设计人员关心的风洞试验问题:

(1)相似原理与相似模型。

(2)型号的风洞试验项目。

(3)设计部门的试验工作。

(4)型号风洞试验中的问题。

第 1 章"空气动力学在飞机设计中的作用"介绍了"飞机总体设计流程"。现在看一看"风洞试验"在这个流程(见图 1.6)中的位置。

10.1　相似原理和相似模型

当我们研究某一物理现象的时候,使用实物做试验,希望复现所要研究的现象,并进行观察和分析。新发明、新技术,在尚未出现之前,需要进行一定的试验,以证实这些新发明、新技术的可行性。但是,在许多情况下,由于种种条件的限制，实物试验很难做到。于是，人们就设想，利用相似的概念，创造相似的条件，进行相似的试验。这种相似的概念和相似的条件就是"相似准则"，体现相似准则的数学表达形式叫作"相似参数"，进行相似试验的模型即谓"相似模型"。

10.1.1　相似准则

完全模拟实物的物理现象会使模拟条件(或环境)非常复杂，许多情况是不可能的，也失去了模拟试验的意义。因此，必须对所要研究的物理现象进行分析，从众多复杂的条件中提炼、纯化出某些主要因素，确定必须满足的主要条件，这就是所谓模拟试验的"相似准则"。

所以，相似准则是模拟的试验现象与实物的真实现象相似所必须满足的条件。

研究、分析、提炼、纯化是很不容易的事，但又是必须做好的事。显然，各种不同的物理现象，需要模拟的相似准则是不同的。

10.1.2　相似参数

为了使模拟的试验现象与实物的真实现象全部相似，它们之间反映现象的所有主要因素必须一一对应相似。不仅是模型的几何相似，与其运动相关的时间、速度、加速度、作用力、温度、电流以及其他有关的变量都必须相似。根据相似准则，这些变量，以数学形式表达，经过推导、综合、整理，提炼出几个主要的参数，称谓"相似参数"。模拟了这些相似参数，模型试验的现象就与实物的真实现象全部相似了。

模拟各种不同的物理现象，有各种不同的相似准则，就有各种不同的相似参数。例如：在电场和磁场中的阿基米德数，在表面张力场中的韦伯数，在热力学中的埃克尔特数，一维管流中的欧拉数。还有我们大家熟悉的，飞行器模型风洞试验中的马赫数、雷诺数等相似参数。

10.1.3　相似模型

进行相似试验的模型即称为"相似模型"。

试验模型必是几何相似的。对于庞大的物体，使用缩比的小模型；对于非常细小的物体，使用放大的模型。研究各种不同物理现象的模型，除了几何相似，有的还有其他相应的要求。如质量与质量分布、刚度与刚度分布、导电特性、传热特性，等等。

在飞行器的风洞试验中，由于风洞设备尺寸的限制，通常使用缩比的小模型。在常规的测力、测压试验时，只要求模型的几何相似。有些试验，如飞机的动导数试验,飞机外挂物的投放试验,还要求模型的质量与质量分布对应相似。
进行飞机静弹性试验,还要求模型的刚度与刚度分布对应相似。

10.1.4 风洞试验的相似

决定飞机飞行性能和操稳品质的气动特性,除了飞机的外形,还受到空气的
惯性力、黏性力、压缩力和飞机自身的弹性力的影响。这里介绍风洞试验中常用
的几个相似准则与相似参数。

1) 马赫数(Ma)

"空气的压缩性是空气因压力或温度而改变其体积或密度的特性。"讲得具
体一些:不同速度运动着的空气,其压力或温度是不同的,则体积或密度的改变
也不同。表征这改变程度的特性,就是空气的压缩性。

例如:在某一速度下,改变程度很小,基本不变,可以忽略,认为这种流动是不
可压流。在某一速度下,改变程度比较大,不能不考虑,认为这种流动是可压流。

绝对不可压的流动是不存在的;可压与不可压的绝对分界也是很难确定的。
工程设计中,一般在流场内 $Ma < 0.6$ 时作为不可压流处理。

马赫数是考虑空气压缩性影响的。它是空气惯性力与空气压缩力之比。

空气惯性力:

$$F_i = \rho l^2 V^2$$

空气压缩力:

$$F_c = \rho l^2 \frac{a^2}{\gamma}$$

马赫数:
$$Ma = \sqrt{\frac{F_i}{F_c \gamma}} = \sqrt{\frac{\rho l^2 V^2}{\rho l^2 \frac{a^2}{\gamma} \gamma}} = \frac{V}{a} \tag{10.1}$$

式中,ρ 为空气密度;l 为特征长度;V 为飞行速度;γ 为运动黏性系数;a 为声速。

2) 雷诺数(Re)

"空气的黏性是分子自由层碰撞抵制剪切变形的能力。"讲得通俗一些:空气
的黏性是空气的分子与分子之间或空气分子与物面之间,相互粘连的一个特性。

例如:运动着的空气分子与静止的(或者运动速度相对比较小)分子之间,
运动着的空气分子与静止的(或者运动速度相对比较小)物体表面之间,相互粘
连作用和产生的摩擦。

雷诺数是考虑空气黏性影响的。它是空气惯性力与空气黏性力之比。

空气黏性力

$$F_v = \mu l V$$

雷诺数：

$$Re = \frac{F_i}{F_v} = \frac{\rho l^2 V^2}{\mu l V} = \frac{\rho l V}{\mu} \tag{10.2}$$

式中, μ 为动黏性系数。

3) 弗劳德数(Fr)

弗劳德数是考虑受重力影响的运动。它是空气惯性力与重力之比。

空气重力：

$$F_g = \rho g l^3$$

弗劳德数：

$$Fr = \sqrt{\frac{F_i}{F_g}} = \sqrt{\frac{\rho l^2 V^2}{\rho g l^3}} = \frac{V}{\sqrt{gl}} \tag{10.3}$$

式中, g 为重力加速度。

4) 斯特劳哈数(Sr)

斯特劳哈数是考虑结构体弹性影响与振动运动的,是结构弹性力与结构惯性力之比。

结构弹性力： $$F_e = m l f^2$$

结构惯性力： $$F_{si} = m l \omega^2$$

斯特劳哈数：

$$Sr = \sqrt{\frac{F_e}{F_{si}}} = \sqrt{\frac{m l f^2}{m l \omega^2}} = \frac{f}{\omega} \tag{10.4}$$

式中, m 为结构体的质量; f 为结构体的固有频率; ω 为弹性力的频率。

根据不同的试验项目,模拟不同的相似参数。

10.2 型号的风洞试验项目

10.2.1 风洞试验设备

本节的风洞试验设备是指飞机型号设计、研究以及常规测力、测压试验的使用设备,不包括其他特种试验的风洞和各种特殊要求的设备。

1) 型号试验风洞

型号试验使用的风洞是指有一定规模,经过国家鉴定,流场品质、测试精度等各项指标都合格的风洞。

（1）低速风洞。

首先简单介绍一个典型的回流式低速风洞（见图 10.1）。

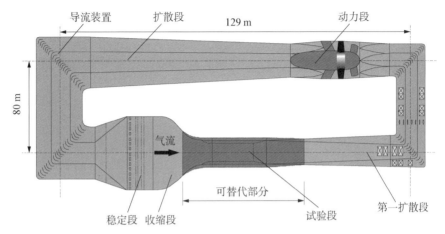

图 10.1　典型回流式低速风洞（DNW LLF）的平面图

德国和荷兰合建的"DNW LLF"是一个典型的回流式低速风洞，包括动力段、扩散段、导流装置（导流片、阻尼网、蜂窝器）、稳定段、收缩段，以保证均匀、稳定的气流进入试验段。试验段出口的气流，为了减少能量损失，经过第一扩散段，回到动力段再加速。

这个风洞有一个可（变截面）更换的试验段，飞机模型试验使用的是长方形（宽高 6 m×8 m）的试验段，风速为 100 m/s；还有一个正方形（宽高 9.5 m×9.5 m）的试验段，风速为 60 m/s。图 10.2 是它的长方形试验段。

图 10.2　飞机模型在低速风洞中的安装

（2）高速风洞。

对于连续回流式高速风洞,其大致结构组合与低速风洞相似的。图 10.3 为法国宇航院 ONERA 的 S-2MA 高速风洞概貌。因为试验的风速比较高,要求的能量比较大,动力是高压气源。试验段尺寸比较小,一般是正方形(0.6 m×0.6 m,1.2 m×1.2 m 或者是 2.4 m×2.4 m)。对于飞机模型试验,最好采用长方形试验段,图 10.4 所示为长方形(1.89 m×1.74 m)试验段。

图 10.3　高速风洞(ONERA S-2MA)概貌

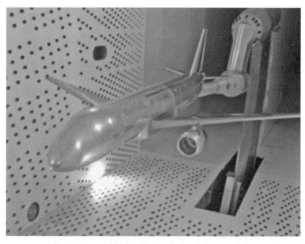

图 10.4　飞机模型在高速风洞中的试验

在 1980 年代以前,我们的试验条件很差,只有 3 m 量级的低速风洞和(0.6 m×0.6 m)高速风洞,型号设计就是依靠这些风洞做试验。现在的条件好

多了,我国有试验段比较大(4 m×3 m 和 8 m×6 m)的低速风洞和试验段也不小
(1.2 m×1.2 m 和 2.4 m×2.4 m)的高速风洞,还有高雷诺数风洞和尾旋风洞
等。而且可以选择国外的风洞去做试验。

2) 测力试验的天平

模型在风洞中试验需要支撑的支杆,测力的天平安装在支架上,试验模型通
过天平与支杆相连,做测力试验。

(1) 机械天平。

20 世纪 80 年代以前,低速风洞试验使用机械式天平。其依据为静力学平
衡的杠杆原理,犹如一根买菜用的"秤杆"或者一个"台秤"。模型上受到气动力
(或力矩),用游码(相当于秤砣)的位移来平衡,游码的位移变成螺丝杆的转数,
与螺丝杆相连的计数器上的数字反映出气动力的变化。图 10.5 为一台塔式六
分量机械天平,它的体积一般较大,长宽约 2 m,高 3~4 m,安装在试验段下部,
支杆伸入试验段中,支撑模型。

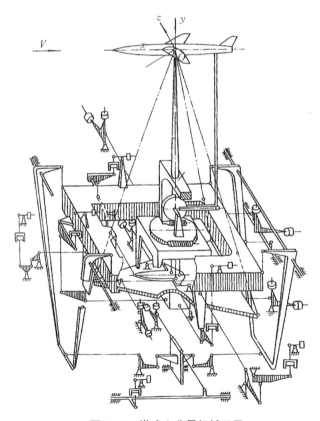

图 10.5 塔式六分量机械天平

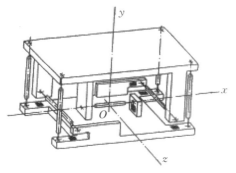

图 10.6　盒式六分量应变天平(实际大小可能相差 100 倍)

（2）应变天平。

高速风洞试验和现在的低速风洞试验都使用应变天平。天平安装在支架上,模型与天平相连,模型上受到气动力(或力矩),天平的弹性元件产生变形,粘贴在元件上的电阻丝片连接在电桥中,元件的变形使电阻丝伸缩,引起电阻和电压的变化,电压信号经过 A/D 变换,以数字信号输出,反映出气动力的变化。

图 10.6 示出一台盒式六分量应变天平的元件。这种天平体积很小,长宽高大的只有 2～3 cm,有的还要更小。

3) 测压试验装置

（1）老式测压管。

老式测压管的测压方法比较简单。在飞机模型的各部件表面垂直埋置若干金属测压管,作为测压孔(见图 10.7)。

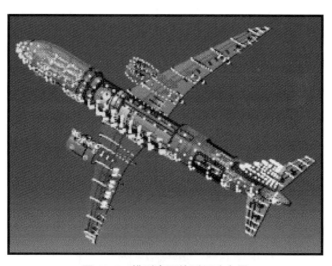

图 10.7　模型表面的测压孔布置

测压管的内部一端与软管相连,软管通过机身、支杆通到风洞外面,软管的另一端与外面的大气相接,感受模型表面的压力(基本测压原理见图 10.8)。

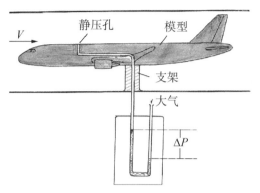

图 10.8　测压原理示意图

这种方法在模型机身中需要埋设一大堆软管,例如:一般全机测压要开
800~1 000 个测压孔,就需要同数的软管,风洞外需要许多排管,十分麻烦。此
法很老旧,现在均已更新。

(2)电子扫描阀。

电子扫描阀是一种压力传感器(见图 10.9)。体积较小,埋设在模型机身里
面。测压的软管不需要通到风洞外,直接插到扫描阀的接头上,将模型表面的压
力信号导入传感器,由传感器转换为电信号,一根导线接到风洞外面的数据采集
系统中。

图 10.9　电 子 扫 描 阀

一个电子扫描阀有 64 个插头,如果模型需要 800 个测压孔,只需要埋入 13
个扫描阀。

（3）压敏漆涂层。

20世纪90年代初,国外开始发展压敏漆(PSP)测量技术。压敏漆是一种发光物质分子掺入有机硅的聚合物,将它涂于试验模型表面,不同的表面压力激发出不同强度与颜色的光,以此达到发光测压的目的。图10.10所示为压敏漆测压试验时飞机模型表面的不同压力显示。

图 10.10　飞机模型表面的不同压力显示(见书后彩图 13)

该技术能够大面积定量测量和显示模型表面的压力分布。与传统的压力传感器测量方法相比,由原来离散点的测量变为连续面的测量,没有测压点多少的问题,也克服了机翼前、后缘布置测压孔的困难。压敏漆测量空间分辨率高,操作简单,成本降低。而且,不损坏模型,测力、测压可以使用同一模型同时进行。现在我们国内正在开发,即将应用于高、低速风洞的模型测压试验中。

4) 地效试验的地板

（1）固定地板。

飞机在起飞、着陆过程中,地面对机翼涡形成的抑制,减弱了机翼的下洗,从而使飞机的升力线斜率增大,诱导阻力减小,纵向静稳定性提高。这种现象称为"地面效应"。

在低速风洞试验中,模型下面加装一块平板来模拟地面(见图10.11),调节平板与模型之间的距离模拟飞机离地的不同高度。

（2）活动地板。

用固定地板模拟时,飞机与地板是相对不动的。在真实飞行中,飞机向前飞行,气流和地面相对于飞机同时向后运动。数值计算显示,这两种运动形式的流动状态差别很大[见图10.12(a)和(b)]。

图 10.11　带 地 板 试 验

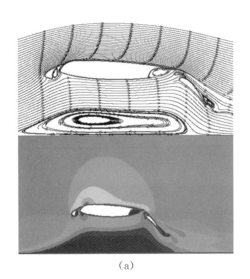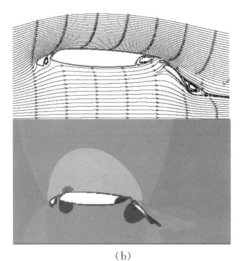

（a）　　　　　　　　　　　　　　　　　　（b）

图 10.12　地面对机翼下流动的影响

（a）地面与飞机相对不动　（b）气流与地面同时移动

　　由此可见,固定的平板还是不能真实模拟地面效应,尤其是对于有些特殊的试验,如发动机的反推力试验,需要使用一种与试验速度一致的向后运动的平板(见图 10.13),称为"活动地板"。

10.2.2　风洞试验分类

风洞试验的分类。

　　按照不同的分类方法,可以对各种风洞试验进行如下分类:

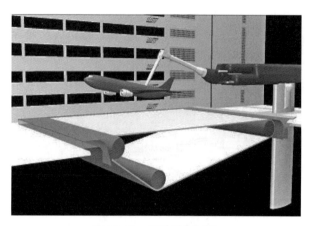

图 10.13　活动地板试验

（1）按照速度范围可分为高速风洞试验和低速风洞试验。

（2）按照试验任务可分为测力试验、测压试验和流态显示试验。

（3）按照技术难度可分为常规风洞试验和特种风洞试验。

（4）按照试验模型可分为二维、三维半模和全模试验。

1）二维试验

二维模型试验（见图 10.14）主要是研究二维翼型或多段翼型的基本剖面特性，一般做翼型的高速设计验证试验或者多段翼型的低速设计验证试验。

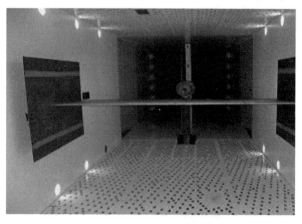

图 10.14　二维翼型试验

2）半模试验

三维半模试验（见图 10.15）主要是研究飞机的纵向气动特性。一般做机翼

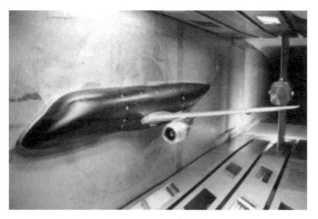

图 10.15　三维半模试验

的高速设计验证试验或者增升装置的低速设计验证试验。

3) 全模试验

全机模型试验(见图 10.16)可以研究飞机的纵、横、航向气动特性。一般做全机各种构型的高、低速设计验证试验以及获得高、低速气动特性数据。

全模试验包括操纵面效率试验、部件试验和低速测力的带地板试验。

图 10.16　全机模型试验

10.2.3　常规风洞试验

常规风洞试验是需要获得全机或者部件的基本气动特性数据的测力、测压试验。

一般常规试验中包括地面效应试验,而不包括动力影响试验。它的试验设备和试验方法比较常规。所以相对比较简单,容易实施。

1) 测力试验

测力试验包括高速测力和低速测力试验;二维、三维半模和全模试验。

（1）试验目的：

a. 试验验证全机气动布局方案的选择、设计优化。

b. 试验验证部件及其组合的选择、部件设计优化。

c. 为性能、操稳、载荷、飞行控制等有关专业提供气动力原始数据。

（2）试验内容：

a. 高速测力试验——研究飞机的高速巡航特性。

b. 低速测力试验——研究飞机的低速起落特性。

c. 流态显示试验——分析流动状态与特性的关系。

2) 测压试验

测压试验也包括高速测压和低速测压试验;二维、三维半模和全模试验。但是,试验的目的不同,所以试验内容也有区别。

（1）试验目的：

a. 主要是为气动载荷计算提供各个部件的压力分布形态和压力数据。

b. 还为二维翼型、多段翼型、高速机翼和增升装置的设计进行试验验证。

（2）试验内容：

a. 全机基本构型的测压试验和部件测压试验,一般不做操纵面效率试验。

b. 全机空中状态的试验,包括巡航构型和起落构型,一般不做带地板的试验。

10.2.4 特种风洞试验

特种风洞试验是需要对飞机设计中的一些特性气动问题进行研究探索、验证确定的试验。它的试验设备和试验方法,包括相似参数的模拟、模型设计、制造都比较复杂。所以,实施相对比较困难,甚至数据处理和修正都存在不少难点。

特种风洞试验的项目很多,主要有以下几项。

1) 动力影响试验

研究飞机动力装置对飞机流场的干扰,确定动力装置对全机气动特性的影响。

动力影响包括喷气动力影响和螺旋桨动力影响。喷气动力影响中又包括进气影响、排气影响和进、排气组合影响的试验。表 10.1 示出了各种试验对发动机进、排气的不同影响。

表 10.1　喷气发动机模拟试验方法比较

序号	模拟能力 模拟方式		进气道几 何形状	排气口几 何形状	进气道入 口流动	喷流 排气	进气和 排气的 相互干扰
1		堵锥模型	不能	不能	不能	不能	不能
2		通气模型	能	不能	能	不能	部分能
3		喷流模型	不能	能	不能	能	不能
4		引射器动力 模拟器模型	能	能	部分能	能	部分能
5		TPS 模型	能	能	基本能	能	基本能

(1) 整流锥模拟试验。

发动机短舱前、后加整流锥(见表 10.1 之 1),以想象的短舱进、出口流线模拟对飞机气动特性的影响。这是三四十年前普遍采用的方法,因为过分粗糙,现在都用通气短舱模型试验代替。

(2) 通气模型试验。

一般的通气模型试验(见表 10.1 之 2)不改变流量系数,所以没有流量控制,不能真实模拟发动机对应的工作状态,也就不能真实模拟进气影响。

a. 试验目的:在无动力试验中模拟发动机进、排气的影响。

b. 技术关键:短舱的内阻的测量。通气短舱内部的阻力必须从全机阻力中扣除。但是,内阻的测量是比较困难的,需要有排管装置测出总、静压换算得到。目前主要以计算与试验结合的方法解决。

(3) 进气试验。

采用可变流量系数的通气短舱模型试验(见表 10.1 之 2)确定进气影响。

a. 试验目的:模拟发动机进气道进气的流动状态,测出进气对飞机气动特性的影响。

b. 技术关键:流量控制和阻力测量。但是,流量控制需要调节进口流量的设备,需要做预备性试验标定。

（4）喷流试验。

采用可变落压比的喷流模型试验（表 10.1 之 3）确定排气影响。

a. 试验目的：模拟发动机尾喷流的流动状态，测出排气对飞机气动特性的影响。

b. 技术关键：落压比控制和模型、天平的设计。

一般使用气源的冷气接到模型中，形成喷流。还有控制出口落压比的装置，也需要做预备性试验标定。

短舱模型前、后体分离，设计专用天平和支撑系统，只测量喷流模型后体的气动力。

（5）进、排气组合试验。

从表 10.1 的比较可见，前面两种方法模拟发动机的进、排气影响都有其缺陷，于是发展了进、排气组合试验。进、排气组合试验的关键是动力模拟器，有动力模拟引射器（见表 10.1 之 4）和涡轮动力模拟器（见表 10.1 之 5）两种。目前，由于前者使用不很普遍，本节只介绍后者，即涡轮动力模拟（turbine powered simulator，TPS）试验，如图 10.17 所示。

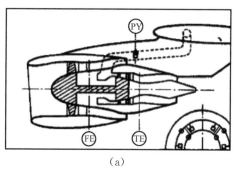 

（a）　　　　　　　　　　　　　　（b）

图 10.17　涡轮动力模拟试验

（a）试验原理　（b）试验件

a. 试验目的：模拟发动机进、排气的综合影响。进行机翼、挂架、短舱的最佳化研究，增升装置、短舱的干扰研究，反推力和动力增升的研究。

b. 技术关键：涡轮动力模拟器。实际上是一台缩比的小发动机，需要专门研制。还需要一套校准装置、润滑冷却系统和一台稳定的、高精度的天平。

（6）螺旋桨动力模拟试验。

螺旋桨动力装置的飞机设计，需要进行螺旋桨动力模拟试验。

　　a. 试验目的：研究螺旋桨动力对飞机气动特性的影响，包括螺旋桨直接力的影响和滑流影响，全部发动机工作和一侧发动机停车的影响。

　　b. 技术关键：模拟飞机力矩和动力双匹配条件。大功率小体积的电动机。

这项试验模拟机理和模拟方法将在第 11 章详细介绍。

2) 铰链力矩试验

研究飞机操纵面的铰链力矩。为操纵面设计提供依据，并确定操纵面的舵机功率，以合理地选用和设计舵机。

　　a. 试验目的：测定操纵面的铰链力矩，包括升降舵、方向舵和副翼以及它们的调整片。

　　b. 技术关键：试验 Re 数和舵面缝隙的相似，还需要研制高精度的专用微型天平。

3) 动导数试验

研究飞机动导数，为进行飞行品质的动态特性计算分析和控制系统、导引系统的设计提供依据。

　　a. 试验目的：测定飞机的动导数。工程设计常用的动导数主要有 12 个，包括：

阻尼导数：C_{mq}、C_{lp}、C_{nr}；

时差导数：$C_{m\dot{\alpha}}$、$C_{l\dot{\beta}}$、$C_{n\dot{\beta}}$；

交差导数：C_{lr}、C_{np}；

交差耦合导数：C_{lq}、C_{nq}、C_{mr}、C_{mp}。

　　b. 技术关键：x、y、z 三个旋转角速度 p、q、r 的模拟。还需要研制大刚度、大信号、低干扰的专用天平。

4) 进气道试验

该项试验与进气试验有些相同之处，也是采用可变流量系数的方法，但是试验目的和内容是不一样的。

　　a. 试验目的：模拟发动机进气道进气的流动状态，测出进气道的总压损失和流动品质对发动机工作的影响。

　　b. 技术关键：流量控制和压力测量。

流量控制需要调节进口流量的设备，需要做预备性试验标定。需要有排管装置测出各个剖面、各个位置压力分布，换算得到各种流动品质数据，以判断是否满足发动机要求的指标。

5) 抖振特性试验

飞机抖振严重影响飞机的舒适性甚至危及安全。为此，在新型号设计中，进行试验研究,改善抖振特性。

　　a. 试验目的:测量飞机的抖振特性,确定抖振边界(包括初始、中等、深度抖振)和失速速度。

　　b. 技术关键:试验风洞环境。要求应具备高雷诺数、低湍流度、低噪声特性,以确保试验结果的准确性。

6) 颤振特性试验

飞机颤振是飞机结构在相对运动气流中所受气动力、惯性力、弹性力以及与飞机系统有关的其他力共同作用下可能出现的一种自激振动。为研究飞机气动外形和结构参数对颤振特性的影响,须进行颤振风洞实验研究。

　　a. 试验目的:验证理论计算方法,校核飞机各种构型下的颤振特性,选择结构方案。测量模型的颤振临界速度、频率,并判断颤振形态。

　　b. 技术关键:模型弹性相似。质量、刚度分布的模拟。

7) 结冰试验

飞机在飞行中结冰,改变了原有的设计外形,对气动特性将产生很大影响,危及飞行安全,需要进行结冰试验。

　　a. 试验目的:研究临界结冰的环境条件及冰层的形状、性质,研究结冰对飞行性能的影响,检验防、除冰措施的效果。

　　b. 技术关键:结冰的冰形。在冰风洞中试验要求环境参数(如温度、湿度等)相似。有了冰层的形状,测出结冰对飞机气动特性的影响,就是常规测力试验了。

以上介绍了型号设计中主要的特种风洞试验项目。还有不少项目,例如:大迎角非定常试验、风洞尾旋试验、弹射救生装置试验、降落伞试验、航空声学试验、多体干扰与分离试验、风洞虚拟飞行试验等,请参考《风洞特种试验技术》一书。

10.3　设计部门的试验工作

飞机型号设计部门做风洞试验主要有以下四件事,图10.18给出了其工作流程。

1) 确定风洞试验任务书

风洞试验任务书的内容主要包括以下各项:

(1) 试验目的:

首先明确为什么要做此项试验? 试验验证方案设计、部件设计或者是为提

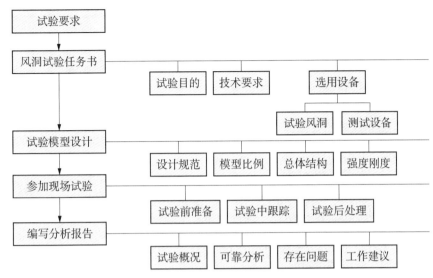

图 10.18　飞机型号设计部门的风洞试验工作

供气动特性的试验。目的明确了,技术要求也就清楚了。

(2) 技术要求:

确定试验内容,试验条件(模型构型、姿态、舵面偏角、试验速度或速压),试验次数,测量参数,测试精度,试验结果的提供形式等。

(3) 设备选用:

a. 试验的风洞。根据试验要求选择经过国家鉴定的,其流场品质、测试精度满足要求的风洞。国内、外满足型号设计使用的风洞可参考文献[3]中第 18 章的内容。

b. 试验的天平。对于测力试验,根据试验要求选择其测试量程和精度满足要求的天平。国内各个生产性风洞备有一系列天平提供选用。有特殊要求的试验,可以设计专用天平。

c. 测压的设备。对于测压试验,根据试验要求选择与测压模型相适应的测压设备。如老式测压管、电子扫描阀或压敏漆涂层。

d. 特种试验。对于特种试验,根据试验要求选择相应的特种测试设备。如动力影响试验的动力模拟装置和相应的校测设备,外挂物投放试验的多方位摄像设备等。

2) 设计加工试验模型

(1) 模型设计都有规范。例如:(GJB 180—86)《低速风洞飞机模型设计规范》和(GJB 569—88)《高速风洞飞机模型设计规范》。

（2）模型设计的主要考虑以下几点：

a. 确定模型比例。

b. 满足几何相似。

c. 模型的总体结构。

d. 总体和部件的基准。

e. 强度和刚度计算。

f. 加工工艺的简单、方便。

（3）模型加工的主要问题：

a. 是否满足设计图纸的加工精度要求。

b. 关键是控制模型加工过程中的变形。

3) 参加实施风洞试验

型号设计部门参加风洞试验需要做许多工作。

（1）试验前的检查：

a. 检查试验大纲与试验任务书的一致性。

b. 检查试验运转计划与试验大纲的一致性。

c. 检查模型的试装，向试验单位移交模型。

（2）试验中的跟踪：

a. 试验设备的运转是否正常。

b. 模型的构型和姿态是否正确。

c. 试验结果的数值量级和变化趋势是否合理。

d. 协助解决现场出现的各种技术问题。

e. 详细地做好现场跟试记录(包括上面的四方面)。

（3）试验后的处理：

a. 与试验单位讨论试验中出现问题的处理意见。

b. 与试验单位总结此项试验的概况，评估试验结果的有效性。

c. 与试验单位讨论提交试验报告的有关事项。

4) 编写试验分析报告

风洞试验单位提供正式的试验报告，包括试验数据与曲线。设计部门编写自己的试验分析报告，一般在试验完成后一两个月内完成。

（1）试验概况——试验主要内容完成情况。

（2）可靠分析——对试验结果的可靠性作出分析。

（3）存在问题——试验中存在的没有解决的问题。

（4）工作建议——通过试验结果的分析，提出下一步设计工作的建议。

10.4　型号风洞试验中的问题

航空界的不少业内人士对风洞试验有一种无条件的信任：许多空气动力学的问题，都想依靠风洞试验解决。所有气动力数据都想从风洞试验得到。没有风洞试验结果的，一概不相信。其实，风洞试验只是研究气动问题的一种手段，还有理论计算（包括工程估算和数值计算）。就风洞试验来说，也是有条件的，有局限性的。

这里根据多年的型号风洞试验体会，讲几个主要问题。

10.4.1　试验目的不明确

做每一件事，首先必须搞清楚为什么要做？ 主要想解决什么问题？ 风洞试验也一样，每期风洞试验任务，都应有明确的试验目的。但是，飞机型号设计部门经常遇到这样的事：做完风洞试验，发现试验结果没有用，或者大部分数据没有用。为什么？ ——试验目的不明确，没有紧紧抓住主要问题。这似乎不是技术问题，是管理决策的问题。其实，主要是技术问题及技术人员的思想方法问题。

要做一期试验：①首先考虑试验目的。这一期试验想要解决什么问题？ 试验目的必须非常明确，紧紧抓住这个主要问题不含糊。②然后考虑试验内容。想要达到这个目的需要从哪几方面入手？ 也就是要解决这个问题，需要哪些气动数据？ ③接着考虑数据处理。要想好：这期试验，当前的这个风洞，这些设备，技术水平，能不能拿到所需要的数据？ 试验拿到的数据怎么处理？ ④是否还有补救措施。如果试验得到的数据还不能解决试验需要解决的问题，必须考虑是否需要做一些补充试验，或者正式试验前，做一些预备性试验。再者，试验之后有什么计算手段，可以补充解决问题的数据。

看起来"试验目的不明确"这个问题提得有点可笑，其实是经常出现的。这里举几个实例。

1）某型飞机的《高速选型试验任务书》

试验目的："初步确定飞机的总体布局形式""主要部件进行选型""为方案评估提供一套气动力数据"。从文字上看没有问题。但是，具体内容是什么都要。

（1）做了过多的部件选型试验。

试验模型包括五套机身、七套机翼、五套平尾、五套垂尾。主要部件选型包括短舱五组挂架、三个起落架鼓包和一组翼梢小翼。

（2）做了全部的舵面效率试验。

舵面效率包括：

平尾效率、升降舵效率、方向舵效率和副翼效率。

（3）做了大量的支架干扰试验。

支架干扰包括不同机身、不同翼身组合体、不同平尾、不同垂尾，还有不同短舱挂架和不同的起落架鼓包的支架干扰。

试验任务书中计划试验是 1 531 次。

这是一期第一轮方案选型高速风洞试验，需要选择这么多部件，选择得这么详细吗？那么，第二轮、第三轮选型试验做什么？如果第二轮、第三轮选型试验做完后，机翼、机身等大部件有某些变化。则第一轮试验选出来的五套平尾、五套垂尾、五组挂架、三套起落架鼓包还有用吗？试验出一套完整的气动特性数据有什么用？

气动布局方案选型试验一定要有科学、清晰的选型思路。对于一般新型号的布局方案选型试验，应注意以下几点：

（1）关键是机翼，可以多选几个。

（2）然后是翼身组合体，看看基本的升、阻特性，尤其是力矩特性，不要有太大的低头力矩，引起平尾过大的配平负担。

（3）再把尾翼加上去，看看全机的基本升、阻特性和力矩特性。看看平尾效率，纵向静稳定性够不够，以确定飞机的重心后限。

（4）最后做少量的升降舵效率试验，看看纵向操纵性够不够，以确定飞机的重心前限。

这不是一个新型号设计选型试验，只是一型飞机的改型设计，要在一架常规布局的小型飞机机身上方加装一个较大直径的圆盘形雷达天线罩。改型设计方案是否可行？这种飞机的改型主要是纵向、航向静稳定性的影响和阻力的增大，最需要 8 个数据。

a. 圆盘形天线罩加装在机身上后，对飞机的纵向静稳定性（焦点位置）有多大的影响？对航向静稳定性有多大的影响？对全机阻力有多大的影响？——ΔC_{mC_L}、$\Delta C_{n\beta}$ 和 ΔC_{DO} 3 个数据。

b. 为了弥补天线罩对飞机的纵向、航向静稳定性的影响，将原机的单垂尾改为四垂尾布局。需要知道四垂尾布局对向静稳定性的贡献、对航向静稳定性的贡献以及由此增加的阻力。——ΔC_{mC_L}、$\Delta C_{n\beta}$ 和 ΔC_{DO} 3 个数据。

c. 然后再把天线罩加到四垂尾布局的飞机模型上,看一看圆盘形天线罩对四垂尾纵向静稳定性贡献的影响,对航向稳定性贡献的影响。——$\Delta\Delta C_{mC_L}$ 和 $\Delta\Delta C_{n\beta}$ 2 个数据。

有了这 8 个数据可以知道改型后的飞机纵向、航向静稳定性够不够? 阻力增加多少? 是否需要换装较大功率的发动机?

依据这样的选型思路,试验需要 1 531 次? 531 次够不够? 实际上,31 次就足够了。

但是,由于得到的试验数据不协调,整理不出合理、可信的这 8 个重要数据。也就是说:1 531 次试验后,还不能对"改型设计方案是否可行?"下结论。

2) 某型飞机的《全机低速测力试验任务书》

试验目的:"为了获得飞机起飞、着陆状态下的气动数据,为性能、操稳计算分析提供所需的原始气动数据,所以进行本期全机低速测力试验,此外,对原准机的构型也进行了部分对照试验。"

试验目的看来是合理的,原准机进行了部分对照试验是必要的。可是,在编制试验任务书时,完全不是"部分对照"了。纵向试验、横航向试验、舵面效率试验、带与不带起落架试验、地面效应试验,还包括支架干扰试验。原准机的都有,需要如此全面的原准机对照数据吗?

再看副翼效率试验。有飞机的副翼效率试验、飞机＋起落架的副翼效率试验、过渡机的副翼效率试验、原准机的副翼效率试验、原准机＋起落架的副翼效率试验。过渡机与原准机的区别是尾翼,对副翼效率有多少影响? 原准机是上单翼,起落架在机身下,对副翼效率又有多少影响? 还要考虑飞机＋起落架与原准机＋起落架对副翼效率的不同影响?

3) 一份《低速部件测力试验任务书》

文中的试验内容主要包括以下项目:

(1) 全机纵向测力试验。

(2) 全机偏升降舵测力试验。

(3) 全机横航向测力试验。

(4) 全机偏方向舵测力试验。

(5) 全机偏副翼测力试验。

(6) 全机纵向带地板测力试验。

(7) 全机横航向带地板测力试验。

(8) 重复性试验。

所有的 8 项试验，没有一项是部件试验，全部都是全机的试验。也许全机模型中有多个部件的测力天平，全机试验也同时能得到部件的测力数据，但部件测力试验任务书不能这样编写。

10.4.2　测量精度不高

飞机的最小阻力是型号设计人员最关心的一个问题。但也是测量精度比较差的一个问题。

1）当前的实际状态

当前，风洞试验单位给出的阻力静校精度达到阻力系数 $\Delta C_D = 0.0001$，动校精度 $\Delta C_D = 0.0003$。这些都是为了说明测量精度，精心试验给出的数字。在实际运行的时候，总是时间紧迫，往往达不到这个精度。作为型号设计人员，以 $\Delta C_D = 0.0005$ 来判断使用比较可靠。这个数字是什么意思呢？

飞机的零升阻力系数 C_{D0}（或最小阻力系数 C_{Dmin}）在 $C_{D0} = 0.020$ 左右。民用客机的设计比较精心、细致，$C_{D0} = 0.016 \sim 0.018$。现在设计得更先进，$C_{D0} = 0.014$。军用战斗机的阻力水平要高一些，$C_{D0} = 0.022 \sim 0.024$。有的运输机，粗大机身，后体上翘，平底货门，阻力很大，$C_{Dmin} = 0.033 \sim 0.034$。$\Delta C_D = 0.0005$ 相当于一般飞机最小阻力 2.5%，对于有些型号设计问题可以勉强接受。对于有些问题，尤其是民用客机的巡航特性这样的数据是不满足要求的。

有些试验的情况还不止如此，举几个例子：

（1）某型飞机的风洞试验数据中，"飞机放起落架后，阻力减小了""飞机加外挂物后，阻力减小了"。

（2）某型飞机的动力模拟试验，翼身组合体的阻力比全机的大。

（3）某型飞机的低速测力试验，起落架阻力是全机零升阻力的 150%，而且是抬头力矩。

（4）某型飞机加装任务系统的试验，那天晚上下班前的试验结果，阻力比预计的大。第二天早晨重新再吹，模型状态什么都没有变，吹出的结果阻力下降了 $\Delta C_D = -0.0020$。

风洞试验中出现一些不正常的情况是可以理解的。出现了问题，一时找不出原因［如第（4）种情况］也不能责怪。但是，第（1）～（3）种情况是作为正式试验结果提供给型号设计部门，就应该引起重视和改进了。

2）主要原因的分析

解决阻力测量精度需要从试验测量系统各个环节整体考虑。但是，风洞试验单位的测力天平设计和我们试验天平的选用是主要问题。看一下我们低速测力试验经常选用的某型外式六分力应变天平,给出的天平载荷范围和测量精度(见表 10.2,摘录纵向三个分量)。

表 10.2　天平载荷范围和测量精度

项目	升力/N	阻力/N	俯仰力矩/(N·m)
设计载荷	−5 500	1 600	±300
单元加载	−2 400	1 600	±360
综合加载	−1 950	200	180
绝对误差	0.760	0.342	0.518
相对误差/%	**0.01**	**0.17**	0.17
极限误差/%	**0.03**	**0.51**	0.51

在飞机正常的飞行迎角范围内,阻力大致只是升力的 $\frac{1}{10}$,可是这台天平的设计载荷是 $\frac{2.9}{10}$。所以,阻力的测量精度的误差比升力测量精度误差大。大至 17 倍!

3) 建议采取的措施

风洞试验单位和型号设计部门应该共同努力,密切配合,来解决这个问题。

(1) 研制小量程阻力天平。

在 1980 年以前,笔者就向试验单位提出过这个问题,建议天平的阻力分量采用大、小两个量程设计,试验中自动换挡。当小迎角试验时,大、小两挡天平同时测量,以小量程档测得的数据为准。迎角增大的时候,为了保护天平,锁住小量程这一档,得到大量程天平测得的数据。原本以为以现代科学的发展水平,这类自动控制是十分容易实现的技术,但是没有被采纳。几年前又向风洞试验单位提出这个建议,他们的回答是:这需要先立项做课题研究,专题研究成功后,才能使用于型号风洞试验。看来不是我想的那么简单。

(2) 试验数据的现场跟踪。

出现上面 1) 当前的实际状态中(1)~(3)种情况,是我们型号设计部门的参试人员,在试验现场没有及时跟踪试验数据。型号设计部门的参试人员,在试验现场必须及时跟踪试验数据,以判断数据的正确程度:

a. 试验数据的大量级是否在我们预计的范围之内?

b. 试验数据的变化趋势是否与气动基本概念一致?

如果这两条有问题,则坚信基本概念,寻找试验中的问题。问题找到了,故障排除了,才可以继续进行试验。否则,试验结果拿回来后再发现问题就太晚了。

例如第(4)种情况,那天晚上的试验结果,我们认为:机身上加装了圆盘形天线罩,阻力的增加比预计的大,但大得太多了。要求第二天早晨重新再吹,结果得到了更正。

(3) 小迎角小天平测量。

基于当前风洞试验小阻力测量精度的实际状况,型号设计部门必须自己想办法解决。纵向试验中,需要敲准最小阻力时,我们可以选用大、小量程的两个天平,分两次做试验。小迎角($\alpha = -2° \sim 6°$)范围,选择小量程阻力天平;较大迎角($\alpha \geqslant 6°$)范围,选择较大量程的阻力天平。

10.4.3　支架干扰修正

风洞试验中,由于模型支架的存在,产生实体堵塞效应。腹支撑的支架引起其后流场的畸变。尾支撑的支架产生逆压梯度。两种支撑都可以通过风洞试验或数值计算获得修正量。一般由风洞试验单位进行修正。

1) 重要性与严重性

支架干扰的数据是十分重要的,所有的试验数据都要扣除支架干扰。如果支架干扰的数值不正确,会使所有的试验数据都不正确。而且,支架干扰的量还不小,例如,某型飞机的在一个低速风洞中的支架干扰阻力分量值大到 $\Delta C_{Dmin} = 0.050 \sim 0.060$,相当于常规飞机零升阻力的 2~3 倍。如果支架干扰数据有不大的跳动,就会引起型号试验数据不小的差别。

实际上,支架干扰的数据规律性比较差。个别试验点的跳动是常有的,个别曲线的量级与趋势不合理也是有的。请看某一工程两型飞机的低速测力试验支架干扰曲线。

(1) 阻力的支架干扰曲线。

图 10.19 是支架干扰阻力系数随迎角的变化,图中波动很大的两条曲线是试验原始曲线。"B 构型"是机身后体修形了,试验时只是比原型机模型的尾支杆长一点点。而试验给出的支架干扰原始数据,大迎角范围的基本趋势都发生了变化。

(2) 滚转力矩的支架干扰曲线。

图 10.20 是支架干扰滚转力矩系数随侧滑角的变化,图中波动很大的两条

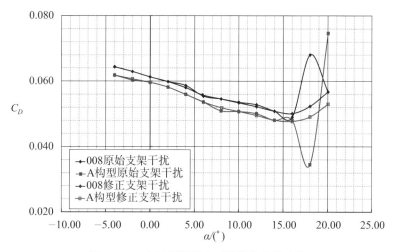

图 10.19　支架干扰阻力系数随迎角的变化

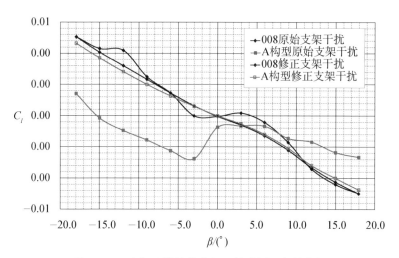

图 10.20　支架干扰滚转力矩系数随侧滑角的变化

是试验原始曲线。给出的支架干扰原始试验数据，"B 构型"不过零点，而且随侧滑角的变化左右不对称。

2) 建议采取的措施

以上是腹部支撑的试验结果，背部支撑也一样，尾支撑有机身尾部失真的问题。"张线支撑"现在国内大风洞中尚未推广。据俄罗斯专家称："张线支撑"的干扰阻力，$\Delta C_D = 0.024$，相当于一型军用战斗机的零升阻力水平。来看"张线支撑"的干扰也不会很小。几十年前，有过"磁性支持"的研究，现在反而不提了。

这几年来,型号设计部门设立支架干扰专题做了大量的试验研究。我不了解这个研究想要得到什么样的结果,更不知道会不会有预想的结果。

a. 是想要减小支架干扰的数值量级?——只有缩小支架本身。这必须在保证支架的强度、刚度条件下,因此不可能有大的改变。

b. 试验是想研究一般性规律,提供所有试验使用? 恐怕不同的型号试验不敢直接使用。

笔者认为,作为型号的常规测力试验,我们不在乎支架干扰的大或小,我们要求支架干扰数据的稳定性。如果干扰的数据不稳定,吹支架干扰时是一个数值,正式吹风时的支架干扰是另一个数值,那问题就严重了。

针对这些实际情况,型号设计单位应该采取相应的措施:

(1) 重复性试验。

每期风洞试验,设计单位都不忘做若干次主要构型的重复性试验。如果认为是非常必要的,那么支架干扰的重复性试验就更必要了。因为前者只能确定主要构型数据的稳定可靠,不能确认其他数据的稳定可靠;而后者数据的稳定可靠,却是所有数据稳定可靠的必要条件。

所以,首先做若干次支架干扰的重复性试验,力求得到比较稳定可靠的干扰数据。

(2) 合理光顺处理。

将支架干扰的试验原始数据取出来,型号设计部门的参试人员进行合理的光顺处理。处理的原则是:以试验数据为基础,以基本概念做指导,做局部的、有限的修正和光顺。

以上两图中也画出了处理后的支架干扰曲线。把处理后曲线上的数据再输入计算机,作为支架干扰数据使用。

这个做法需要风洞试验单位的配合,取得试验单位的理解是可以办到的。我们曾经这样做过,图 10.19 和图 10.20 中两条比较光顺、比较规律的曲线就是当时处理的结果。

10.4.4　综合规划试验项目

1) 综合手段解决实验问题

风洞试验只是气动设计、研究的一种手段,还有工程估算和数值计算。气动设计、研究人员应该了解这些手段的特点,充分发挥这些手段的综合作用。这里以铰链力矩试验为例,来说明这个问题。

(1) 关键在哪里?

在飞机型号设计中,铰链力矩是个难题。虽然国内在"九五""十五""十一五"期间组织了一系列的立项攻关,开展了将近 15 年的专题研究,还是没有完全解决工程实际应用的问题。关键在哪里? 在于边界层的流动状态对舵面铰链力矩的影响。

在理论计算领域,当前国内、外一致公认的精确计算方法是"N‐S方程＋湍流模型",许多高功能的商业软件大多采用这个方法。但是,湍流模型的选择对边界层的流态影响很大。所谓流动"模型"是人为给它的一个流动模式,所研究的流动是否符合你所给定的模式? 不一定! 所以,铰链力矩的数值计算准确度不高。

在风洞试验方面,影响边界层的流动状态的是舵面的缝隙和 Re 数的模拟。高、低速风洞试验都存在这两个问题,其中,低速试验的 Re 数的更小;高速模型舵面缝隙的模拟更困难。

(2) 综合手段解决。

为了满足工程设计的使用急需,建议采取风洞试验、数值计算和工程估算的综合手段解决铰链力矩的问题。

a. 低速局部大模型试验:设计一个局部模拟的小缩比大模型,在低速大风洞中进行铰链力矩试验。

例如:副翼铰链力矩试验,截取机翼包括副翼的一段[见图 10.21(a)];升降舵或方向舵的铰链力矩试验,截取后机身包括平尾和垂尾的一段[见图 10.21(b)]。这样,模型的比例可以取得相当大,比如 1∶2。缝隙的模拟比较真实,Re 也比较大。

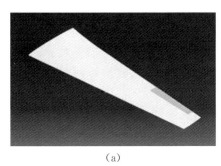 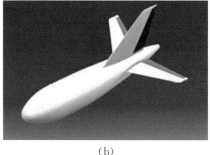

(a)　　　　　　　　　　　　　(b)

图 10.21　低速局部大模型试验

(a) 副翼铰链力矩试验模型　(b) 升降舵或方向舵试验模型

试验要求测得舵面上的气动力和压力中心,得到了铰链力矩的主量。

　　b. 数值计算全机干扰量:采用数字计算方法,最好是精确"N-S方程+湍流模型"方法,计算风洞试验局部模型的铰链力矩和真实全机外形的铰链力矩。得到两者的差量作为翼身对后体的干扰,加在低速局部大模型试验的铰链力矩上,作为全机低速的铰链力矩数据。

　　c. 工程估算压缩性修正:舵面上的力可以视为升力面上的升力,工程估算对于升力的压缩性修正有相当的可信度。乘以低速局部大模型试验得到的压心,获得高速铰链力矩数据。超声速还需考虑压心的变化,参考低速试验的压心进行修正不很困难。跨声速的压心变化很难确定,但这不是铰链力矩的设计状态。

　　图10.22示出了舵面铰链力矩综合处理方法的结构。

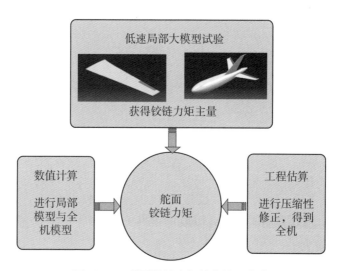

图 10.22　舵面铰链力矩综合处理方法

2) 合理规划试验项目

　　下面再举一个实例,看看如何规划一项风洞试验? 如何使用试验数据? ——提供飞行载荷计算使用的气动数据。

　　气动载荷计算需要的原始数据,包括飞机各个部件的气动力及其压力分布。

　　当前我们型号部门的数据来源是风洞的测力、测压试验。具体的步骤如下:

　　(1) 部件的测压试验。

　　进行各个部件的测压试验,获得各个部件的压力分布。压力分布的积分得到气动力和压心。

（2）部件的测力试验。

安装各个部件的测力天平,进行各个部件的测力试验,获得各个部件的气动力及其压心数据。

压力分布的积分得到的气动力不很可靠,部件测力得到气动力比较可信。一般这两种数据不完全一致,然后以测力试验结果为准,按照这两种数据的比例将压力分布放大(或者缩小)。

部件测力试验的压心,需要测量力矩转换得到,有的不一定测得,测得的也不一定可靠,一般使用压力分布积分得到的压心。

（3）全机测力试验。

通常做部件测力试验的时候,总有全机测力试验的结果。各个部件测力试验结果相加与全机测力试验结果相比,也不一定一致,于是以全机测力试验结果为准,按照这两种数据的比例将部件测力试验数据放大(或者缩小)。

（4）相关性修正的全机力。

全机的风洞试验结果需要进行从风洞到飞行的各项相关性修正,才能获得提供性能、操稳、载荷、飞控等各个专业设计、计算使用的数据。因此,还需要做一次转换,才能得到最后的结果。

测压试验结果要往部件测力试验结果上靠,部件测力试验结果要往全机测力试验结果上靠,全机测力试验结果再往经过从风洞到飞行的各项相关性修正后的使用数据上靠(见图 10.23)。

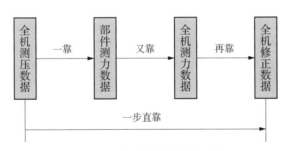

图 10.23　载荷计算数据的来源

为什么不以测压试验结果一步直接靠到使用数据上呢? 回答说是:"不这样,通不过。"——是习惯势力通不过? 技术领导通不过? 还是评审专家通不过?

有一个特殊用途飞机的改装设计就是采用了一步直接靠的方法。我们做了一期十分认真的、成功的全机测压(1 300 个测压孔)试验,得到了各个部件的压力分布,积分获得各个部件的气动力和压心,相加得到全机的气动力和各个部件气动力所占全机气动力的比例,一步靠到经过相关性修正的全机使用数据上。各个部件的压力分布和气动力,只需要做一次比例放大(或者缩小)。需要注意的是较大迎角下的机翼升力的比例变化。

这个型号设计时间不可想象地紧张,若按常规习惯来做根本不可能。负责载荷计算是一帮年轻人,没有习惯势力,而有创新精神。"一步直接靠"是笔者作为这个型号设计技术负责人的思路,当然没有技术领导通不过的问题。评审专家对全机整个数据体系的规划思路给予肯定,当然包括提供气动载荷计算的数据。几年的飞行实践说明,气动力原始数据是可靠的。

型号风洞试验中的问题比较多,例如:试验的次数过多,大量的试验数据没有被有效使用⋯⋯这里不一一列举了。

参考文献

［1］中国航空工业第一集团公司.空气动力学　概念、量和符号第 1 部分:空气动力学常用术语:GB/T 16638—2008［S］.北京:中国标准出版社,2008.

［2］江守一郎.模型实验的理论和应用［M］.北京科学出版社,1984.

［3］张锡金.飞机设计手册第 6 册:气动设计［M］.北京:航空工业出版社,2002.

［4］范洁川.风洞试验手册［M］.北京:航空工业出版社,2002.

［5］许峰芝等.气动力压敏漆发光特性研究［J］.感光科学与光化学,1999,17(4):309 - 315.

［6］战培国等.发展中的国外动态压敏漆技术研究［J］.气体物理—理论与应用,2011,6(3):90 - 95.

第 11 章　螺旋桨飞机的动力模拟试验

谈起螺旋桨动力的飞机，人们自然对它有一种落后、过时的印象。其实它既不落后，也没有过时。在比较低的飞行速度范围，螺旋桨动力的飞机安全、经济，因此，至今仍广泛采用。如水上飞机，农用飞机，大、中型运输机，小型公务机等。

在第 10 章型号风洞试验中，着重介绍了"10.2.3 常规风洞试验"，对于"10.2.4 特种风洞试验"只是介绍试验项目的概貌，没有也不可能做比较详细的介绍。在"特种风洞试验"中，动力影响试验是比较重要又比较典型的试验。对于喷气动力的飞机，是发动机进气道的进气影响和尾喷管的喷流影响；对于螺旋桨动力的飞机，是螺旋桨直接力和其滑流的影响。这些影响量值，最终都需要由风洞试验获得。前者，使用涡轮动力模拟器（TPS）试验；后者，进行螺旋桨动力模拟试验。但是，从试验的模拟机理和模拟方法来说，螺旋桨动力模拟试验要比涡轮动力模拟器试验复杂得多。

我国的螺旋桨动力模拟试验从 20 世纪 60 年代开始探索和实践。20 世纪 80 年代至今，螺旋桨飞机制造厂的设计所做了大量的动力模拟试验，积累了许多经验。然而，得到的试验数据真正应用于型号设计的并不很多。

螺旋桨动力模拟试验本身没有什么大的难度，关键是它的模拟思路和引导性试验。最近，我们采用了一个新的模拟思路，改进了原来的试验方法，在某型号的试验中获得成功。本章对此模拟思路和试验方法做一介绍，作为"特种风洞试验"的补充。

第 1 章介绍了"飞机总体设计流程"。现在看一看"特种风动试验"在流程图（见图 1.6）中的位置。

11.1　动力模拟的基本方法

螺旋桨动力模拟试验，是用小体积、大功率的电动机作为飞机试验模型的动力,加上模型螺旋桨,安装在飞机模型上(见图 11.1),进行低速风洞试验。

图 11.1　典型螺旋桨动力飞机模型在风洞中的安装

11.1.1　两个模拟思路

模拟螺旋桨动力影响的风洞试验有两个思路,其一,直接模拟;其二,间接模拟。

1) 直接模拟方法——流动状态的模拟

模拟螺旋桨工作时的前进比和桨叶角。使风洞试验中气流流过模型螺旋桨每一个桨翼剖面的当地迎角与飞机飞行中螺旋桨各个桨翼剖面的当地迎角相等,从而使模型试验的螺旋桨周围气流的流动状态与真实飞行的情况相似,所以称为"直接模拟"。

2) 间接模拟方法——流动效果的模拟

模拟螺旋桨工作时的拉力系数、法向力系数和扭矩系数。使风洞试验中模型螺旋桨诱导的气流轴向加速度、法向加速度和旋转方向的加速度与真实飞行的情况相似。谓之"间接模拟"。

螺旋桨动力模拟的这两个思路,或者是以此思路采取的两种试验方法,从模拟的物理本质说是很清楚的,笔者在 1972 年全国空气动力学"7210 会议"发表的论文《螺旋桨动力模拟试验》中做过阐述。空气动力学的业内人士不完全认同,甚至我们与国外专家进行螺旋桨动力模拟试验任务谈判时,也不完全一致。对于技术问题的认识不一样是正常的,也并不重要。但是,在本章介绍螺旋桨动力模拟试验方法前,必须有十分明确的定义。

11.1.2　不同模拟方法

1) 模拟方法的选择

现在的涡轮螺桨发动机都是自动变矩螺旋桨,飞机飞行中发动机螺旋桨的转速不变,以改变螺旋桨的桨翼角实现发动机功率的变化。动力模拟试验使用"直接模拟",不断改变螺旋桨的桨翼角比较困难。所以,大多采用间接模拟方法。在此方法中,模拟了拉力系数和扭矩系数,法向力系数是自动满足的。

2) 两主参数模拟方法

我国几个型号试验风洞的螺旋桨动力模拟试验比较普遍采用拉力系数和前进比两个相似参数,有些业内人士也把这种方法叫作"间接模拟方法",但不很确切,笔者暂取其名为"两主参数模拟方法"。包括中国空气动力发展研究中心低速所的 FL - 12、FL - 13 风洞和哈尔滨气动研究院的 FL - 8 风洞,俄罗斯的 T - 101、T102 风洞也是如此。这个方法的优点是,直接模拟和间接模拟的两个主要参数都模拟了,模拟效果应该比较好。但是,从试验相似准则的概念来说是不完整的。现介绍这种方法,其基本思路是一样的。

11.2　动力模拟的双匹配要求

11.2.1　双配平概念

螺旋桨动力的飞机在空中做水平、直线、等速飞行时,其纵向俯仰力矩是被配平($C_m = 0$)的,发动机螺旋桨的拉力等于飞机的阻力。所以,风洞试验模拟真实的飞行状态,螺旋桨动力模拟试验的要求是力矩和动力的同时匹配,这也是试验数据有效使用的关键。20 世纪 60 年代,我们开始做螺旋桨动力模拟试验,接连三个型号的试验都没有成功,其原因就在于此。

1) 无动力试验中的力矩配平

在常规的无动力模型风洞试验中,需要纵向力矩的配平。图 11.2 为不同升降舵(或平尾)偏度的纵向力矩曲线与极曲线。

在纵向力矩曲线中,对应不同升降舵偏(δ_{e1}, δ_{e2}, δ_{e3}, $\cdots$, δ_{en})的曲线与纵坐标的交点(A_1, A_2, A_3, $\cdots$, A_n)表示 $C_m = 0$,纵向力矩是配平的。不同交点有对应升降舵偏度的配平升力系数(C_{L1}, C_{L2}, C_{L3}, $\cdots$, C_{Ln})。根据不同偏度的对应升力系数,在极曲线中可以找到对应的点(B_1, B_2, B_3, $\cdots$, B_n),有对应的阻力系数(C_{D1}, C_{D2}, C_{D3}, $\cdots$, C_{Dn})。把这些点联起来(见图 11.3),就是性

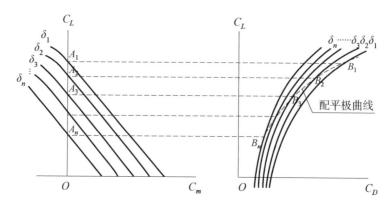

图 11.2　不同升降舵偏度的纵向力矩曲线和极曲线

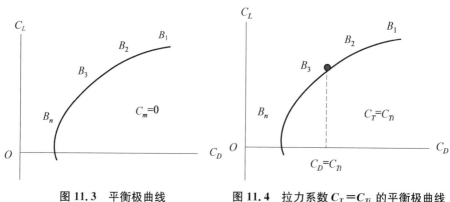

图 11.3　平衡极曲线　　　　　**图 11.4　拉力系数 $C_T = C_{Ti}$ 的平衡极曲线**

能计算的平衡极曲线。

　　这个概念几乎所有气动人员都清楚。但是,这里要强调的是,做一个平面的试验就得到一条使用曲线。

2) 带动力试验中的动力配平

　　无动力试验中的这一条纵向力矩的配平曲线,在动力模拟试验中,只相当于一个动力状态,即近似拉力系数 $C_T = 0$ 的状态。不同的拉力系数(C_{T1},C_{T2},C_{T3},$\cdots$,C_{Tn}),做不同升降舵偏度的试验,得到多组极曲线和纵向力矩曲线。每一组极曲线中,都有一条 $C_m = 0$ 的平衡极曲线。在该条极曲线上(见图 11.4),只有一个点是拉力等于阻力的($C_D = C_T$),这个拉力系数 C_T 产生的螺旋桨滑流影响,才是真实飞机飞行的滑流影响。

　　因此,在动力模拟试验中,做了一个(拉力系数)平面的试验,只有一个点满足力矩和动力同时配平条件。把一个一个平面中的这些点连接起来,组成一条空间曲线,就是力矩和动力同时配平的平衡曲线。只有做立体的试验,才能得到一条飞行性能使用的曲线,如图 11.5 所示。

3) 双配平的平衡曲线的求取

间接模拟法中,对于一个模型,模拟的拉力系数是由试验风速和电动机的功率与螺旋桨桨叶角,通过引导性试验测得的。

对应一个升降舵(或平尾)偏度(见图 11.6 中的 δ_j),每个拉力系数 C_T($C_T=C_{Ti}$)的纵向力矩曲线上,都有 $C_m=0$ 的配平升力系数(C_{Lj})。不同的 C_T,都有一组对应升降舵偏度的、$C_m=0$ 的配平升力系数(C_L)。因此,对于这个升降舵偏度,不同的 C_T 就有不同的配平 C_L。以 C_L 为纵坐标、C_T 为横坐标,即可作出这个偏度的 C_L 随 C_T 的变化曲线(见图 11.8)。这条曲线上所有的点,力矩是配平($C_m=0$)的。

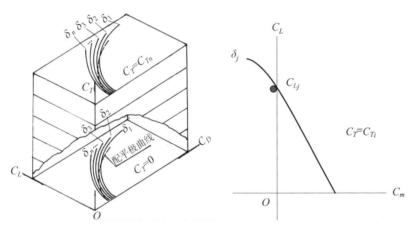

图 11.5　不同拉力系数的极曲线　　图 11.6　升降舵 δ_j 的纵向力矩曲线

对于这个升降舵(或平尾)偏度(见图 11.7 中的 δ_j),每个拉力系数 C_T($C_T=C_{Ti}$),都有一条对应升降舵偏度的极曲线。

在这条极曲线上,都有一个与拉力系数相等的阻力系数($C_D=C_T$)。这个 C_D,对应一个升力系数(C_L)。不同的 C_T 就有不同的升力 C_L。在 C_L - C_T 图 11.8 上,也可作出这个偏度的 C_L 随 C_T 的变化曲线。这条曲线上所有的点,动力是配平的。

两条曲线的交点,就是这个升降舵偏度下,力矩和动力的同时配平的点。不同升降舵偏度,如图 11.8 所示,得到一组 C_T 和 C_L,这就找到了满足双配平要求的一条空间曲线。

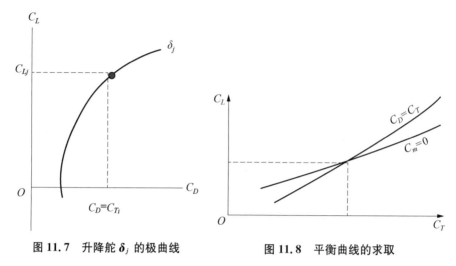

图 11.7　升降舵 δ_j 的极曲线　　　　　图 11.8　平衡曲线的求取

11.2.2　双匹配要求

以上力矩与动力的同时配平概念是基于巡航状态——等速水平直线飞行。起飞和爬升状态,重量不等于升力,拉力不等于阻力。但是,重量与升力、拉力与阻力的关系,也都是一一对应的。所以,力矩与动力不是同时配平,而是要求同时匹配。

1) 爬升状态的动力配平

飞机在无侧滑、等速、直线、爬升状态的受力示意如图 11.9 所示。

在速度坐标系中:

$$L = G\cos\theta + T\sin\alpha \tag{11.1}$$

$$D + G\sin\theta = T\cos\alpha \tag{11.2}$$

如果迎角很小,可以简化为

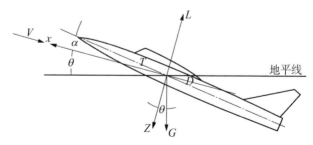

图 11.9　飞机爬升状态的受力

$$L = G\cos\theta \qquad (11.3)$$

$$T = D + G\sin\theta \qquad (11.4)$$

给定了爬升角 θ 之后, $\cos\theta$ 和 $\sin\theta$ 是已知的。

令 $G\sin\theta = \Delta T$。用 $T_{Cl} = T + \Delta T$ 来替代 T, ΔT 的拉力系数设为 ΔC_T 对应一个阻力系数 $C_{TCl} = C_T + \Delta C_T$。在用 C_{TCl} 做试验的极曲线上(见图 11.10), 找到 $C_D = C_{TCl}$ 对应的 C_{TCl}。

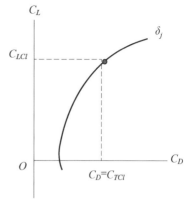

图 11.10　升降舵的 δ_j 极曲线

采用以上同样的曲线相交的方法, 得到爬升状态满足双匹配要求的 C_T 和 C_L。

2) 起飞状态的动力配平

在起飞滑跑过程中, 发动机使用最大功率, 拉力系数 C_T 是可以确定的, 更容易找到了满足双匹配要求的 C_T 和 C_L。

总之, 螺旋桨动力模拟试验的双配平要求是不完整的, 应该是双匹配要求。

3) 操纵与稳定的要求

对于飞行性能来说是可以匹配的, 但是, 对于飞机的操纵性与稳定性的计算, 升力不等于重量, 拉力不等于阻力, 俯仰力矩不配平($C_m \neq 0$)。然而, 从教科书上的定义来理解:

稳定性——飞机在平衡状态飞行时, 受到各种扰动, 恢复到原来平衡状态的能力。所以, 不在平衡状态, 也在平衡状态附近。

操纵性——飞机由一个飞行状态改变到另一个飞行状态的能力。所以, 是在前、后两个平衡飞行状态附近不断过渡。

动力模拟试验中, 相似参数的模拟本来就是近似的, 因此, 力与力矩配平可以作为力与力矩的匹配来近似模拟。

11.3　一种简单的模拟思路

从以上螺旋桨动力模拟试验的双匹配要求可以看到, 相对于无动力试验, 螺旋桨动力模拟试验与数据处理的工作量很大。如果要模拟 10 个拉力系数, 工作量是无动力的 10 倍。所以, 能否首先找到这条双匹配曲线, 并在此曲线附近做试验, 这迫使我们去设想新的方法。

无动力试验中的力矩配平在 2.1(1)节已做了介绍,是常规风洞试验中的常规数据处理。为了简化问题,这里只研究动力模拟试验中的动力匹配。

11.3.1 两个基本依据

1) 相似参数的分析

从试验的相似概念而论:满足了相似准则的要求,试验得到的气动特性数据应该是相等的,组成相似准则的各个参数是不需要再模拟。例如:模拟了拉力系数 $\left(C_T = \dfrac{P}{0.5\rho V^2 S}\right)$ 和前进比 $\left(\lambda = \dfrac{V}{nD}\right)$,则飞机的机翼面积和飞行速度、高度(体现于密度 ρ)、发动机的拉力、螺旋桨的直径和转速都不需要一一与真实飞机完全相同。

2) 性能计算的资料

螺旋桨动力模拟试验是特种风洞试验,在正常的型号设计步骤中,总体气动布局方案已经基本确定,常规的高、低速测力试验已经做完,第一轮飞行性能计算已经完成。根据性能数据,各个飞行状态的速度(V)、高度(ρ),对应发动机不同工作状态的可用拉力(P)和螺旋桨转速(n),算出的拉力系数(C_T)和前进比(λ)。表中计算了 5 种飞行状态,10 个飞行情况。对于下降和着落状态,发动机功率很小,拉力很小,滑流影响可以不必考虑。

表 11.1 列出了某型螺旋桨飞机拉力系数与前进比的计算结果。

表 11.1 某型螺旋桨飞机拉力系数与前进比的初步估算

飞行状态	飞行重量 W/kg	高度 H/m	速度 V/(m/s)	发动机工作状态	拉力系数 C_T	前进比 λ
起飞抬前轮	$W_{TO} = 56\,000$	0	55.66	起飞状态	0.151 6	0.690 2
起飞抬前轮	$W_{TO} = 61\,000$	0	58.09	起飞状态	0.137 0	0.720 4
起飞离地	$W_{TO} = 56\,000$	0	63.61	起飞状态	0.110 1	0.788 7
起飞离地	$W_{TO} = 61\,000$	0	66.39	起飞状态	0.099 2	0.823 3
爬升		0	91.67	额定功率	0.037 5	1.136 8
爬升		6 000	125	额定功率	0.022 6	1.550 1
最大平飞		6 000	168.22	最大功率	0.011 4	2.094 4
最大平飞		6 000	157.22	额定功率	0.012 0	1.949 7
巡航飞行	最大航程	6 000	133.33	0.85 额定	0.016 2	1.653 4
巡航飞行	最大航时	6 000	122.22	0.85 额定	0.020 4	1.515 6

11.3.2　动力模拟的目标曲线

1) 模拟的目标曲线

将 10 个飞行情况的拉力系数与前进比画在一张 C_T-λ 图上,用数学方法拟合,绘制出一条比较光滑的 C_T-λ 曲线,使得飞机主要飞行状态(至少是滑流影响比较严重的起飞、爬升、巡航)的点都在曲线附近,这就是动力模拟试验需要模拟的目标曲线。

图 11.11 是某型机起飞、爬升、巡航和最大速度等 10 个飞行情况的目标曲线。

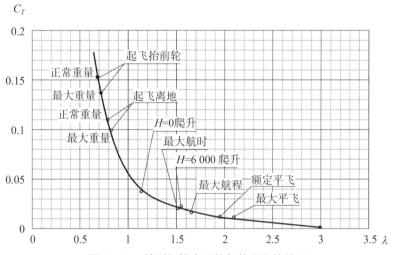

图 11.11　某型机拉力系数与前进比的关系

2) 目标曲线的意义

必须说明这条目标曲线的含义:

(1) 它是一条近似曲线。

这条真实飞机的目标曲线是一条近似曲线。因为它是根据性能计算提供的数据计算出来的。此时动力模拟试验还没有做,螺旋桨滑流影响是初步估计的结果。所以应该说,将来真实飞机的飞行状态不完全在这条曲线上,而是在这条曲线附近。

(2) 拉力系数和前进比一一对应。

按照这条真实飞机的目标曲线做动力模拟试验,所有的试验数据都满足螺旋桨动力模拟相似准则中的两个相似参数——拉力系数(C_T)和前进比(λ)一一对应的要求。

（3）飞行状态动力匹配。

这条曲线上的点都与飞机对应飞行状态的拉力相匹配，使用试验数据时，不需要再考虑动力匹配的问题。

（4）没有体现力矩配平。

这条曲线没有体现出力矩配平的含义，与无动力试验一样，使用时需要考虑力矩的匹配。这是无动力常规试验的问题，不必细说。

11.4 试验模型与设备

11.4.1 螺旋桨模型

螺旋桨模型包括螺旋桨、桨毂和桨帽（见图 11.12）。

螺旋桨模型都是几何相似的。还有如下的几个特殊要求：

1) 必需的动平衡特性

螺旋桨模型电动机的转速很高，为 8 000～10 000 r/min。如果没有良好的动平衡特性，会产生振动、噪声甚至模型的损坏。

2) 良好的互换性

一组螺旋桨是 4～6 叶，双发动机或四发动机的飞机需要 2～4 组螺旋桨，还需要一定的备件。一期试验需要的螺旋桨 12～30 叶，可以互换。因此，螺旋桨根部与桨毂的设计和加工要求很高。

3) 一套调节和校测机构

为了满足拉力系数（C_T）和前进比（λ）的相似要求，螺旋桨的桨叶角（ψ）应该设计成可调的。所以，桨根为圆柱形（见图 11.12）。而且，还需要设计、加工一套螺旋桨桨叶角的调节和校测机构（见图 11.13）。

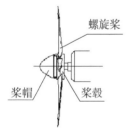

图 11.12 螺旋桨模型

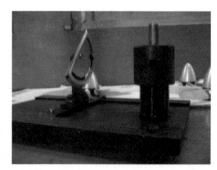

图 11.13 螺旋桨桨叶角的调节、校测机构

11.4.2　发动机短舱模型

1) 单桨试验短舱模型

还需要设计一个单桨试验使用的发动机短舱模型(见图 11.14)。支架上有测力天平,电动机和螺旋桨与测力天平连接。发动机短舱是一个外形相似的壳体,它与电动机和螺旋桨不能接触,直接固定在支架上。

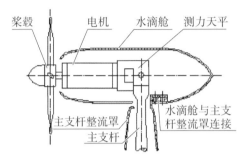

图 11.14　单桨试验短舱模型

2) 全机试验短舱模型

发动机短舱模型除了几何相似要求,还要有空腔,将电动机埋入腔内。然后,在电动机输出轴安置桨毂、螺旋桨和桨帽。而且,空腔还需留有一定的空间,以通过电动机导线和冷却液的管道。如果需要测定在全机模型影响下的螺旋桨直接力,则在模型短舱内安置测力天平,将电动机固定在天平上,而电动机和螺旋桨不能与短舱壳体接触,需留有一定的间隙(见图 11.15)。

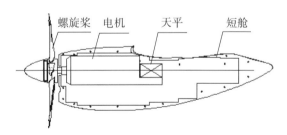

图 11.15　发动机短舱模型

11.4.3　飞机全机模型

动力模拟试验是要获得动力的影响量,它是全机带动力试验与无动力试验结果之差得到的动力增量。所以,全机模型包括无动力和带动力两套模型。

1) 全机无动力模型

全机无动力模型是常规的无动力测力试验模型,没有螺旋桨,并用一个整流锥来代替桨毂和桨帽。这样比较接近真实的流动状态,而且数据处理也比较合理。但是为了方便,也可用去掉螺旋桨的桨毂和桨帽来代替整流锥。

2) 全机带动力模型

全机带动力模型是去掉无动力模型的短舱,换上(见图 11.15)带动力的发动机短舱(全机模型见图 11.1)。

11.4.4　动力试验装置

1) 小体积大功率电机

螺旋桨动力模拟试验设备的关键是小体积、大功率、驱动螺旋桨的电动机。目前国内各个型号试验的风洞中,可以提供选择。

一般情况下电动机安装在模型发动机短舱里。但是有的模型短舱尺寸(如直径)比电动机的尺寸还小,模型短舱不得不放大而失真。有的试验模型甚至没有模拟短舱外形,直接将电动机代替短舱。这种情况下必须专门做无动力的真实短舱与失真短舱的对比试验,以修正短舱失真的影响。

图 11.16　模型机身下的电源导线和冷却水管

2) 其他辅助设备

每个电机还有与之相匹配的变频电源装置以给电机供电,调节和控制电机的转速。还有一套软水冷却系统,包括温度感受器,确保电机在工作过程中的温度。电源系统的导线和冷却系统的水管,从风洞试验段外通过支杆、飞机模型的机身、机翼与电动机连接。这些附件体积不小(见图 11.16),会引起支架干扰的变化,还会影响测力天平的精度。

11.5　动力模拟试验

11.5.1　引导性试验

在带动力试验之前,必须进行单桨短舱模型和全机无动力模型的引导性(或者准备)试验,以确定不同拉力系数的电机转速和螺旋桨桨叶角,以及无动力基本数据。

1) 单桨模型试验

单独螺旋桨短舱模型试验如图 11.17 所示。其目的如下：

（1）测出不同电机功率（以电机转速 n 表示），不同螺旋桨桨叶角（ψ）的拉力系数（C_T），供带动力试验之用。

（2）确定最小试验速度，测出最大拉力系数、零拉力系数和顺桨的桨叶角。

（3）选择若干个螺旋桨桨叶角，使不同拉力系数的前进比与目标曲线相对应。

2) 目标曲线模拟

测出了不同电机转速（n）、不同螺旋桨桨叶角（ψ）的拉力，并且将拉力换算成拉力系数 C_T，得到不同桨叶角（ψ）的 C_T-n 曲线（见图 11.18）。经过推导可知，对于某一个桨叶角，只有也必定有一个点模拟了图 11.11 目标曲线的拉力系数与前进比的关系。

 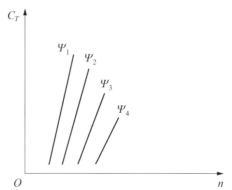

图 11.17　单独螺旋桨短舱模型试验　　　　图 11.18　不同电机转速的拉力系数

在实际试验时，不可能改变许多桨叶角，而是在拉力系数所对应的电机转速这一点附近，不改变桨叶角而改变电机转速（n），从而改变拉力系数。即在特殊点附近分段近似模拟曲线上的拉力系数和前进比。

实际上，只要选择了几个桨叶角（再加最大拉力系数与零拉力系数桨叶角）就将目标曲线比较贴切地模拟出来了（见图 11.19）。

3) 无动力试验

使用全机无动力模型和构型，以带动力试验相同的风速，与常规的无动力测力试验一样进行试验。

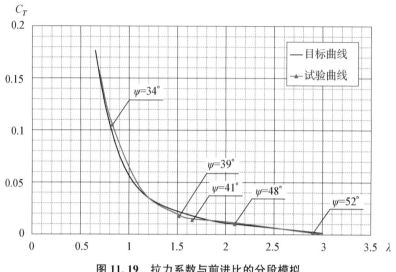

图 11.19   拉力系数与前进比的分段模拟

11.5.2   带动力试验

带动力试验与常规的无动力试验没有多大区别。在确定的试验风速下，以不同的飞机构型（巡航、起飞、着陆），改变不同的飞行姿态（迎角、侧滑角），进行测力（或测压）试验。与常规的无动力试验不同在于螺旋桨动力的控制和发动机故障状态。

1）螺旋桨动力的控制

根据螺旋桨动力模拟的双匹配概念，计算得到的目标曲线和引导性试验的结果，以控制螺旋桨的动力状态。

具体步骤如下：

（1）确定需要模拟的飞机构型和飞行姿态（见图 11.11）。

（2）对应飞机构型和飞行姿态，调整螺旋桨桨叶角（见图 11.13）。

（3）按照不同桨叶角（ψ）的拉力系数与电机转速的关系 $C_T - n$ 曲线（见图 11.18），调整所需要模拟的拉力系数对应的电机转速（n）。

（4）以选定的试验风速、桨叶角和电机转速，开始常规的测力（或测压）试验。

必须说明：在动力模拟试验之前还没有动力影响的实际数据，飞行姿态是可以估算得到的，但不会十分正确。所以应该在目标曲线的飞行姿态（迎角、侧滑角）附近做试验。但这样的做法习惯上不易接受。因此现在的带动力试验都是以确定的飞机构型，调整螺旋桨桨叶角和对应的电机转速，然后与常规的无动力试验一样,做不同飞行姿态(不同迎角、不同侧滑角)的试验。

2) 发动机的故障状态

带动力试验需要模拟发动机故障状态对飞机纵、横、航向气动特性的影响。

(1) 临界发动机停车。

临界发动机是指对飞机安全影响比较大的发动机。现在的涡轮螺旋桨发动机都是左旋螺旋桨,所以,临界发动机都是右侧发动机。

a. 单发停车:对于双发动机的飞机,故障状态是右侧一台发动机停车。对于四发动机的飞机,故障状态是右外侧一台发动机停车。

b. 双发停车:对于四发动机的飞机,还需考虑更严重的故障状态,右侧双发停车。

(2) 螺旋桨工作状态。

一般情况下,停车发动机的螺旋桨为顺桨状态。如果考虑比较严重的情况,停车发动机的螺旋桨为风车状态。

对于四发动机的飞机,右侧双发停车,一般都考虑停车发动机的螺旋桨为顺桨状态。最最严重的情况是螺旋桨都为风车状态,但这样的安全考虑不完全必要。

11.6　试验数据的处理

11.6.1　试验数据的修正

在第 8 章《气动特性数据体系》"8.4.1 试验数据的相关性修正"中,我们比较全面地介绍了试验数据修正的各项内容。螺旋桨动力模拟试验的支架干扰和洞壁干扰的两种修正有以下不同:

1) 洞壁干扰修正

螺旋桨动力模拟试验的数据处理除了进行常规的洞壁干扰修正外,还需进行如下修正:

(1) 洞壁对滑流的阻塞修正。

(2) 洞壁对滑流浸润部分机翼处下洗干扰修正。

(3) 机翼在滑流里,洞壁对机翼曲度影响修正。

(4) 洞壁对平尾区下洗场影响的修正。

2) 支架干扰修正

腹部支撑试验的支架干扰采用两步法测得。带动力的支架干扰应该考虑不同的动力影响,对于不同的拉力系数,支架干扰的数值是不一样的。为了减少试验次数和方便数据处理,有些用无动力支架干扰代替。但是,这将带来一定的误差。

11.6.2　试验数据的处理

螺旋桨动力对飞机气动特性的影响包括:

(1) 直接影响——螺旋桨拉力、法向力和扭矩的影响。

(2) 间接影响——螺旋桨滑流对气动特性的影响。

试验数据中包括了这两部分影响量。

所以,螺旋桨动力的影响为

$$\Delta R_{\text{pow}} = R_{\text{pow}} - R_{\text{nop}} \tag{11.5}$$

式中,R_{pow} 为带动力试验测得的力(或力矩),R_{nop} 为无动力试验测得的力(或力矩)。

扣除直接力,得到我们需要的是螺旋桨滑流的影响为

$$\Delta R_{\text{pow, sp}} = R_{\text{pow, sp}} - R_{\text{nop}} - \Delta R_{\text{pde}} \tag{11.6}$$

式中,ΔR_{pde} 为带动力试验测得的螺旋桨直接力(或力矩)。

下面介绍速度坐标系中的数据处理。

1) 纵向气动特性

在速度坐标系中的三个纵向特性:

螺旋桨动力对升力的影响为

$$\Delta L = L_{\text{pow}} - L_{\text{nop}} - P \sin \alpha_\phi \tag{11.7}$$

螺旋桨动力对阻力的影响为

$$\Delta D = D_{\text{pow}} - D_{\text{nop}} - P \cos \alpha_\phi \tag{11.8}$$

如果螺旋桨拉力轴线不通过飞机模型的力矩参考点,还要对俯仰力矩进行处理:

$$\Delta M = M_{\text{pow}} - M_{\text{nop}} - P l_\phi \tag{11.9}$$

式(11.8)、式(11.7)和式(11.9)中:L_{pow} 为带动力测力试验在天平上测到的升力方向的力;L_{nop} 为无动力测力试验在天平上测到的升力方向的力;D_{pow} 为带动力测力试验在天平上测到的阻力方向的力;D_{nop} 为无动力测力试验在天

平上测到的阻力方向的力；M_{pow} 为带动力模拟试验在天平上测到的俯仰力矩值；M_{nop} 为无动力测力试验在天平上测到的俯仰力矩值；P 为试验测到的螺旋桨拉力（P_m）；α_ϕ 为螺旋桨拉力轴线与模型试验来流速度的夹角；l_ϕ 为螺旋桨拉力轴线与模型的力矩参考点的垂直距离。

其中，D_{nop}、L_{nop}、M_{nop} 和 P 均由引导性试验得到。

2) 横航向气动特性

在速度坐标系中的三个横航向特性：

螺旋桨动力对侧力的影响

$$\Delta C = C_{\text{pow}} - C_{\text{nop}} - P\sin\beta_\phi \tag{11.10}$$

如果螺旋桨拉力轴线不通过飞机模型的力矩参考点，还要对偏航力矩进行处理：

$$\Delta N = N_{\text{pow}} - N_{\text{nop}} - Pn\phi \tag{11.11}$$

式（11.10）、式（11.11）中：C_{pow} 为带动力模拟试验在天平上测到的侧力方向的力；C_{nop} 为无动力测力试验在天平上测到的侧力方向的力；N_{pow} 为带动力模拟试验在天平上测到的偏航力矩值；N_{nop} 为无动力测力试验在天平上测到的偏航力矩值；β_ϕ 为螺旋桨拉力轴线与模型试验来流速度在水平面内的夹角；n_ϕ 为螺旋桨拉力轴线与模型的力矩参考点在水平面内的垂直距离。

其中，C_{nop}、N_{nop} 均由引导性试验得到。对于滚转力矩，可以不进行拉力的修正。

3) 舵面气动特性

操纵面（升降舵、方向舵、幅翼）效率也要扣除拉力的影响。其方法与处理纵、横、航向一样。

11.6.3　试验结果与分析

1) 主要试验结果

螺旋桨飞机的动力对气动特性的影响是比较全面又比较明显的，其中最关注的是滑流对升阻特性、俯仰力矩（纵向静稳定性）和侧洗流的影响。这里主要介绍升、阻特性。

（1）升力特性。

图 11.20 示出了某型运输机模型在 FL-12 风洞中的升力特性的试验曲线。从曲线可以看到随着拉力系数的增大，升力线斜率增大，正常飞行迎角下飞机的升力增加，规律性很好。

（2）阻力特性。

图 11.21 示出升阻特性的试验曲线。从曲线可以看到随着拉力系数的增大，阻力也增大。

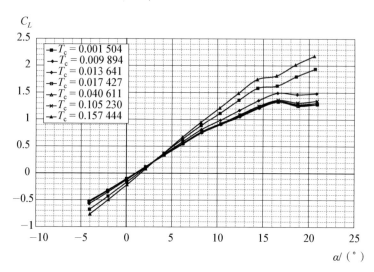

图 11.20 不同拉力系数的 C_L-α 曲线（$\delta_f=0°$）

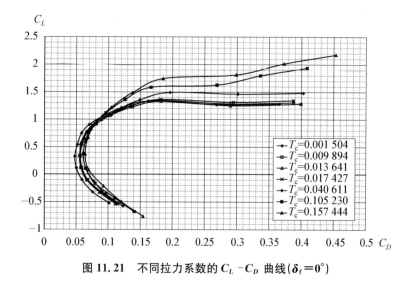

图 11.21 不同拉力系数的 C_L-C_D 曲线（$\delta_f=0°$）

动力模拟思路科学合理，引导性试验做得正确充分，得到的试验结果比较规律，符合基本气动概念。

2）试验结果分析

从上面的试验结果看到：螺旋桨滑流使飞机的升力增加，阻力也增大，在较大飞行迎角（较大升力系数 $C_L > 0.9$）下升阻比提高。

从螺旋桨滑流的影响机理分析，滑流产生较大的轴向加速度。对于发动机安装于机翼前的双发或四发的螺旋桨飞机，滑流扫过的机翼面积（见图 11.22 中的 S_{so}）速压增大，这部分面积上的实际升力增加了，以名义机翼面积和来流速度计算的升力系数增大了。

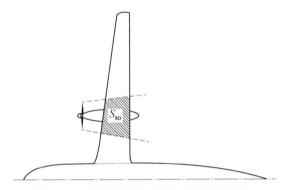

图 11.22　螺旋桨滑流扫过的机翼面积（S_{so}）

当然，这部分面积上的实际阻力也增加了，阻力系数也增大了。在机翼上增加的升力和阻力的比例是相同的。但是，对于正常布局的飞机，机翼的升力约占全机升力的 90% 以上，机翼的阻力约占全机阻力的 40% 以下。所以，相对于全机而言，升力比阻力增加的比例要大，滑流影响使升阻比提高。

这是判断螺旋桨动力模拟试验结果是否合理的一个重要参数。但是，试验能够做到这样是很困难的，这里示出的试验结果是部分做到了，但没有全部做到。

11.6.4　试验数据的工程应用

螺旋桨动力模拟试验数据的工程应用与常规的无动力测力试验数据有许多相同之处，也有一些需要注意的问题。

1）基本试验数据

基本试验数据与以前常规的无动力测力试验一样。试验得到的螺旋桨动力影响量以数据表和曲线图的形式给出。

（1）不同拉力系数的特性曲线。

纵向：升力、阻力、力矩系数随迎角的变化曲线；极曲线；俯仰力矩系数随升力系数的变化曲线。

　　横向、航向：侧向力、滚转、偏航力矩随侧滑角的变化曲线。

　　舵面效率：升降舵效率随升降舵偏角和迎角的变化曲线；方向舵效率随方向舵偏角和侧滑角的变化曲线；副翼效率随副翼偏角和侧滑角的变化曲线。

　　（2）不同拉力系数的特性增量。

　　纵向、横向、航向：舵面效率，气动特性增量的变化曲线。

　　（3）试验数据的处理说明。

　　必须明确：以上曲线及其相关数据是螺旋桨动力模拟试验常规的曲线和数据，不需要重新提醒。这里应该说明的是：

　　a. 双匹配要求初估的：根据动力模拟中力矩和动力的双匹配要求，一定的飞机构型、一定的飞行姿态（迎角或侧滑角），对应一定的拉力系数和一定的操纵面偏度。

　　但是在没有得到正确的试验数据之前，这一定的飞机构型、一定的飞行姿态下，其对应的一定拉力系数、一定操纵面偏度是不知道的。所以必须在事先估计的一定拉力系数、飞行迎角（或侧滑角）和操纵面偏度附近，做几个拉力系数、飞行迎角（或侧滑角）和操纵面偏度的试验，以得到我们所需要的试验结果。

　　b. 尊重习惯，肯定创新：做几个拉力系数、飞行迎角（或侧滑角）和操纵面偏度的试验后，与做一系列拉力系数、飞行迎角（或侧滑角）和操纵面偏度的试验相比，试验次数可以精简许多，但试验准备工作要复杂许多。更主要的是长期以来，人们的习惯就是这样全面地做试验。我们现在也这样做试验和处理数据是对人们长期习惯的一种尊重或者是一种妥协。但不能因为这种对老习惯的尊重或妥协而认为：新方法得到的数据形式与以前的方法一样，所以试验方法没有什么区别。这就不妥了。

2）零拉力与无动力

　　部分气动试验人员，有时把"零拉力与无动力"两种数据混在一起，这里做一说明。

　　（1）零拉力数据——动力模拟试验中，拉力系数等于零（$C_T = 0$）时得到的试验数据。

　　零拉力系数试验时，测力天平反映的拉力为零。此时螺旋桨是有拉力的，这个拉力等于在此状态下螺旋桨的阻力。这个数据是在比较不同拉力系数的动力影响时使用。

　　（2）无动力数据——无动力模型试验中得到的数据。这个数据是在比较有、无动力影响时使用。

从此物理含义来看,在考虑动力对阻力影响时,使用零拉力或无动力数据是一样的。但是,考虑动力对其他气动特性的影响,零拉力不能代替无动力。只是差别不大,可以近似而已。

3) 螺旋桨的直接力

螺旋桨动力装置对飞机气动特性的影响可以分为直接力影响和滑流影响。

螺旋桨的直接力包括拉力、法向力和扭矩,这些力和力矩直接作用在飞机上,对气动特性都有不同程度的影响。例如,对升力、阻力、俯仰力矩和滚转力矩的影响。

螺旋桨的滑流引起飞机各部件周围气流流动状态的变化,从而不同程度地影响了飞机的气动特性。例如:滑流使得纵向流动加速,引起升力、阻力、俯仰力矩的增加;下洗率的增大导致纵向静稳定性的减小:侧洗流产生滚转力矩和偏航力矩的零点漂移。

科学合理的途径是:直接力由发动机螺旋桨的设计制造部门给出,滑流影响从风洞试验获得。但是,我国的发动机螺旋桨设计制造部门只提供拉力,不提供其他的直接力。因此,直接力必须与滑流影响一起由动力模拟试验得到。应该注意到:螺旋桨动力模拟试验的相似准则(以此导出的相似参数)是考虑模拟螺旋桨工作时流动(滑流)对飞机的影响,因此,试验得到的直接力不是真实发动机螺旋桨的直接力,它的影响也就不是真实发动机螺旋桨的影响,这是一个不得已的办法。

4) 装机与台架状态的拉力

从上面的"螺旋桨的直接力"分析,动力模拟试验的数据处理只扣除拉力系数。带动力试验模拟的拉力系数是由引导性试验中单桨试验测到的拉力换算得来的,此拉力相当于真实发动机出厂时的台架拉力。螺旋桨安装到全机模型上,由于它后面模型实体的反作用,拉力自然增大。因此,有人(包括俄罗斯的专家)认为:带动力试验扣除的拉力系数应该是螺旋桨装机后自然增大的拉力系数;螺旋桨的滑流是这个自然增大的拉力产生的滑流。

笔者认为,应该扣除单桨试验测到的拉力系数。理由如下:

(1) 使用的拉力数据。

螺旋桨安装到全机模型上,由于它后面模型实体的反作用,拉力自然增大。这部分自然增大的拉力以大小相等、方向相反的力作用到全机模型上。如果要把这部分自然增大的拉力计入拉力中,还应该把这部分与自然增大的拉力一样大的力计算到飞机阻力中。

在飞机飞行性能、操稳品质、气动载荷的计算时,公式中的拉力是发动机的可用拉力(P_a)。它以发动机的台架拉力为基础,扣除进、排气损失和功率提取得到的拉力。

在动力模拟试验中我们没有计及自然增大的拉力,也没有增加这部分阻力。发动机螺旋桨设计制造部门不管装机后的拉力,飞机设计部门不知道、也不使用装机后自然增大的拉力数据。

(2)真实的滑流影响。

这个台架状态的拉力装机后,产生自然增大的拉力,它也产生自然增大的拉力的螺旋桨滑流。所以,飞行性能、操稳品质、气动载荷的计算中的台架拉力会自然产生自然增大的拉力的螺旋桨滑流,也就自然产生自然增大的拉力的螺旋桨滑流影响。

11.7 结论

1) 取得的进展

这个螺旋桨动力模拟试验的新思路,用一条目标曲线和几个螺旋桨桨叶角,模拟了飞机的许多个不同的飞行状态。

(1)概念清楚:直接由性能数据计算拉力系数和前进比,试验模拟参数与飞行状态的对应关系非常明确。

(2)方法简单:可以大幅度地减少引导性试验和带动力试验的次数。

(3)结果合理:获得的试验数据量级和变化趋势比较合理,可以在型号设计中使用。

2) 存在的问题

一部分气动设计的业内人士认为:只要按照现有的模拟方法进行试验,得到的数据就是可靠、可用的数据。实际上并非如此,无论是直接模拟还是间接模拟,从理论上看都是不完善的。

直接模拟方法,模拟了气流流过螺旋桨的流动状态,但没有模拟螺旋桨工作产生的效果;间接模拟方法,模拟了螺旋桨工作产生的效果,而没有模拟气流流过螺旋桨的流动状态。因此,有些试验数据不是实际飞行的动力影响数据,例如,螺旋桨法向力对飞机气动特性的影响。采用两主参数模拟方法模拟效果应该比较好,在某个特定的飞行状态,同时满足拉力系数和前进比两个相似参数,试验模型的桨叶角是唯一的。这个桨叶角不就是直接模拟中模拟气流流动的桨叶角。要解决这个问题,只有依靠将来大型风洞和大功率的电动机。

　　到目前为止,还没有一个有效的解决途径。可是我们应该清楚地认识到问题的存在,两主参数模拟方法比较接近行间接模拟方法,要尽可能照顾到流动状态与真实飞行的相似。例如:在模拟目标曲线的时候,零拉力系数的前进比不唯一,所以螺旋桨的桨叶角也不唯一。我们把桨叶角尽可能调大一些,与真实飞行的桨叶角接近一些,得到零拉力系数的法向力影响也就比较接近真实一些。

参考文献

[1] 威尔利亚姆·H·雷,艾伦·波普. 低速风洞试验[M]. 范洁川,等译.《空气动力实验与研究》编辑部,1988 年.

第12章 型号飞行试验

一型新飞机的研制分为三个大阶段：设计、生产和试飞。飞行试验是验证设计、生产是否正确，鉴定飞机是否达到设计指标的最终依据。

飞行试验又分以下四种情况（见图12.1）：

（出厂）调整试飞；

（设计）定型试飞；

（专题）科研试飞；

（用户）使用试飞。

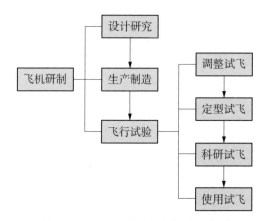

图 12.1 飞机研制过程中的试飞类型

因此，一个新型号的研制，试飞工作量是很大的。需要较长的时间（至少2~3年），投入较大的人力（设计、生产和试飞单位一支强大的团队），花费较多的经费（约占整个设计经费的1/3）。

飞机设计单位对于新型号试飞需要一个总的设想。规划新飞机的首飞、调整试飞、定型试飞和科研试飞的时间、内容、飞机与分工,以较短的时间、较少的人力和较省的经费,圆满完成试飞任务。本章主要阐述这方面的内容。

规划新飞机的试飞,需要基本的技术条件。但是,其中有大量的、非总体气动技术方面的而又必须全面妥善处理的事项。如飞机各大系统的试验和试飞,成品设备的调整、定型试飞,驾驶员选拔与培训等,本章也要作简要的介绍,否则,《型号飞行试验》就不完整了。

12.1　飞机概况的描述

在规划一个新飞机试飞总任务时,必须抓住这型飞机试飞工作的特点。为此,又必须首先了解这型新飞机的基本情况。这里分别以某型军用战斗机和某型民用旅客机为例分别介绍。

12.1.1　军用战斗机

1) 作战使命

针对一种典型的超声速歼击轰炸机 X-037,其主要设计任务是用来突击敌战役纵深目标(交通枢纽、前沿海、空军基地、滩头阵地、兵力集结点等战场目标)和中型舰船。装有先进的火控系统与电子对抗设备,具备在低空和夜间复杂气象条件下作战的能力。

2) 总体布局

该飞机为常规气动布局。中等展弦比和后掠角的上单翼,全动后掠平尾,大后掠单立尾。蜂腰形机身,两侧进气道,两台涡扇发动机并排安装于后机身内。前三点小轮距式起落架。攻击武器全外挂。

3) 主要性能

飞机的主要飞行性能:

(1) 最大起飞重量 30 000 kg。

(2) 最大着陆重量 24 000 kg。

(3) 最大飞行速度 $1.85(Ma)$。

(4) 最大航程 3 200 km。

(5) 最大载弹量 6 000 kg。

12.1.2　民用旅客机

1) 使用功能

这里以单通道商用飞机 S-409 为例,该飞机瞄准国际同座级后继机的发展方向,按照"安全性、经济性、舒适性、环保性"的设计理念,并且具有一定市场竞争力。

2) 总体布局

该型客机采用先进的超临界机翼,新概念翼梢小翼,后掠下单翼布局。机翼前缘全翼展缝翼、后缘富勒式襟翼,每侧机翼布置有一块副翼,兼有襟翼功能。翼吊两台涡扇发动机,前三点可收放起落架。同时采用全权限电传操纵和先进的主动控制技术。

3) 主要性能

飞机的主要飞行性能:

(1) 最大起飞重量　70 000 kg。

(2) 最大着陆重量　65 000 kg。

(3) 最大设计航程　4 200 km。

(4) 设计巡航速度　0.785(Ma)。

(5) 最大使用高度　12 000 m。

(6) 客座数(两级/单级)　160~180。

12.2　试飞工作的特点

这两型飞机的任务使命和使用功能不同、总体布局和飞行性能也都不同。它们飞行试验的最终目的是完全不一样的。

(1) "X - 037"军用战斗机的飞行试验直接面对使用军方要求的各项性能指标的考核。

(2) "S - 409"民用旅客机的飞行试验是通过适航当局各项适航条款的要求。

然而,两机试飞工作有它们的共同特点。

12.2.1　自行设计

两种机型都是自行设计的全新机种,主要特点体现在下面几个方面:

(1) 没有原准机或改型机可做借鉴参考,试飞的内容比较全面和广泛。需要统一规划,科学运筹。

(2) 试飞中出现的问题较多,包括设计、生产、试飞条件等各部分、各方面将会遇到各种不同的问题。需要充分考虑,早做准备。

(3) 工作从零开始,没有设计经验。在考虑试飞项目、估计架次时间、安排试飞工作等都比较困难,准确程度较差。

12.2.2　新发动机

安装了新的、没有最后设计、生产定型的发动机都需要一定的飞行验证试验。发动机的飞行验证试验往往会出现一些想不到的问题,增加了试飞工作的不确定性,影响飞机的飞行试验。

12.2.3　新成品多

新成品设备比较多,除了常规的各种系统设备外,"X‐037"飞机有一套由多功能雷达、导航、飞控与指挥仪组成的武器火控系统;"S‐409"飞机有控制增稳等主动控制系统。因此,单项成品的试飞和系统交联试飞的考核项目较多,试飞工作量很大,预计试飞过程中的故障率也较高。

12.2.4　涉及面广

试飞工作涉及设计、生产各部门,发动机和成品的供应商,试飞负责执行单位,需要各方面技术人员的参与和合作。武器系统的试飞,复杂气象条件的试飞分别在不同的试飞地域进行,方方面面的配合和协调是十分繁重的任务。

12.3　调整试飞

飞机出厂的调整试飞是提供能安全飞行并可望达到性能指标的飞机,交付定型试飞。

12.3.1　调整试飞的目的

1) 检查部件和系统的可靠性

检查全机各部件以及动力、燃油、通信、导航、液压、操纵、特设、仪表等各系统工作的可靠性,并进行必要的调整。

2) 让驾驶员熟悉飞机

使驾驶员能够初步熟悉飞机的特性和飞行参数,掌握飞机的操纵特点。

3) 发现、排除故障

飞机一上天,许多问题就暴露出来。分析、研究试飞中出现的各种故障,尤其是疑难故障,并逐一排除。

4) 检验设计、制造质量

初步检验飞机的设计、制造(工艺)质量,以及它的使用维护性能。

5) 预测主要技术性能

初步预测飞机的主要技术性能,大致达到飞行速度包线的 $70\%\sim80\%$。

12.3.2　调整试飞的内容

1) 飞行性能的试飞

以基本飞行性能为基础,确定试飞项目:

(1) 地面(低、中、高速)滑行——检查起落装置的工作,驾驶员初步感受飞机的离地姿态。

(2) 首飞(场域小航线)——一个新型号的首飞是非常隆重、非常谨慎的事件。制定一个十分可靠的飞行剖面,选择最安全的气象条件,进行首飞上天。初步评估各系统的工作,暴露并排除故障与缺陷。

(3) 起落性能——选择有利的抬前轮速度、安全起飞速度、进场速度和安全着陆速度,进行起落飞行。

(4) 空域飞行——检查发动机和各系统的交联工作,检查舵面、杆力、杆位移等操纵情况。

还有:

(5) 爬升性能。

(6) 最小机动速度。

(7) 最大平飞速度。

(8) 水平加、减速。

(9) 转场航程。

不一一细说。

2) 操稳品质的试飞

驾驶员通过感觉和操作,初步评定(定性检查)飞机的操稳特性:

(1) 检查飞机在滑行过程中,低速转弯的灵活性,高速保持方向的能力。

(2) 检查飞机在起飞、着陆过程中,离地、接地的操纵性和平稳程度。收放襟翼、起落架、减速伞时的影响,以及有、无横、侧异常现象。

(3) 检查飞机在爬升、改平、盘旋、下滑时的操纵性和协调程度。

(4) 检查飞机在巡航飞行中,保持水平直线的难易程度。外界扰动或小偏离平衡状态的恢复能力、时间及其适当程度。

(5) 检查飞机在做机动飞行时,所用的杆力、杆位移的大小适当程度。俯仰、滚转速率的适当程度。

(6) 接通飞行控制系统,初步预测驾驶仪、控制增稳对操稳品质的影响,并进行相应的调整。

12.3.3　各系统的调整试飞

各系统的调整试飞项目很多,时间较长,所以与性能、操稳分别讨论。主要有三类。

1) 定型试飞前的项目

属于定型试飞前应该做的调整试飞项目:

(1) 起落架的摆振。

(2) 机轮(电子防滑)刹车系统。

(3) 前轮转弯机构。

(4) 发动机地面试车及其功能。

(5) 燃油、液压、操纵、环控、通信、导航、电器、仪表等各系统工作的可靠性。

(6) 阻力伞与飞机的匹配。

2) 只做调整试飞的项目

完全属于调整试飞的项目,只做调整试飞:

(1) 油量表校验。

(2) 压力加油试验。

(3) 通气管溢油试验。

(4) 机内通话系统试验。

(5) 信标接收机试验。

(6) 起落架空、地联锁指示器的工作。

(7) 机翼航行灯检查。

(8) 着陆滑行灯检查。

3) 必需的科研试飞项目

有些必须提前进行的科研试飞项目:

(1) 后机身温度场的测定。

(2) 炭刹车机轮性能的测定。

(3) 惯导系统的初步调整。

(4) 火控系统的初步调整。

12.3.4　调整试飞的架次与时间

一般地说,一个新型号的试制批是六架飞机。分别为 00 批三架:001、002 和 003 架,其中 002 架用于静力试验。0 批三架:01、02 和 03 架。除 002 架外的五架机都用于飞行试验。

以型号的调整试飞来说,出厂的每一架飞机都要进行调整试飞。本节是讨论代表这个型号的调整试飞,是首批试制的五架机(不是以后批生产飞机)的调整试飞。

1) 第一架飞机的调整试飞

最具代表性的是第一架(001)飞机的调整试飞(见图 12.2)。

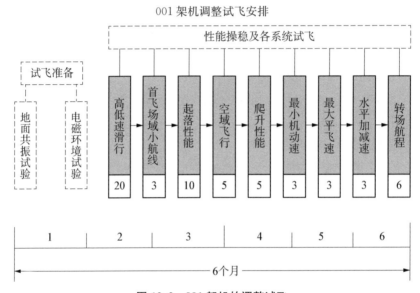

图 12.2 001 架机的调整试飞

(1) 时间——从 001 架机首飞上天开始,到它的调整试飞结束,大概需要 6～8 个月。

(2) 架次——地面(高、低速)滑行 20 次,时间较短。性能、操稳 12 个项目预计(不包括地面滑行和首飞)大约 35 个架次。其中起落航线 10 架次,比较简单。还有 25 个架次,4 个月的时间,平均每月 6 架次,安排比较满。考虑到试飞初期问题较多,时间可能比较紧张。

(3) 实施——操稳特性以及大部分系统试飞项目都穿插在性能试飞的项目中实施,不另计起落架次。所以,在图 12.2 中也没有体现。

2) 其余四架机的调整试飞

从图 12.2 可以看到:001 架机的试飞项目包括了"3.2 调整试飞的内容"和"3.3 各系统的调整试飞"的大部分项目,但不是所有项目。其中各系统的调整试飞还有较大的工作量,安排在 003、01、02 和 03 这四架飞机上实施。设想这四架机从总装出厂,地面试验各为两个月,调整试飞 25 架次,3 个月。总的调整试飞 100 架次,时间 12 个月。

3) 五架机的调整试飞

五架机调整试飞总有效架次为 155,累计试飞周期 18～20 个月。注意:这里的架次是指"有效飞行架次",不是实际飞行架次。一般,实飞架次是"有效架次"的 3 倍左右。

12.4　设计定型试飞

这里的"设计定型试飞"是针对军用飞机的,试飞项目要满足军方的战术技术要求。对于民用飞机是"适航审定试飞",试飞项目要符合适航当局的适航条例要求。但是,基本思路和试飞内容是相似的。

在设计单位完成了设计研制及必需的零部件、整机试验,通过调整和修改,认为可以满足预定的设计指标和使用要求时,开始准备设计定型试飞。

12.4.1　设计定型状态

设计定型技术状态是鉴定飞机是否达到设计定型要求的主要依据之一。它具体地确定了飞机及其主要系统、配套设备的技术状态和性能指标。因此,也就是设计定型试飞的主要依据。

全机的设计定型技术状态应该明确以下三部分内容。

1) 主要设计定型指标及技术状态

(1) 飞机总体概况:

a. 飞机气动布局。

b. 总体布置和座舱布置。

c. 结构、系统及其主要特点。

d. (军机)武器配备及外挂方案。

(2) 主要技术数据:

a. 主要几何参数。

b. 重量、重心。

c. 飞行性能。

d. 强度、过载。

e. 使用维护及寿命。

(3) 主要配套设备:

主要配套设备、附件及其性能指标,对应技术状态。

(4) 随机、地面设备:

飞机随机配套的工具和地面配套设备。

2) 设计定型前应完成的各项试验

(1) 风洞试验和自由飞试验:

a. 全机高、低速校核试验。

b. 主要部件的测力、测压试验。

c. 进气道和发动机的匹配试验。

d. 带动力进、排气影响试验。

e. (军机)外挂物的投放试验。

f. 尾旋模型的自由飞试验。

(2) 结构、强度试验:

a. 全机、各承力零部件、各系统的强度和刚度试验。

b. 全机振动试验,共振试验,落振试验和摆振试验。

c. 颤振模型风洞试验。

d. 高、低温试验。

e. 全机、各承力零部件、可操纵系统的疲劳试验。

f. 风挡玻璃的防鸟撞试验。

(3) 动力、燃油系统:

a. 发动机起动、漏油系统的工作可靠性、协调性试验。

b. 发动机操纵系统的工作可靠性、协调性试验。

c. 燃油系统的功能和工作可靠性、协调性试验。

(4) 液压、操纵系统:

a. 液压系统功能和工作可靠性、协调性试验。

b. 冷气系统功能和工作可靠性试验。

c. 操纵、刹车系统功能和工作可靠性、协调性试验。

d. 自动飞行控制系统的操纵模拟试验。

(5) 环控、救生系统:

a. 座舱空调系统的温度调节效果试验。

b. 防水、防冰试验。

c. 氧气及抗过载系统的地面模拟试验。

d. 雷达舱的通风模拟试验。

e. 弹射救生系统的抛盖试验和火箭滑车联动试验。

（6）特设、仪表系统：

a. 电源、电网络系统的试验。

b. 电子设备天线的效率和性能试验。

c. 电子、电器设备装机交联后的性能试验。

d. 电子、电器设备的电磁兼容性试验。

e. 通讯导航系统及主要成品的性能试验。

f. 座舱照明试验。

g. 仪表板振动试验。

h. 火警系统的工作可靠性试验。

（7）武器火控系统：

a. 武器火控系统的地面联合试验。

b. 武器发射对发动机工作影响的检查。

c. 外挂物（地面）投放试验。

d. 雷达和电子对抗系统的有关试验。

（8）地面设备（随机工具、场站设备）的适用性试验。

（9）排除故障措施的验证试验。

（10）使用部门要求的其他试验。

3）必须准备的设计定型文件

（1）上级机关的指令性文件。

（2）全机设计、试制总结资料。

（3）设计计算、试验报告。

（4）试飞任务书、装机状态等文件。

（5）说明书与手册。

（6）全套理论图、原理图、结构图等图纸。

（7）配套目录清单。

12.4.2　定型试飞项目

1）基本飞行性能

（1）起飞和着陆性能。

（2）爬升和下滑性能。

（3）气动修正量。

（4）水平加、减速性能。

（5）最小平飞速度。

（6）最小机动速度。

（7）最大平飞速度。

（8）稳定盘旋性能。

（9）低空特性。

（10）最大航程。

（11）活动半径。

2）操纵稳定品质

（1）起飞和着陆的操纵特性。

（2）纵向平衡曲线。

（3）横向、航向平衡曲线。

（4）纵向模态特性。

（5）横向、航向模态特性。

（6）机动飞行。

（7）侧风进场和着陆。

（8）单发飞行。

（9）低空大速度飞行的操纵。

（10）外挂物投放后飞机的反应。

3）发动机及其匹配

（1）滑行和飞行中的发动机性能检查。

（2）飞行中的动力装置检查。

（3）进气道性能与发动机匹配的检查。

（4）进气道与发动机的工作稳定性检查。

（5）引射喷管二次流特性检查。

（6）辅助进气门开度及性能的测定。

（7）反推力装置性能的测定。

4）颤振与强度

（1）气动弹性稳定性，颤振安全裕度检查。

（2）最大允许飞行速度的测定。

（3）最大使用过载的测定。

（4）机动飞行的过载、应力、温度和变形检查。

(5) 起落架强度的检查。

(6) 起落架收放作动筒的载荷测定。

5) 液压操纵系统

(1) 液压系统功率和温度分布的测量。

(2) 应急电动泵系统的功能检查。

(3) 应急冷气系统的功能检查。

(4) 起落架收放检查。

(5) 襟翼的收放检查。

(6) 减速板收放检查。

(7) 前轮转弯操纵的检查。

(8) 机轮刹车系统的检查。

6) 动力燃油系统

(1) 燃油系统高空性能检查。

(2) 燃油系统工作可靠性检查。

(3) 供油管路流量加速性检查。

(4) 燃油箱通气增压系统工作检查。

(5) 燃油箱速压进气口结冰试验。

(6) 零、负过载飞行工作可靠性检查。

7) 环境控制系统

(1) 座舱温度控制系统工作性能检查。

(2) 座舱压力调节系统工作性能检查。

(3) 座舱透明内表面热气除雾性能检查。

(4) 风挡玻璃防雨剂性能测定。

(5) 雷达舱增压、通风冷却系统参数测定。

(6) 发动机压缩机引气参数测定。

(7) 飞机结冰警告系统可靠性检查。

8) 多功能雷达

(1) 雷达机载适应性检查。

(2) 导航功能的检查。

(3) 抗干扰能力的检查。

(4) 与其他电子设备接口关系的检查。

(5) 敌我识别功能的检查。

（6）对海、对空、对地攻击功能的检查。

（7）雷达罩机械物理性能测定。

9）飞行控制系统

（1）自动飞行控制系统调参试飞。

（2）自动驾驶仪功能检查。

（3）控制增稳和自动增稳性能检查。

（4）自动驾驶仪与其他设备交联工作检查。

10）通讯导航系统

（1）超高频双频电台可靠通信距离的测定。

（2）短波单边带电台可靠通信距离的测定。

（3）机内通话器工作的可靠性检查。

（4）多普勒导航系统的工作及导航精度检查。

（5）无线电高度表工作可靠性及指高精度检查。

（6）无线电罗盘定向距离的测定。

（7）航向姿态系统工作可靠性及精度检查。

（8）飞行指引系统工作可靠性及精度检查。

（9）大气数据计算机工作可靠性及精度检查。

（10）电子、电器设备的电磁兼容性测量。

11）仪表照明系统

（1）用电负载图和电源电网参数的测定。

（2）双通道发电系统的转换功能试验。

（3）应急电源供电试验。

（4）迎角传感器校准。

（5）机头空速管校准。

（6）座舱红光照明工作可靠性检查。

（7）仪表板振动频率特性的测定。

12）武器火控系统

（1）武器火控系统的空中联合试验。

（2）武器火控系统的动态精度试验。

（3）外挂武器的带飞和着陆冲击试验。

（4）外挂武器与挂架的投放试验。

（5）自控遥测武器的发射试验。

（6）自导遥测武器的发射试验。

（7）战斗武器的打靶试验。

（8）照相系统的工作检查。

13）电子对抗系统

（1）全向警戒系统的性能试验。

（2）敌我识别系统的适应性检查。

（3）杂波干扰系统的性能试验。

（4）无源干扰投放系统的性能试验。

14）定型试飞项目汇总

把 13 个大项的试飞项目和飞行架次汇总于表 12.1。

表 12.1　定型试飞项目汇总

序号	项目名称	项目数	架次数
1	基本飞行性能	11	58
2	操纵稳定品质	10	90
3	发动机及其匹配	7	35
4	颤振与强度	6	102
5	液压操纵系统	8	40
6	动力燃油系统	6	94
7	环境控制系统	7	42
8	多功能雷达	7	76
9	飞行控制系统	4	85
10	通讯导航系统	10	76
11	仪表照明系统	7	48
12	武器火控系统	8	108
13	电子对抗系统	4	56
	共计	95	910

12.5　试飞网络图的编制

一个新型号的试飞是很庞大、很复杂的一项系统工程,包括飞机的各个部件、各分系统、各种设备,涉及设计、生产和试飞各个部门、各个方面的工作和协调关系,需要一个总的设想和规划。这个设想和规划体现在一张"网络图"上。因此,"试飞网络图"的编制是一件非常重要,需要认真和细致工作的一项任务。

12.5.1　五架机的试飞安排

大部分型号设计工作都是前松后紧,最后赶进度而不能保证质量。为此,五架机的试飞任务的是前紧后松、留有余地的安排思路,以避免最后措手不及。

1) 001 架机的试飞项目

001 架机在工厂试制、总装完毕后,需要 3~4 个月的地面(全机共振和电磁兼容性等)试验。准备首飞和完成首飞大概还需要 2~3 个月。然后开始调整试飞,6 个月,有性能、操稳和全机各系统的初步适应性等 13 个试飞项目,30~40 起落架次。最后是 2 年的定型试飞时间,有基本飞行性能和操纵稳定品质 21 个项目约 140~150 架次。平均每月要飞 6 个有效架次,时间是比较紧张的。

2) 003 架机的试飞项目

003 架机比 001 架机试制总装约晚半年。地面试验和调整试飞压缩到 4 个月。这样定型试飞的时间比 001 架还可以早 2 个月。26 个月同时结束。计划安排:液压操纵、环境控制、通信导航、电气仪表、雷达和电子对抗等 7 个系统的试飞。计 47 个项目,350 多个架次,平均每月要飞 13~14 个有效架次,是安排最多、最紧张的一架飞机。单从数字来可看,肯定是完不成的,需要采取一定的措施。

(1) 使 003 架机与 001 架机的装机状态差不多。这样使两架机的试飞科目可以穿插进行。

(2) 有些飞行状态相同或接近的,可以进行组合、归并,减少实际飞行架次。

(3) 对于试飞架次较多的项目,考虑把已有的飞机改装一架武器火控系统试验机,在进行该系统试飞的时候,多功能雷达测试中的一部分雷达试飞项目可以顺便插入。

3) 01 架机的试飞项目

01 架机比 003 架机试制总装约晚 4~5 个月。地面试验和调整试飞也压缩到 4 个月。这样定型试飞的时间有 21~22 个月。计划安排:发动机、进气道、燃油、颤振和强度等 19 个项目,230 多个架次,平均每月要飞 10~11 个有效架次,因此,01 架飞机也是时间比较紧张的一架飞机。

4) 02 架机的试飞项目

02 架机比 01 架机试制总装还晚 4~5 个月。地面试验和调整试飞后转场,定型试飞的时间有 15~16 个月。计划安排:武器火控系统的试飞。计 8 个项目,108 个架次,平均每月飞约 7 个有效架次,与上面三架机比较,时间安排上不太紧张。

5) 03 架机的试飞项目

03 架机出厂时间很晚。除了地面试验和调整试飞,留下不到一年的定型试飞时间。考虑到前面四架机的定型试飞安排过于紧张,03 架机作为机动,不安排具体的试飞项目。计划:003 架机的雷达和 02 架机的火控系统部分项目的试飞需在此做补充。

12.5.2　网络图的编制

1) 网络图编制说明

(1) 编制依据。

试飞网络图的大时间接点是根据这型飞机研制的总要求(即高一级的网络图)确定的,例如:从第一架飞机出厂至定型试飞结束,计 3 年。具体的试飞时间、项目、架次是由试制批的飞机、分工协调、规划出来的。

(2) 编制内容。

一型新研制飞机的试飞网络图应包括与实施试飞有关的许多内容:

a. 研制批各架机的总装及试飞改装完成时间。

b. 主要大型试验的完成时间。

c. 试飞任务书与试飞大纲编制和审批时间。

d. 配合试飞的Ⅰ、Ⅱ类主要成品提供的时间。

e. 各架机的试飞项目安排。

f. 试飞员的培训计划。

g. 与试飞有关的大型会议。

2) 试飞网络图

根据上述内容编制的试飞网络图是一张(15A4)非常复杂的大图,不方便刊载。这里把各架机的试飞项目画出来(图 12.3 五架机调整、定型的试飞),任务安排的网络图主线就清晰可见了。

12.6　应该考虑的问题

在飞行试验的基本设想(大框架)确定之后,还有几个为实现这个设想应该考虑的问题。

12.6.1　飞行试验的准确性

一般的技术思路:工程估算的数据最粗浅,因为它只能反映飞机的几个主要几何参数。数值计算能够体现飞机比较详细的外形。但是,当前的数值计算

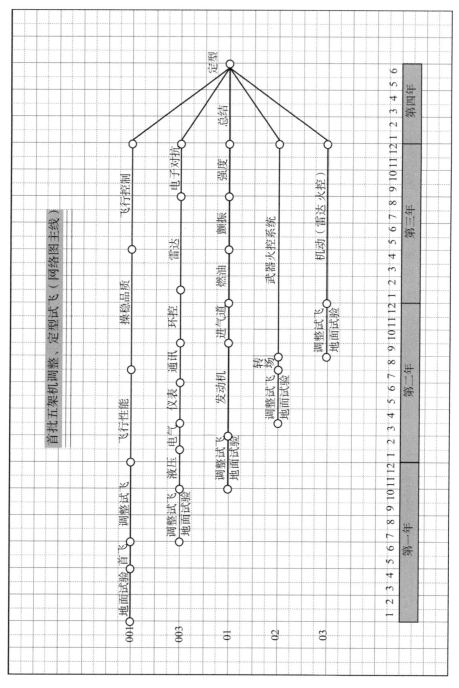

图 12.3　试 飞 网 络 图

结果还不能说是完全准确、可靠,必须进行风洞试验验证。然而,风洞试验由于模拟条件的局限性,最后,以飞行试验对这个型号设计研制做最终的结论。所以认为飞行试验确定的气动数据是最准确、可靠的。

笔者参与过一些飞行试验数据的处理工作,实际情况并非如此。与风洞试验数据相比,飞行试验的原始数据比较分散,精密度相对较差。原因如下:

(1) 姿态保持比较困难。

飞行试验——飞机的飞行高度、速度,迎角、侧滑角,重心位置,发动机工作状态等的保持比较困难,还有气象条件的影响。

风洞试验——试验风速需得到严格的控制。风洞所在的地面高度是一定的,简单地换算为海平面高度,大气条件比较稳定。迎角和侧滑角由机械变角度机构实现,误差 1/20 度。模型的支撑点是固定的,可以正确地换算到所需要的力矩参考点。在动力模拟试验中,发动机的功率、进口流量、出口落压比也可以比较正确地模拟。

所以,风洞试验的模型姿态可以保持得比较正确。

(2) 测试设备不够成熟。

飞行试验——测试设备是在飞机上改装或利用地面遥测。配合试飞员的操纵动作,都有一些不可确定的因素影响数据的采集。

风洞试验——试验的风洞经过严格的调试和权威机构的鉴定,测力天平、测压设备都是定期检查、校准,而且是长期、反复使用,十分可靠。

(3) 试验方法不很直接。

飞行试验——气动数据许多是需要经过一定的方法转换得到,还有一些试验条件无法单独区分出来,例如最简单的升力、阻力、俯仰力矩,这些都会使误差进行积累。

风洞试验——使用天平直接测力,测压孔管直接测压。测试方法也是长期、反复使用,十分成熟。

然而,飞行试验毕竟是在实际大气环境和真实飞机上进行的,获得的结果也应该是最准确、可信的。上面所述引起数据比较分散,精密度相对较差的原因,由于现在试飞技术的发展可能已有很大的进步,但还需要在试验中注意观察、分析,不可对飞行试验数据盲目信任。

12.6.2　试飞工作量与周期

对于一般的新型号研制,飞行试验的工作量大、周期长是比较普遍的问题。

因此对于一个具体的型号需要具体规划。

1) 调整试飞

五架机调整试飞总有效架次为 155,实际飞行架次 465,累计试飞周期为 18~20 个月。

对于一型新研制的飞机,调整试飞中会出现各种各样的、预想不到的故障和问题。而且,调整试飞做得充分一些,定型试飞会相对顺利一些,总的试飞周期也会缩短一些。这样,实际需要的架次可能还要增加一些。以 540~600 架次估计,平均每天需要飞 1 个架次,比较困难。在新型号试飞规划中,调整试飞的安排一般都比较紧张。

2) 定型试飞

五架机的定型试飞是 95 个项目、910 个有效架次,累计试飞周期整 100 个月。平均每月要飞 9 个有效架次,实际上,几乎每天要飞 1 个起落。

根据以往我国新机试飞的统计:每月飞 5 个有效架次是比较正常、顺利的,7~8 个有效架次就比较紧张了。但是,与调整试飞相比,定型试飞相对轻松一些。

12.6.3　机载设备对定型的影响

飞机是一个复杂、庞大的系统,燃油、动力、液压、操纵、通信、导航、电气、仪表、飞控、火控,各个分系统的成品、设备有 400~500 项。对于一型新研制的飞机,新成品(包括老改新)占 20%～30%,有的甚至占 40%。

这些新成品按照其重要程度分为:

(1) Ⅰ类成品。

(2) Ⅱ类成品。

(3) Ⅲ类成品。

(4) Ⅳ类以下的成品。

按照其成熟程度分为:

(1) 已经定型的成品。

(2) 正将定型的成品。

(3) 可以安排在其他飞机上定型的成品。

(4) 只能在新研飞机上试飞定型的成品。

需要在新研飞机上试飞的成品分为:

(1) 适应性试飞的成品。

(2) 检验性试飞的成品。

（3）随机试飞定型的成品。

（4）单项试飞定型的成品。

每一项成品都必须清楚地归类,做好新成品的试飞安排。若有其中一项不落实,就会影响全机的设计定型,是非常具体、非常烦琐的事情。于是,可能产生以下两种情况:

1）成品设备的故障耽误新机定型的周期

新成品的故障率是很高的,尤其是电子产品。某一新型号在十多年的飞行试验中,出现了将近 1 000 次故障。其中,由于设计问题引起的故障是 33%,而成品带来的故障占 42%。新成品再增加,则故障要占 70%。

因此,除了严把新成品的质量,飞机研制单位必须增加新成品的备份,应对成品故障。一般成品至少要备 2 架份,电子产品还要更多一些。

2）新成品定型赶不上新机的试飞进度

原则上,所有成品设备都应以设计定型试飞合格的产品提供装机,而且协调了单机交付进度,但实际上,总有个别新成品赶不上飞机试飞进度。还有的成品,最后必须在新飞机上试飞后才能做定型结论,而短期试飞定型又是没有把握的。

因此,要抓紧试验主要成品的主要性能,而将非主要成品或主要成品的非主要性能放到全机定型试飞后再进行。

12.6.4　驾驶员的选择与训练

五架机的试飞需要十多名驾驶员(驾驶与领航)和指挥员,选择和培训是一项十分重要而相当迫切的任务。必须纳入试飞的总规划,成立专门机构,提早实施。

1）驾驶员的选择

对于有原准机或参考机的试飞员,可以在已有的原准机或参考机的驾驶员中选择,相对比较容易。对于没有原准机或参考机的全新飞机,选择比较困难。

选择条件:

（1）具有较高的理论知识。

能够掌握飞机性能和机载各系统的飞行试验理论和技术。正确理解各种飞行现象,提出飞机一般和特殊反应的分析意见和处理措施。

（2）具有丰富的飞行经验。

要有 1 000 h 以上的飞行经历,至少两种类似飞机的、优良的驾驶技术。能够在出现意外事态时反应敏捷,判断正确,处理及时,操作适度。

(3) 具有良好的心理素质。

热爱飞试工作,有较强的事业心和责任心。在遇到任何异常的飞行现象或发生危险事态,都能冷静、清醒、果断处置。临危不惧,转危为安。

(4) 具有一定的自身条件。

年龄 40 岁以下,大学本科以上文化程度。

2) 驾驶员的培训

制订一套比较完整的试飞员培训计划。

(1) 飞行理论培训。

使试飞员对全机及各系统的性能特点、工作原理、使用操作、飞行限制、故障状态和处理措施能够全面了解并掌握。

(2) 操纵模拟台培训。

有了理论基础,在操纵系统地面试验台上进行操纵感觉和基本驾驶技术的飞行模拟训练。加深对新飞机的了解,建立新飞机飞行感性的认识。

(3) 飞行模拟器培训。

接着在飞行模拟器上进行起飞、着陆驾驶技术,基本操纵技术的飞行训练以及故障模拟的飞行训练。

(4) 真实飞机座舱实习。

在新飞机的真实座舱内实习,进行地面开车、低速滑行、高速滑行和预起飞等地面飞行准备训练,使试飞员完全掌握新飞机的飞行驾驶技术。

从这里可以看到,新型号的研制中,操纵系统地面试验台(又称"铁鸟"),尤其是飞行模拟器的研制也是一项重要而迫切的工作。

12.6.5 空中和地面测量设备

空中和地面测量设备也是一项十分重要、应该纳入试飞计划,提早实施的工作。

1) 空中测量设备的改装

空中测量设备要在飞机上改装,有两个需要考虑的问题。

(1) 改装时间。

对于空中测量设备在飞机上容易改装、工作量不大的,一般在飞机总装出厂之后,由工厂或承担试飞的单位实施。

对于在飞机总装出厂之后不容易改装或改装工作量比较大的测量设备,需要在飞机总装,甚至部装的时候由工厂实施。

（2）改装空间。

飞机的内部空间布置是非常紧张的,因此安排得非常精心。除了几何空间的充分利用外,还要考虑各种设备漏水、漏油、漏气、漏电的安全以及电磁环境的干扰。所以,空中测量设备在飞机上改装是非常紧张,比较困难的。

2）试飞测量设备的研制

试飞测量设备（包括地面和空中）一部分是试飞单位已有的,另一部分需要购置,还有一部分专为新飞机使用的、比较大型的测量设备,必须自己研制。

所以,空中和地面测量设备需要纳入计划,提早实施。

12.7　后记语——型号设计部门的试飞任务

作为飞机设计部门一个新型号飞行试验的负责人,说几点工作的体会。

1）认真学习,深入消化

一个新型号的试飞包括飞机的各个系统、各种专业。一般人的知识面总是有限的,以笔者的空气动力学专业来说,例如"表 12 - 01 定型试飞项目汇总"中的 13 大系统,本人只熟悉 1、2 两个专业,其他 11 个专业都不清楚,有的可以说是不懂。怎么办?

（1）认真学习:阅读各个大系统的总体设计报告,向各种专业的有关人士请教,向飞行试验研究院的人士请教,向飞机制造工厂有试飞经验的人士请教。

（2）深入消化:不仅要认真学习,虚心请教,还要把学得的东西深入消化。了解各大系统的基本结构、工作原理和使用功能。例如:

a. 电子电器系统——知道电源中的主电源、辅助电源和应急电源的使用功能。

b. 武器火控系统——知道武器是怎么投放的。投放前目标的控制,飞机对武器数据的装订。投放后武器的目标跟踪。

2）全面规划,周密安排

一个新型号的试飞包括上天首飞、调整试飞和定型试飞。定型试飞有 13 个大系统,95 个试飞项目,910 个有效试飞架次。试飞又在西北与东北两个地方进行。涉及面很广,协调关系复杂。怎么办?

（1）全面规划:必须要有清晰的思路,把握大局,全面规划。首先把各大系统的试飞项目内容搞全,然后把这些项目的主次、轻重梳理清楚,最后考虑五架飞机的试飞分工。

　　(2) 周密安排：不仅要有清晰的思路，全面规划，还要周密安排。安排需要试飞的各个系统，系统中的各个部件，部件中的各个零件。各个设备，各个成品，都不能遗漏。还要安排不是试飞项目的、有关试飞事项。例如：试飞驾驶员的选择与训练，试飞测量设备的改装等。

3) 积极工作，创新思路

　　作为一名偏于理论的飞机气动设计师，对于大部分系统不了解的整个试飞任务，困难相当大。怎么办？

　　(1) 积极工作：一般的工作是按照计划进行，或者是领导的布置。这个型号的试飞工作刚刚开始，没有计划，也没有布置。所以没有工作可做。试飞的主管单位是飞行试验研究院，专设一名副总师，负责这个型号的试飞任务，我们型号设计单位只是做配合工作。这名副总师还没有具体的工作安排，所以我们也没有什么配合工作可做。因此，我们需要主动地寻找工作，并积极地做好。

　　(2) 创新思路：新机计划首飞两年之前，总设计师在全所大会上宣布："告诉大家一个好消息，我们的新飞机开始准备试飞了。"接着又说："我让×××负责试飞工作。我给他的条件是一句话，让他负责试飞。"意思是什么条件都没有，要他自己创造条件。会后我找到总设计师，对他说："我也给你一句话，试飞是试飞院负责的，我们只是配合单位。但是，我要以我们的工作，让试飞院跟着我们的思路走。"

　　我兑现了自己的承诺。在学习、消化的基础上，主动、积极工作，对整个型号的试飞任务做了全面、周密的思考，一年后编写了一个《某型飞机试飞任务总设想》，内容包括：飞机的试飞工作特点、调整试飞的安排、定型试飞的项目、五架机的分工和急需考虑的问题。召开新机的第一次试飞大会，会上我以这个《总设想》做了总报告，围绕这个总报告，还有试飞院、设计所和制造厂的 7 个分报告。可是，当时恰好我要去西德参加新支线飞机 MPC‐75 的联合设计，试飞工作由一名副总师接替。3 年后我回国，新机试飞正在进行中，这名副总师对我说："老张，我们现在所做的工作，仍然是你的《试飞任务总设想》。"

附录 彩色插图

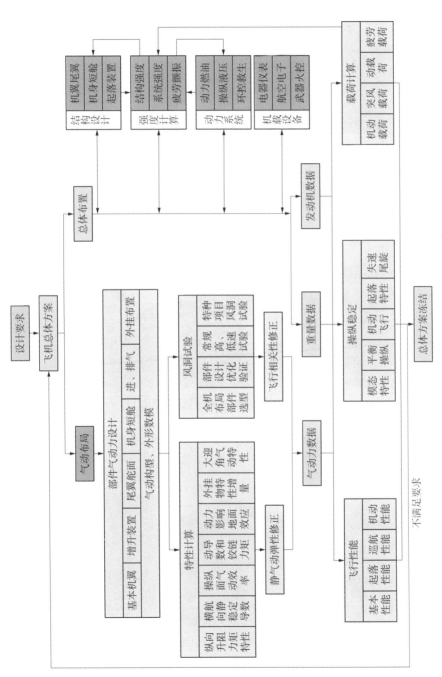

彩图 1 飞机总体方案设计流程（见图 1.6）

彩图 2　歼 20 飞机(见图 2.2)

彩图 3　ARJ21‐700 支线客机(见图 2.11)

彩图 4　C919 单通道飞机(见图 2.12)

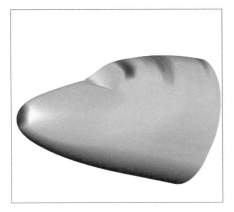

彩图 5　巡航工况机头的压力云图（$Ma=0.78$）（见图 2.35）

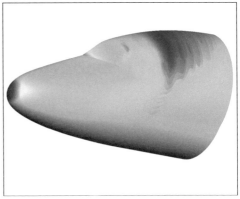

彩图 6　上零纵线修改后的压力云图（见图 2.37）

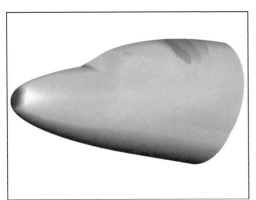

彩图 7　修改后的压力云图（见图 2.39）

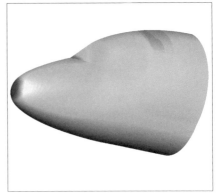

彩图 8　再修改的机头方案压力云图（见图 2.40）

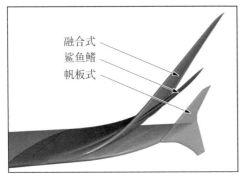

彩图 9　几种常见的翼梢小翼（见图 3.27）

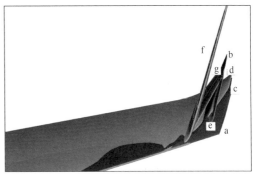

彩图 10　不同设计思想的翼梢小翼（见图 3.34）

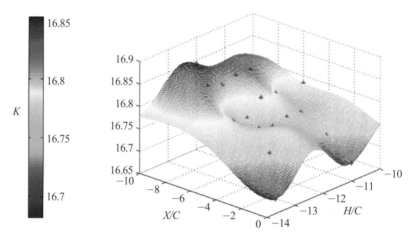

彩图 11   发动机安装位置优化的响应面图(见图 3.40)

彩图 12   典型预警机的布局图(见图 7.2)

彩图 13   飞机模型表面的不同压力显示(见图 10.10)

索　　引